Network Technique

微课版

Windows Server

网络管理

项目教程

（Windows Server 2022）

易月娥 邓文达 ◉ 主编

王华兵 邓宁 王琳 刘浩 谭振华 ◉ 副主编

人民邮电出版社

北　京

图书在版编目（CIP）数据

Windows Server网络管理项目教程：Windows Server 2022：微课版 / 易月娥，邓文达主编. -- 北京：人民邮电出版社，2024.11

工业和信息化精品系列教材. 网络技术

ISBN 978-7-115-62761-2

Ⅰ．①W… Ⅱ．①易… ②邓… Ⅲ．①Windows操作系统—网络服务器—教材 Ⅳ．①TP316.86

中国国家版本馆CIP数据核字(2023)第235718号

内 容 提 要

本书采用图文并茂的方式，通过 10 个来自实际工作的项目，详细讲解 Windows Server 2022 的相关知识，内容包括部署虚拟环境和安装 Windows Server 2022 操作系统、活动目录的配置与管理、DHCP 服务器的配置与管理、DNS 服务器的配置与管理、Web 和 FTP 服务器的配置与管理、证书服务器的配置与管理、Web Farm 网络负载平衡、RDS 服务器的配置与管理、VPN 服务器的配置与管理，以及 NAT 服务器的配置与管理。

本书适合作为高等教育本、专科院校计算机网络技术相关专业的教材，也可作为网络技术人员的参考书。

- 主　　编　易月娥　　邓文达
  副 主 编　王华兵　邓　宁　王　琳　刘　浩　谭振华
  责任编辑　范博涛
  责任印制　王　郁　　焦志炜
- 人民邮电出版社出版发行　　北京市丰台区成寿寺路 11 号
  邮编　100164　　电子邮件　315@ptpress.com.cn
  网址　https://www.ptpress.com.cn
  北京隆昌伟业印刷有限公司印刷
- 开本：787×1092　1/16
  印张：13.75　　　　　　　　2024 年 11 月第 1 版
  字数：400 千字　　　　　　 2024 年 11 月北京第 1 次印刷

定价：49.80 元

读者服务热线：(010)81055256　印装质量热线：(010)81055316
反盗版热线：(010)81055315
广告经营许可证：京东市监广登字 20170147 号

前　言

加快推进数字化转型，是"十四五"时期建设网络强国、数字中国的重要战略任务。党的二十大提出"实施科教兴国战略，强化现代化建设人才支撑"。实现百行百业数字化转型，离不开信息化基础设施建设和管理人才。坚持为党育人，为国育人，培养掌握网络操作系统配置和管理方法的工程师，是本书的目标。

Windows 网络管理是网络管理工作人员必备的知识和技能。本书的目的是帮助有志于从事网络管理工作的读者熟悉 Windows Server 2022 网络操作系统的配置与管理方法。

本书所有的项目均来源于实际工作。每个项目都介绍了具体的案例场景，并以任务的形式来体现实际工作的岗位要求，从而帮助读者将所学知识应用到实际工作中去，同时培养读者分析和解决问题的能力，为读者能够胜任网络管理员的工作奠定坚实的基础。

本书为产教融合、校企合作开发教材，主要由长沙民政职业技术学院和湖南开源科技有限公司合作开发。长沙民政职业技术学院的易月娥、邓文达任主编，长沙民政职业技术学院的王华兵、北京应用技术专修学院的邓宁，以及长沙民政职业技术学院的王琳、湖南开源科技有限公司的刘浩和谭振华任副主编。具体编写情况如下：易月娥负责本书的统稿以及项目三和项目八的编写，邓文达编写了项目四和项目十，王华兵编写了项目二，邓宁编写了项目六，王琳编写了项目一，刘浩编写了项目五和项目九，谭振华编写了项目七。在本书的编写过程中，编者还得到了长沙民政职业技术学院软件学院和图书信息中心许多老师的大力支持，在此表示深深的感谢！

为了方便教师教学，本书配套了电子课件、操作视频等数字化教学资源，这些资源放置在智慧职教MOOC 学院的"Windows 网络管理"在线课程中，读者如有问题可以在课程留言板上留言或者与编者联系（77119129@qq.com）。

由于编者水平有限，书中难免有不足和疏漏之处，敬请广大读者批评指正。

编者

2024 年 10 月

目　录

项目一

部署虚拟环境和安装 Windows Server 2022 操作系统 ·············· 1

项目二

活动目录的配置与管理 ·· 12

项目五

Web 和 FTP 服务器的配置与管理 ·······················79

项目六

证书服务器的配置与管理 ·······························106

项目七

Web Farm 网络负载平衡 ……………………………… 145

项目八

RDS 服务器的配置与管理 ……………………………… 161

项目九

VPN 服务器的配置与管理 ·· 177

项目十

NAT 服务器的配置与管理 ··· 199

附录

项目一
部署虚拟环境和安装 Windows Server 2022 操作系统

01

拓展阅读

案例场景

某高等院校大一新生，计算机水平目前为"小白"级别，但怀揣一颗求知欲极强的心，偶然听到微软公司发行了 Windows Server 2022 操作系统，打算体验一下这款操作系统的新特性。但是他只有一台已经装好 Windows 10 操作系统、CPU 为 4 核的笔记本电脑。他如何才能实现心愿呢？

在本项目中，将通过完成以下任务内容来学习虚拟环境的部署以及 Windows Server 2022 操作系统的安装。

序号	任务内容	知识储备
任务 1	配置虚拟机	虚拟机软件的使用、虚拟机创建流程
任务 2	安装 Windows Server 2022 操作系统	系统安装流程
任务 3	用虚拟机组建简单网络	虚拟机网络连接方式分类、虚拟机联网方法

1.1 知识引入

知识引入

1.1.1 Windows Server 2022 操作系统介绍

Windows Server 2022 操作系统是微软公司在 2021 年 11 月 5 日发布的服务器操作系统，是微软公司的第 8 个 Windows Server 操作系统版本，大家可以将其理解成服务器版的 Windows 11 操作系统。与以前的版本相比，这款系统在容器平台、应用程序兼容性和容器化工具等方面引入了诸多创新。

根据组织规模、虚拟化和数据中心的不同需求，微软公司将 Windows Server 2022 操作系统分为以下 3 个版本。

（1）基础版（精华版）（Essentials）。

（2）标准版（Standard）。

（3）数据中心版（Datacenter）。

一般来说，基础版适用于小微企业（最多 50 台设备），标准版适用于一般企业，数据中心版适用于高虚拟化数据中心和云环境。Windows Server 2022 操作系统在标准版和数据中心版中提供了更多功能。Windows Server 2022 操作系统数据中心版独有的功能包括受保护的虚拟机、软件定义的网络、存储空间直通等。Windows Server 2022 操作系统标准版和数据中心版的用户相对较多。

1.1.2　VMware Workstation 虚拟机软件简介

VMware Workstation 是一款市场占有率较高的虚拟机软件产品，相比 Oracle 公司的 Virtual Box，它的功能更强大，支持的操作系统更全面。

虚拟机（Virtual Machine，VM）是指由虚拟机软件模拟出来的计算机，在逻辑上是独立的计算机。相对虚拟机而言，宿主机是物理存在的计算机。比如在安装 Windows 10 操作系统的笔记本电脑上借助 VMware Workstation 虚拟机软件，配置安装一台带 Windows Server 2022 操作系统的虚拟机，那么这台笔记本电脑将是该虚拟机的宿主机。

VMware Workstation 当前最新版本为 VMware Workstation 17，主流版本还有 VMware Workstation 16、VMware Workstation 14、VMware Workstation 12 等。

1.1.3　网络相关知识

1. OSI 参考模型

如今，我们可以很方便地构建计算机网络，而基本不需要考虑不同网络产品的操作系统、网络设备之间的兼容性。而在 20 世纪 80 年代，实现网络互联却并不容易。在计算机网络发展初期，许多公司和机构都推出了自己的网络系统方案，各个厂商针对不同的方案设计出了不同的网络硬件和软件。这些硬件和软件缺乏统一的标准和协议，难以实现互联。为了解决网络之间的兼容问题，国际标准化组织（International Organization for Standardization，ISO）于 1984 年提出了开放系统互连（Open System Interconnection，OSI）参考模型，它很快就成了计算机网络的基础模型。

OSI 参考模型通过"分而治之"的思想将庞大而复杂的网络分解成 7 个功能层次，如表 1-1 所示。

表 1-1　OSI 参考模型

层次	名称	基本功能
7	应用层（Application Layer）	处理应用程序间通信
6	表示层（Presentation Layer）	数据格式处理、数据加密、数据压缩
5	会话层（Session Layer）	会话的建立、管理、维护
4	传输层（Transport Layer）	建立端到端的连接
3	网络层（Network Layer）	寻址和路由选择
2	数据链路层（Data Link Layer）	介质访问、链路管理等
1	物理层（Physical Layer）	比特流传输

这些层次的工作相对独立，不相互依赖，每个层次也无须了解其他层次如何实现，每一层都定义了一些协议来负责完成某些特定的通信任务，并只与紧邻的上层和下层进行数据交换。

- 应用层是 OSI 参考模型最接近用户的一层，负责为应用程序提供网络服务。这里的网络服务包括 Telnet、HTTP、FTP、WWW、NFS、SMTP 等。
- 表示层关注于所传输的信息的语法和语义，它把来自应用层并且与计算机有关的数据格式处理成与操作系统无关的格式，以保证对端设备能够准确无误地理解并且发送数据。
- 会话层定义了如何开始、控制和结束会话，包括对多个双向会话的控制和管理，以便在只完成连续消息的一部分时可以通知应用，从而使表示层收到的数据是连续的。同时，会话层也提供了双工协商、会话同步等功能。

- 传输层的基本功能是从会话层接收数据，并在必要的时候把数据分成较小的传输单元，传递给网络层，并确保到达目的端的各段信息正确无误。
- 网络层对数据包的传输进行定义，它定义了能够表示所有网络节点的逻辑地址，还定义了路由实现的方式和学习的方式。
- 数据链路层定义了在单个链路上如何传输数据，检测并纠正可能出现的错误，并且进行流量控制，如 ATM、FDDI 等。
- 物理层定义了传输数据所需要的机械、电气、功能及规程的特性等，包括电压、电缆线、数据传输速率、接口的定义等，如 RJ45、IEEE 802.3 等。

2. TCP/IP 模型

传输控制协议/互联网协议（Transmission Control Protocol / Internet Protocol，TCP/IP）模型起源于 20 世纪 60 年代末美国政府资助的一个网络研究项目 ARPANET。事实上，TCP/IP 模型在 OSI 参考模型提出时就已经占据业界主导地位，成了事实上的行业标准，到 20 世纪 90 年代就已经发展成最常用的网络协议标准。

同 OSI 参考模型一样，TCP/IP 模型也采用层次化结构，每一层负责不同的功能。不同的是，TCP/IP 模型简化了层次设计，只分了 4 个层次：应用层、传输层、网络层和网络接口层。

TCP/IP 模型与 OSI 参考模型的对应关系如表 1-2 所示。

表 1-2　TCP/IP 模型与 OSI 参考模型的对应关系

层次	OSI 参考模型	层次	TCP/IP 模型
7	应用层	4	应用层
6	表示层		
5	会话层		
4	传输层	3	传输层
3	网络层	2	网络层
2	数据链路层	1	网络接口层
1	物理层		

TCP/IP 模型没有单独的会话层和表示层，它们的功能被融合在应用层中，应用层直接与用户和应用程序打交道，负责为各种应用程序提供网络服务的接口。这里的网络服务包括文件传输、文件管理、电子邮件的消息处理等。

TCP/IP 模型的传输层主要负责提供端到端的连接，使源主机和目的主机上的对等体可以进行会话。主要的传输层协议包括传输控制协议（Transmission Control Protocol，TCP）和用户数据报协议（User Datagram Protocol，UDP）。

网络层是 TCP/IP 模型体系的关键部分，它定义了数据包格式及其协议——互联网协议（Internet Protocol，IP），使用 IP 地址（IP Address）来标识网络节点；使用路由协议生成路由信息，然后根据这些路由信息使数据包准确地传递到正确的目的地。另外，还使用 ICMP、IGMP 这样的协议来协助管理网络。

TCP/IP 模型的网络接口层负责处理与物理传输介质相关的细节，为上层提供统一的网络接口。

3. IP 地址

TCP/IP 模型网络层的核心协议是由 RFC791 定义的 IP。IP 是负责传输信息的网络协议，其提供的数据传送服务是不可靠的、无连接的。IP 不关心数据包的内容，不能保证数据包能成功地到达目的地，也不维护任何关于前后数据包的状态信息。可靠的服务需要由传输层的 TCP 来实现。

为了唯一地标识网络上的节点和链路，IP 为每个链路分配一个全局唯一的网络号以标识每个网络；

为每个节点分配一个全局唯一的 IP 地址，用以标识每一个节点。IP 规定，所有连接到 Internet 上的设备必须有一个全球唯一的 IP 地址。IP 地址与链路类型、设备硬件无关，而是由管理员分配指定的，因此 IP 地址也被称为逻辑地址（Logical Address）。

目前 Internet 上广泛使用的 IP 地址为 IPv4 地址，地址长度为 32 位（二进制）。在计算机内部，IP 地址用二进制方式表示，共 32 位，例如，11000000 10101000 00000101 01111011。然而，使用二进制方式不便于人们记忆和传播，因此普遍采用点分十进制方式表示，即把 32 位的 IP 地址分成 4 段，每 8 个二进制位为一段，每段二进制数对应转换为十进制数（0～255），并用小数点隔开。这样，IP 地址就以小数点隔开的 4 个十进制数表示，如 192.168.5.123。

为便于实现路由选择、地址分配和管理维护，IP 地址均采用分层结构，每个 IP 地址由网络号（Network-id）+主机号（Host-id）来表示。这种结构使我们可以在 Internet 上很方便地进行寻址，即先按 IP 地址中的网络号把网络找到，再按主机号把主机找到。所以 IP 地址并不只是一个计算机的号码，它还指出了连接到某个网络上的某个计算机。IP 地址由美国国防数据网（DDN）的网络信息中心（NIC）进行分配。

为了便于对 IP 地址进行管理，同时考虑到网络的差异很大（有的网络拥有很多主机，而有的网络上的主机则很少），人们将 IP 地址分成 5 类，即 A～E 类。IP 地址的分类如图 1-1 所示。

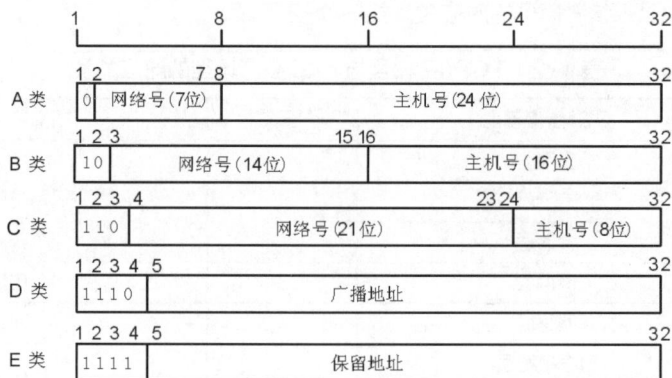

图 1-1 IP 地址的分类

A 类地址：网络号占 1 字节（8 位），第 1 位为"0"。
B 类地址：网络号占 2 字节（16 位），前 2 位为"10"。
C 类地址：网络号占 3 字节（24 位），前 3 位为"110"。
D 类地址：前 4 位为"1110"。
E 类地址：前 4 位为"1111"。

A 类 IP 地址的网络号码数不多，目前几乎没有多余的号码数可供分配。现在能够申请到的 IP 地址一般只有 B 类和 C 类两种。当某个企业向 NIC 申请到 IP 地址时，实际上只能拿到网络号，具体的各个主机号则由该企业自行分配，只要做到在该企业管辖的范围内无重复的主机号即可。D 类地址是一种广播地址，主要留给互联网体系结构委员会（Internet Architecture Board，IAB）使用。E 类地址保留供研究使用。

在使用 IP 地址时，下列地址是保留作为特殊用途的，一般分配给主机使用。

- 全 0 的网络号，表示"本网络"或"我不知道号码的网络"。
- 全 0 的主机号，表示该 IP 地址就是网络的地址。
- 全 1 的主机号，表示广播地址，即对该网络上所有的主机进行广播。
- 全 0 的 IP 地址，即 0.0.0.0。
- IP 地址为 127.0.0.0～127.255.255.255，此 IP 地址段保留作本地回环测试之用。

- IP 地址为 169.254.0.0～169.254.255.255，此 IP 地址段保留作动态主机配置协议（Dynamic Host Configuration Protocol，DHCP）临时分配 IP 地址之用。
- 全 1 的 IP 地址，即 255.255.255.255，这表示"向我的网络上的所有主机广播"。

这样，我们就可得出表 1-3 所示的 IP 地址的使用范围。

表1-3　IP 地址的使用范围

网络类别	最大网络数	第一个可用的网络号	最后一个可用的网络号	每个网络中的最大主机数
A	126	1	126	16777214
B	16382	128.1	191.254	65534
C	2097150	192.0.1	223.255.254	254

NIC 在 A、B、C 这 3 类 IP 地址中保留了一些 IP 地址段作为私有网络的 IP 地址，以便建设企业内网，私有地址段如下。

- A 类：10.0.0.0～10.255.255.255。
- B 类：172.16.0.0～172.31.255.255。
- C 类：192.168.0.0～192.168.255.255。

这些 IP 地址在不同的内网里是可以重复免费使用的，但是内网要与外网通信时必须通过网络地址转换，将内网 IP 地址转换成全球唯一的外网 IP 地址。

1.2 　任务 1：配置虚拟机

任务 1　配置虚拟机

1.2.1　任务说明

如案例场景所提问题，如何在安装了 Windows 10 操作系统的笔记本电脑上体验其他操作系统的特性呢？我们可以借助 VMware Workstation 虚拟机软件来实现，下面介绍具体实施过程。

1.2.2　任务实施过程

（1）下载 Windows Server 2022 操作系统的 ISO 镜像文件。

登录微软公司官网下载 ISO 镜像文件，如图 1-2 所示。

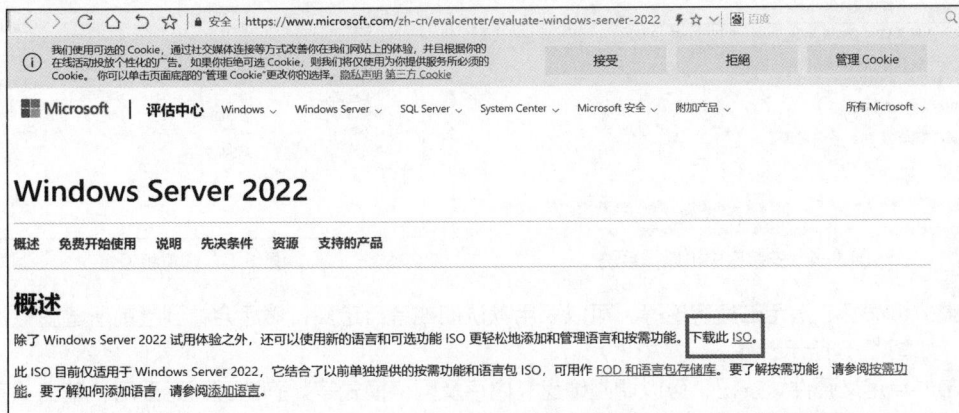

图1-2　下载 ISO 镜像文件

（2）创建虚拟机。

打开 VMware Workstation，创建一台虚拟机，这里我们以 VMware Workstation 16 为例。选择"创建新的虚拟机"，进入"欢迎使用新建虚拟机向导"界面，选择"典型"单选项，如图 1-3 所示。

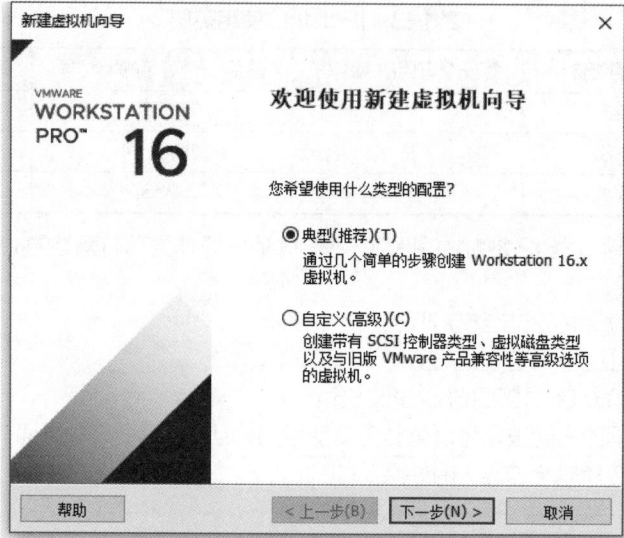

图1-3　欢迎使用新建虚拟机向导

单击"下一步"按钮，进入"安装客户机操作系统"界面，单击"浏览"按钮，选择 ISO 文件，如图 1-4 所示。

单击"下一步"按钮，进入"虚拟机设置"界面，如图 1-5 所示。

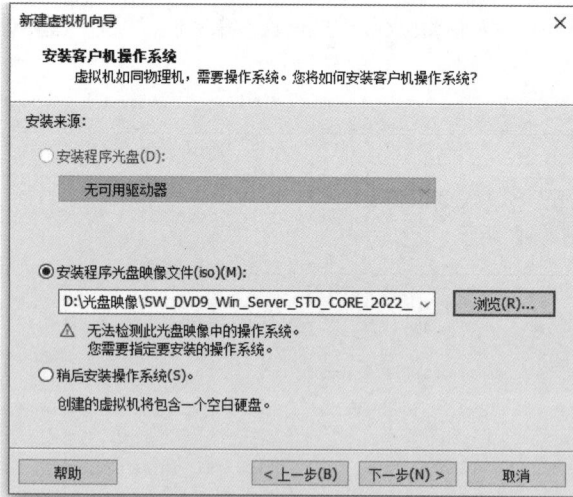

图1-4　安装客户机操作系统

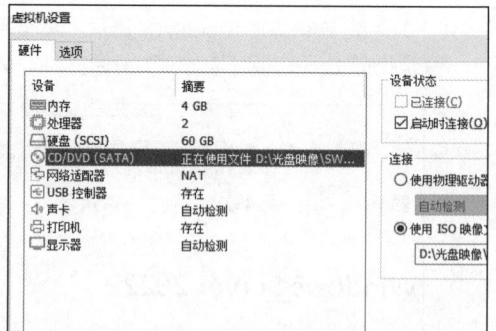

图1-5　虚拟机设置

对虚拟机命名、指定磁盘容量等，可以采用默认值或者自定义，然后会看到当前所建虚拟机的基本信息，如图 1-6 所示。

单击"自定义硬件"按钮，可以调整硬盘、内存及网络模式等。确认配置无误后，单击"完成"按钮，即可开始虚拟机系统的安装。

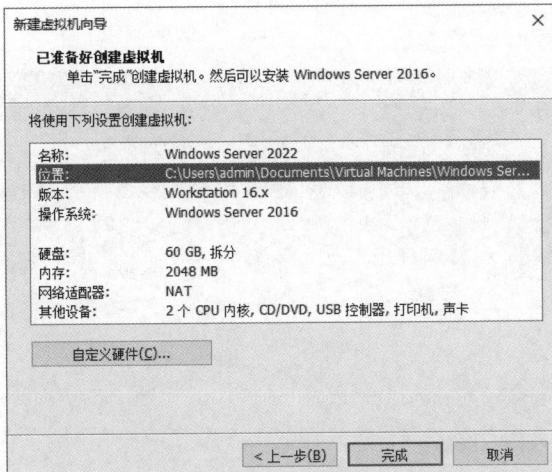

图 1-6 当前所建虚拟机的基本信息

1.3 任务 2：安装 Windows Server 2022 操作系统

1.3.1 任务说明

配置虚拟机完成后，就可以开始安装 Windows Server 2022 操作系统了，其实施过程如下。

任务 2 安装 Windows Server 2022 操作系统

1.3.2 任务实施过程

安装 Windows Server 2022 操作系统和安装 Windows 10 操作系统的过程整体差不多，也和安装其他几个 Windows Server 版本操作系统的过程大同小异。

首先，选择要安装的操作系统，这里我们选择"桌面体验"版，这样有助于初学者操作、理解，如图 1-7 所示。

接下来进行系统安装，如图 1-8 所示。

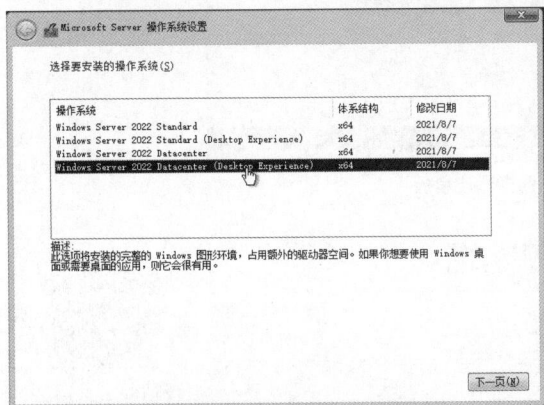

图 1-7 选择要安装的操作系统

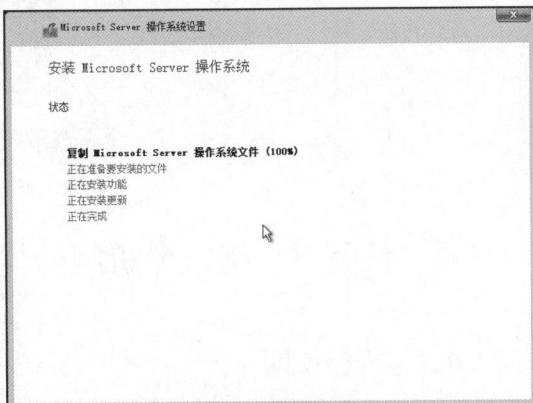

图 1-8 进行系统安装

这个过程大约需要 20 分钟，这与宿主机的物理磁盘读写速度有关。系统安装完成后，登录界面如图 1-9 所示。

图1-9　登录界面

　　看到此界面相信大家应该感觉很亲切，这与 Windows 10 操作系统的登录界面相似。解锁登录，服务器管理器仪表板如图 1-10 所示。

图1-10　服务器管理器仪表板

1.4　任务3：用虚拟机组建简单网络

1.4.1　任务说明

　　只要宿主机计算资源足够，就可以在其上使用虚拟机软件创建多台虚拟机。那么此时如果创建了两台 Windows Server 2022 虚拟机，如何使得这两台虚拟机的网络互相连通呢？

任务 3　用虚拟机
组建简单网络

1.4.2　任务实施过程

（1）打开 VMware Workstation 虚拟机软件，创建两台 Windows Server 2022 虚拟机，具体实施过程见任务 1。

（2）在进入虚拟机系统前，先查看宿主机（装有 Windows 10 操作系统的计算机）的 IP 地址、网关、DNS 服务器等信息，如图 1-11 所示。

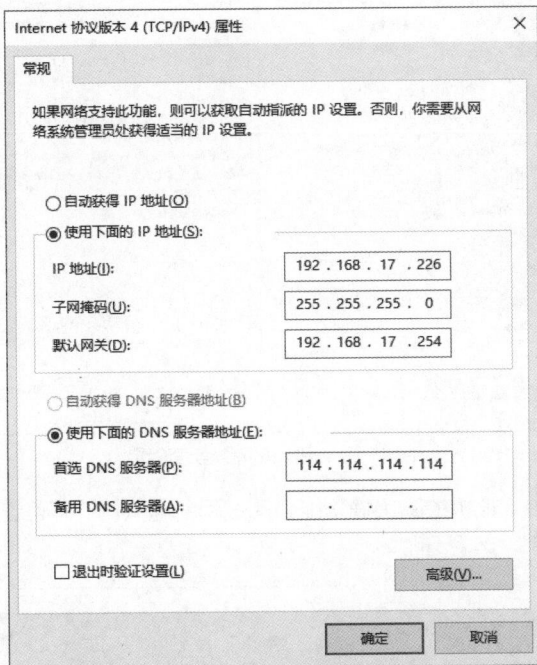

图 1-11　宿主机网络配置情况

（3）选中虚拟机，单击鼠标右键，选择"设置"，进行虚拟机设置。单击"网络适配器"，选择"桥接模式"单选项，如图 1-12 所示，然后单击"确定"按钮。

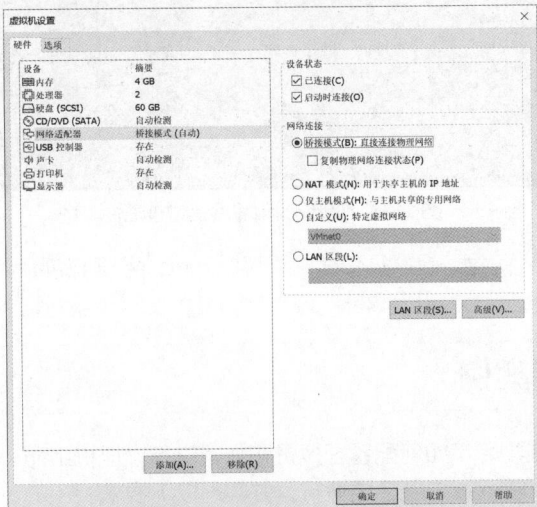

图 1-12　虚拟机网络连接设置

（4）进入两台 Windows Server 2022 虚拟机进行网卡配置。

配置两台虚拟机的 IP 地址，满足与宿主机的 IP 地址在同一个网段，这里将两台虚拟机的 IP 地址分别配置为 192.168.17.227 和 192.168.17.228，参考配置如图 1-13 所示。

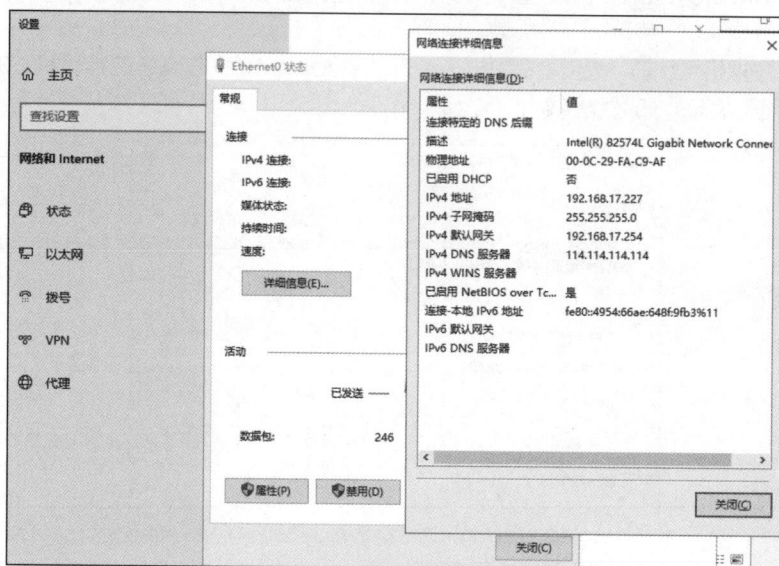

图 1-13　虚拟机网络信息设置

（5）关闭宿主机及两台虚拟机的防火墙功能，测试两台虚拟机的网络连通情况。在一台虚拟机上使用 ping 命令测试，如图 1-14 所示。

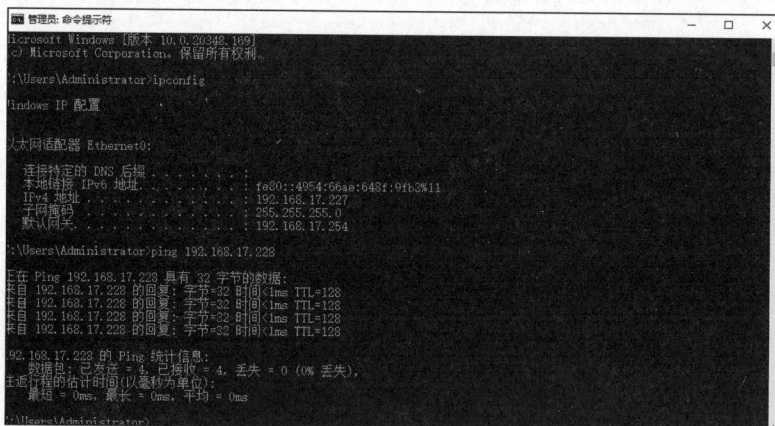

图 1-14　使用 ping 命令测试连通性

两台虚拟机互相可以 ping 通、虚拟机和宿主机可以 ping 通，则表明两台虚拟机的网络连接正常，任务完成。

1.5　仿真实训案例

某学校的两名同学已经学习了如何配置虚拟机和如何进行虚拟机组网，打算在各自实验室的计算机上均创建两台 Windows Server 2022 虚拟机，并实现以下要求。

（1）同一台宿主机上两台虚拟机的网络互通。

（2）宿主机与两台虚拟机的网络互通。

（3）4 台虚拟机的网络互通。

1.6 课后习题

一、填空题

1. 常见的 PC 端虚拟机软件包括_____、_____等。

2. OSI 模型的全称是_____。

3. OSI 参考模型从底层到上层依次是物理层、数据链路层、_____、_____、会话层、表示层、_____。

4. VMware Workstation 的虚拟网络连接模式包括_____、_____、_____。

二、简答题

1. 简述如何在一台安装了 Windows 10 操作系统的笔记本电脑上安装 Windows Server 2022 操作系统。

2. Windows Server 2022 操作系统分为哪几个版本，各自的适用场景是什么？

3. 请查资料了解 VMware Workstation 的 3 种网络模式的区别。

项目二
活动目录的配置与管理

02

拓展阅读

案例场景

　　ABC 公司近年发展迅猛，规模不断扩大，员工人数从十几人增加到几百人，公司内部计算机数量增加到 500 余台。与此同时，公司的网络管理工作越来越重，越来越困难。随着网络规模的扩大，原来简单易用的工作组网络模型暴露出越来越多的问题，如用户权限无法统一管理、软件无法集中分发、共享文件权限混乱等。公司网络管理部门决定在一台 Windows Server 2022 服务器（IP 地址：10.1.1.100/8）上启用活动目录服务，实现对公司内网的所有计算机、用户账号、共享资源、安全策略的集中管理。活动目录网络拓扑如图 2-1 所示。

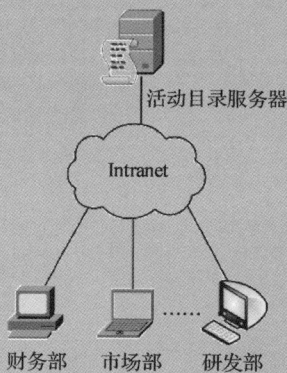

图 2-1　活动目录网络拓扑

　　在本项目中，将通过完成以下任务内容来学习活动目录的配置与管理。

序号	任务内容	知识储备
任务 1	创建网络中第一台域控制器	活动目录的功能与作用
任务 2	将客户端加入活动目录	将客户端加入活动目录的前提条件

///// 2.1　知识引入

2.1.1　目录服务的概念

　　在网络发展初期，人们希望计算机网络上也能有一种类似于传统电话簿的服

知识引入

务功能，普通用户不需要关心网络上资源的位置，只需要通过简单好记的名字就能访问到自己需要的资源。目录服务应运而生，它可以解决网络资源的命名和定位问题。

随着网络的发展，目录服务在网络中扮演的角色越来越重要，它就好像是一个涵盖了所有应用程序、访问和安全信息的中央数据库。只要安全地连接到这个数据库，用户和应用程序就可以轻松地查找、读取、添加、删除和修改信息，随后，相应信息便可以自动分布到网络中的其他目录服务器。这些启用了目录的应用程序依靠成熟的目录服务来执行其他 3 种关键任务：身份验证和授权、命名和定位以及网络资源的支配和管理。目录中还提供了对网络中所有信息和资源的统一管理方式，如用户和资源管理、基于目录的网络管理、基于网络的应用管理等。

2.1.2　活动目录的基本概念

Windows 操作系统通过活动目录（Active Directory，AD）组件来实现目录服务。它将网络中的各种资源组合起来，进行集中管理，以方便网络资源的检索，使企业可以轻松地管理复杂的网络环境。

在 Windows Server 2022 平台下，Active Directory 服务包括 Active Directory 证书服务（AD CS）、Active Directory 域服务（AD DS）、Active Directory 联合身份验证服务（AD FS）、Active Directory 轻型目录服务（AD LDS）和 Active Directory 权限管理服务（AD RMS）。

活动目录服务能提供的功能如下。

（1）服务器及客户端计算机管理：管理服务器及客户端计算机账户，将所有服务器及客户端计算机加入域管理并实施组策略。

（2）用户服务管理：管理用户域账户、用户信息、企业通讯录（与电子邮件系统集成）、用户组管理、用户身份认证、用户授权管理等。

（3）资源管理：管理网络中的打印机、文件共享服务等网络资源。

（4）基础网络服务支撑：包括 DNS、WINS、DHCP、证书服务等。

（5）策略配置：系统管理员可以通过活动目录集中配置客户端策略，如界面功能的限制、应用程序执行特征限制、网络连接限制、安全配置限制等。

典型的活动目录结构如图 2-2 所示，其中一些术语的基本概念如下所示。

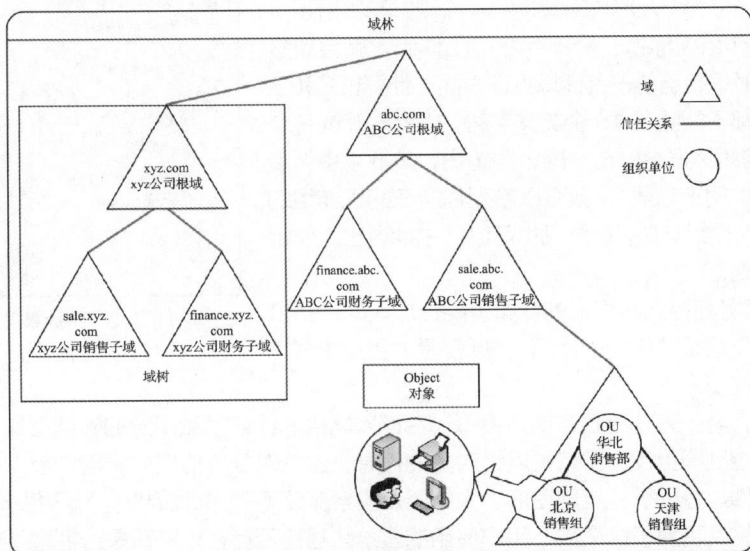

图 2-2　典型的活动目录结构

13

- 对象：Active Directory 以对象为基本单位，采用层次结构来组织管理对象。这些对象包括网络中的各项资源，如用户、服务器、计算机、打印机和应用程序等。
- 域（Domain）：域是 Active Directory 的基本单位和核心单元，是 Active Directory 的分区单位。Active Directory 中必须至少有一个域。一个典型的域包括域控制器（Domain Controller，DC）、成员服务器和工作站等类型的计算机。一般一个组织机构自然构成一域。图 2-2 所示的代表 ABC 公司的 abc.com 就是一个域。
- 组织单位（Organization Unit，OU）：将域进一步划分成多个组织单位以便于管理。组织单位是可将用户、组、计算机和其他组织单位放入其中的 Active Directory 容器。每个域的组织单位层次都是独立的，组织单位不能包括来自其他域的对象。组织单位相当于域的子域，本身也具有层次结构，图 2-2 所示的华北销售部就是一个组织单位。
- 域树（Tree）：可将多个域组合成一棵域树。图 2-2 所示的 abc.com 域及其下辖的 ABC 公司财务子域、ABC 公司销售子域一起构成了一棵域树。
- 域林（Forest）：多棵域树的集合。图 2-2 所示的 abc.com 域树以及与之建立信任关系的 xyz.com 域树一起构成了一个域林。

2.1.3　工作组与域模式

Windows 中的"工作组"（Work Group）是指将不同的计算机按功能分别列入不同的组中，以便于管理。如一个公司，会分财务部、销售部等，然后财务部的计算机全部列入财务部的工作组中，销售部的计算机全部列入销售部的工作组中等。如果需要访问财务部的资源，就在"网上邻居"里找到财务部的工作组，双击即可看到财务部的计算机。

将计算机加入工作组中的方法很简单，以 Windows 10 操作系统为例，在"此电脑"上单击鼠标右键，在弹出的菜单中选择"属性"，单击"高级系统设置"（需要有高级管理员权限），单击"计算机名"，单击"更改"按钮，在"计算机名"一栏中输入计算机的名字，在"工作组"一栏中输入想加入的工作组名称即可（默认名称为 WORKGROUP），如图 2-3 所示。如果你输入的工作组名称是一个不存在的工作组，就会新建一个工作组，此时只有当前一台计算机在里面（计算机名和工作组名称的长度都不能超过 15 个英文字符，或者不超过 7 个汉字）。在弹出的对话框中单击"确定"按钮，按要求重新启动之后，再进入"网上邻居"，就可以看到你所在的工作组的成员了。同加入工作组类似，计算机也可以自由地退出工作组或创建新的工作组。

图 2-3　将计算机加入工作组

"域"是指服务器控制网络上的计算机能否加入的计算机组织。如果说工作组是"免费的旅店"，域就是"星级的宾馆"。工作组可以随便进进出出，而加入域则需要严格审核控制。

在域模式下，至少有一台服务器负责每一台连入网络的计算机和用户的验证工作，这台服务器称为域控制器。域控制器上存储了有关网络对象的信息，这些对象包括用户、用户组、计算机、域、组织单位、组、文件、打印机、应用程序、服务器及安全策略等。当计算机连入网络时，域控制器首先要鉴别这台计算机是否属于这个域、用户使用的登录账号是否存在、密码是否匹配。如果以上信息有一样不正确，域控制器就会拒绝相应用户从这台计算机登录。不能登录，用户就不能访问服务器上有

权限保护的资源，这样就在一定程度上保护了网络上的资源。如果用户能够成功登录域，域控制器就会将配置好的权限分发给用户，使用户可以在合法权限范围内访问域中的资源。

2.1.4 安装活动目录的必要条件

要把一台计算机加入域中，必须由网络管理员进行相应的设置，在 Windows Server 2022 平台上创建域需要满足以下条件。

安装活动目录的必要条件

（1）必须具有一个静态的 IP 地址，如 10.1.1.100。

（2）必须有一个磁盘分区是 NTFS 格式的，用于放置存储域公共文件服务器副本的共享文件夹（SYSVOL 文件夹），且有足够多的空闲磁盘空间（至少 250MB）。

（3）安装活动目录时的登录用户必须有管理员（Administrators）权限。

（4）域名符合 DNS 规格，如 abc.com。

（5）有相应 DNS 服务器的支持，用于解析域名且当前服务器的 TCP/IP 设置里的 DNS 服务器地址需要配置成该 DNS 服务器地址（DNS 服务器的具体知识请参考项目四）。

2.2 任务 1：创建网络中第一台域控制器

2.2.1 任务说明

任务 1　创建网络中第一台域控制器

根据案例场景中的需求，ABC 公司需要将旧的工作组网络模型升级成便于集中控制、支持资源共享且方便灵活的活动目录网络模型。首先，管理员需要在企业内网的某台服务器上安装部署第一台活动目录控制器（根域控），这台域控将成为整个活动目录的核心控制设备，所有的权限分配、资源共享、身份验证等都由它完成。以下是选择一台空闲的 Windows Server 2022 服务器（10.1.1.100/8）来进行安装的过程。安装完成后我们还将尝试使用域控来进行基本的域内计算机和用户管理操作。

2.2.2 任务实施过程 1：安装活动目录

首先需要确定当前服务器环境是否都满足 2.1.4 节列出的条件，确定无误后，开始安装，具体实施步骤如下。

（1）启动"服务器管理器"，选择"配置此本地服务器"，如图 2-4 所示。

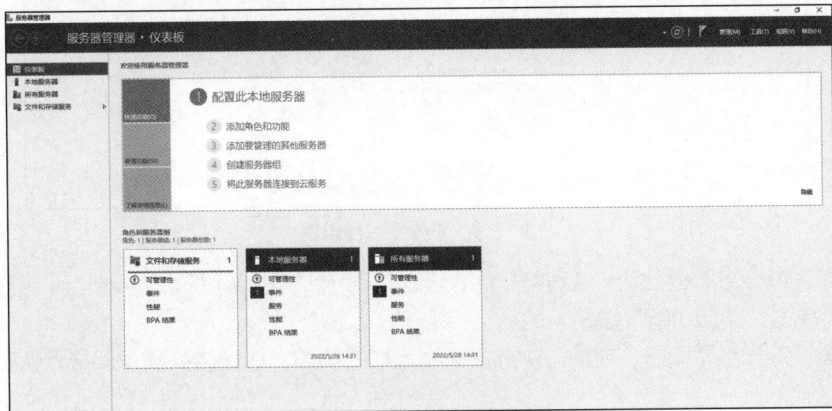

图 2-4　配置此本地服务器

（2）单击"添加角色和功能"，进入"添加角色和功能向导"窗口。单击"下一步"按钮，在窗口中选择"基于角色或基于功能的安装"单选项，如图 2-5 所示。

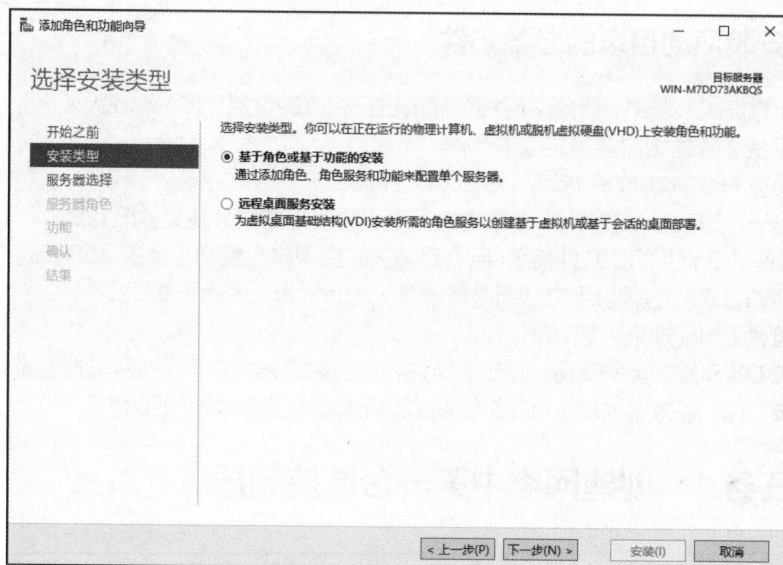

图 2-5 添加角色和功能向导

（3）单击"下一步"按钮，在窗口中选择"从服务器池中选择服务器"，安装程序会自动检测并显示这台计算机采用静态 IP 地址设置的网络连接。然后单击"下一步"按钮，在"服务器角色"的"角色"列表中选择"Active Directory 域服务"，如图 2-6 所示。

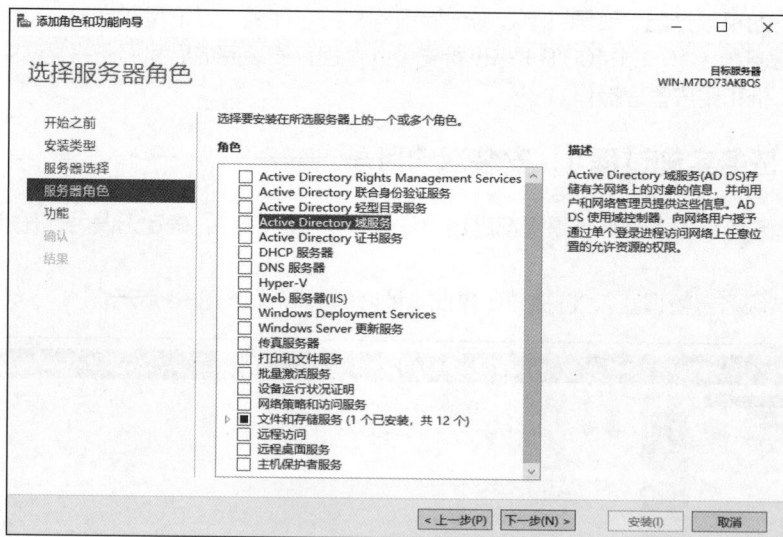

图 2-6 选择服务器角色

（4）选择"Active Directory 域服务"后，会自动弹出"添加 Active Directory 域服务所需的功能？"界面，单击"添加功能"按钮，如图 2-7 所示。

（5）单击"下一步"按钮，在窗口中选择需要添加的功能，如无特殊需求保持默认设置即可，如图 2-8 所示。

（6）单击"下一步"按钮，在窗口中单击"安装"按钮开始活动目录的安装，如图 2-9 所示。

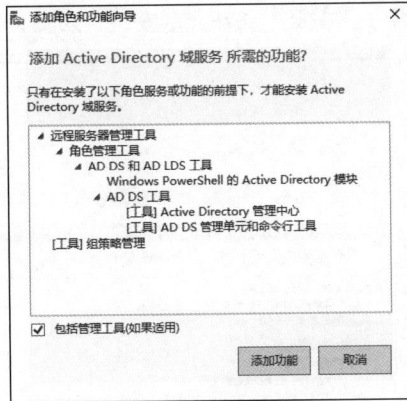

图2-7　添加功能（1）

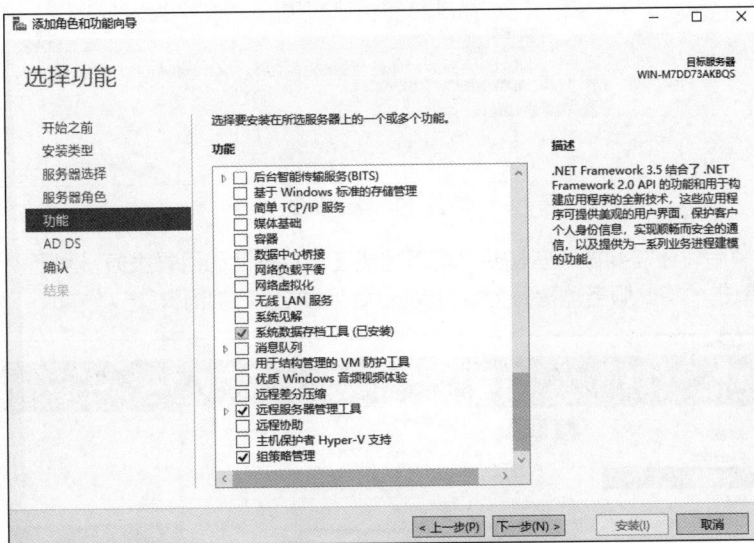

图2-8　添加功能（2）

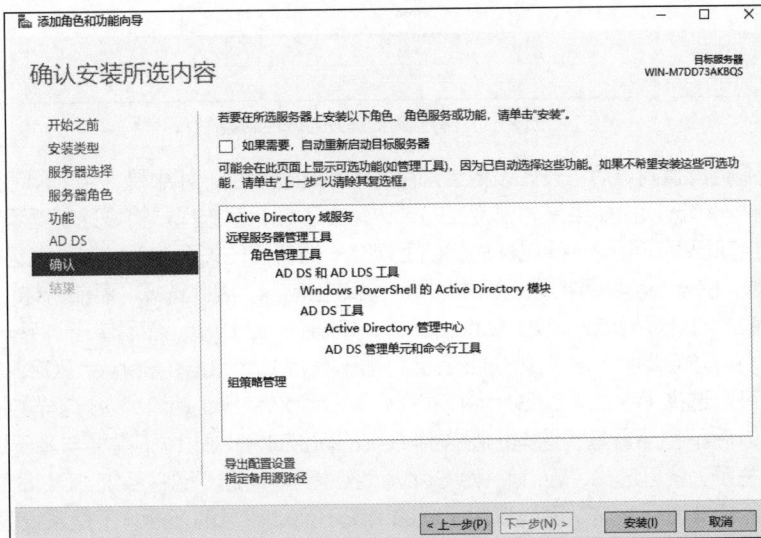

图2-9　开始安装

（7）安装程序运行结束后，单击"关闭"按钮完成安装，如图 2-10 所示。

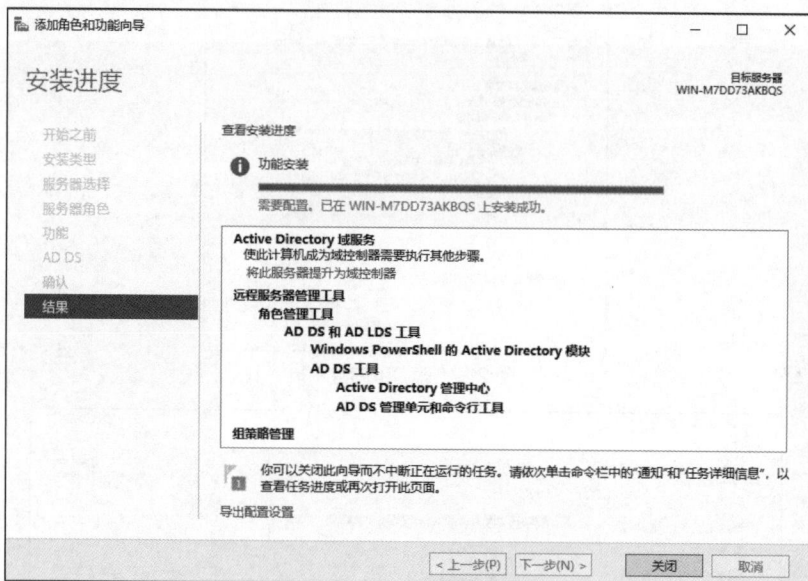

图 2-10　完成安装

（8）完成安装后，还需要做一些初始化配置才能正常打开活动目录服务。回到"服务器管理器"窗口，按照提示单击"将此服务器提升为域控制器"，如图 2-11 所示。

图 2-11　将服务器提升为域控制器

（9）打开域服务配置向导后，开始设置当前服务的域功能级别。如果是为当前网络建立第一个域，就选择"添加新林"单选项；如果是为已存在的域树建立子域，就选择"将域控制器添加到现有域"单选项；如果是在当前已存在至少一棵域树的基础上建立一棵有信任关系的新域树，就选择"将新域添加到现有林"单选项。由于当前服务器是网络中的第一台域控制器，因此选择"添加新林"单选项，在"根域名"文本框中输入规划好的域名，如"abc.com"，如图 2-12 所示。然后单击"下一步"按钮。

（10）设置"林功能级别"与"域功能级别"。出于兼容 Windows Server 2022 之前版本操作系统的考虑，此处可以选择 Windows Server 2003、Windows Server 2008 这样的旧版操作系统。如果确定网络中以后不会部署基于这些旧版操作系统的新域或子域，也不需要与基于这些旧版操作系统的域产生信任关系，就可选择"Windows Server 2016"。勾选"域名系统（DNS）服务器"选项，输入目录服务还原模式密码（这个密码仅用于紧急情况下活动目录的还原，不是系统管理员密码），如图 2-13 所示。然后单击"下一步"按钮。

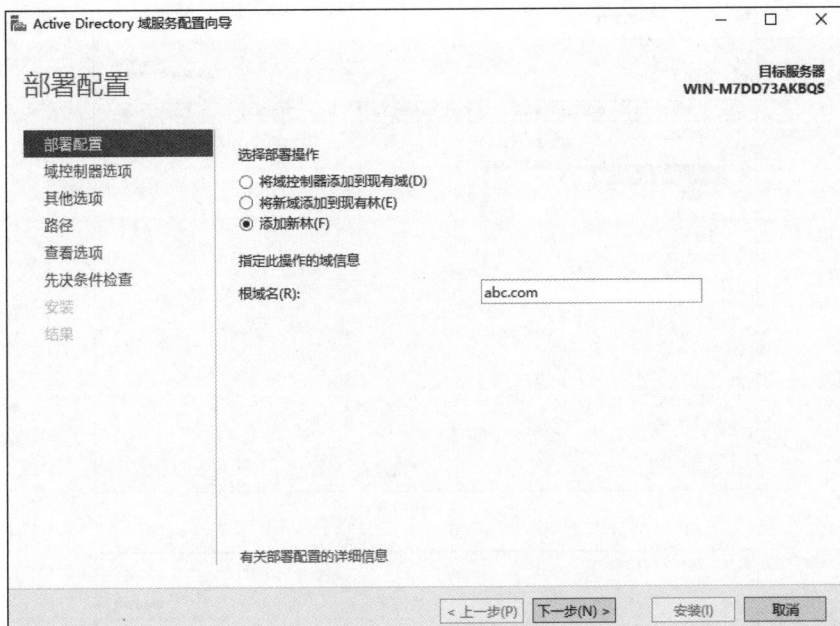

图 2-12　部署配置

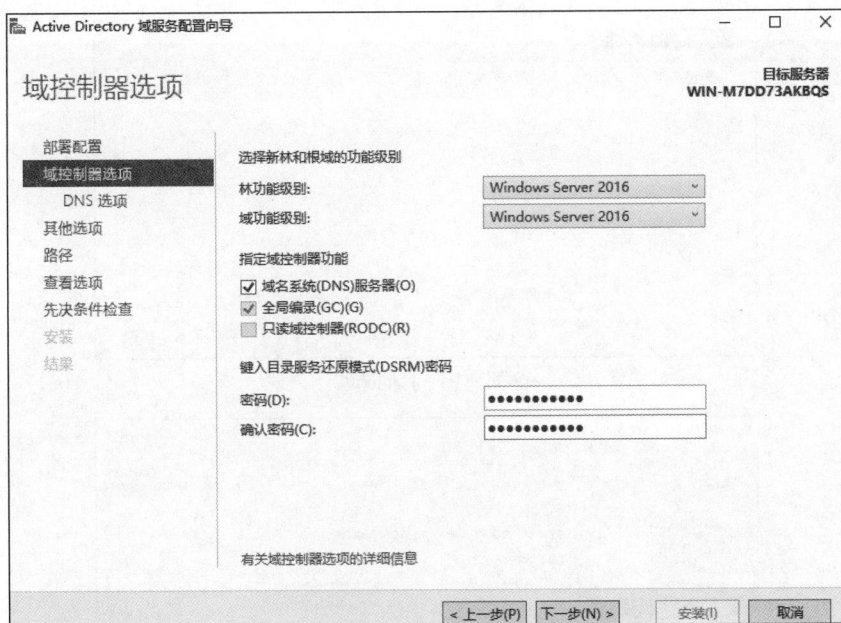

图 2-13　域控制器选项

（11）服务器将自动检查 DNS 服务器是否启用，如果已经启用，就需要配置 DNS 委派选项；如果没有启动，就直接单击"下一步"按钮（在后面，服务器将自动安装配置并绑定 DNS 服务器，所以可以不提前安装 DNS 服务器），如图 2-14 所示。

（12）服务器将自动根据之前输入的域名生成一个 NetBIOS 域名（如 ABC），如无特殊需求保持默认设置即可，如图 2-15 所示。然后单击"下一步"按钮。

（13）服务器将自动生成的 SYSVOL 目录路径列出，如无特殊需求保持默认设置即可，如图 2-16 所示。然后单击"下一步"按钮。

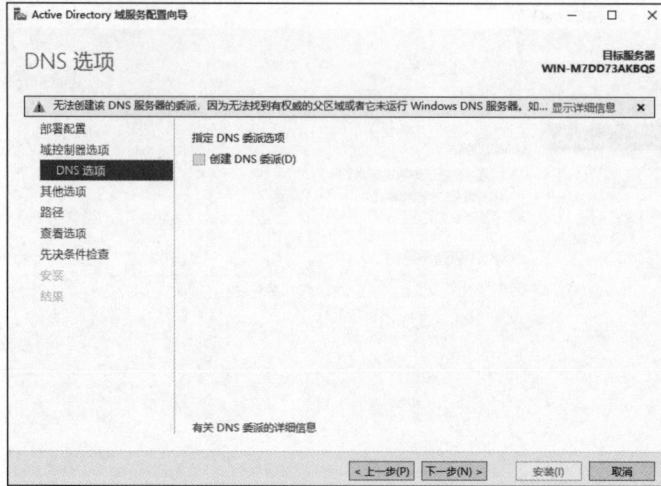

图 2-14　DNS 选项

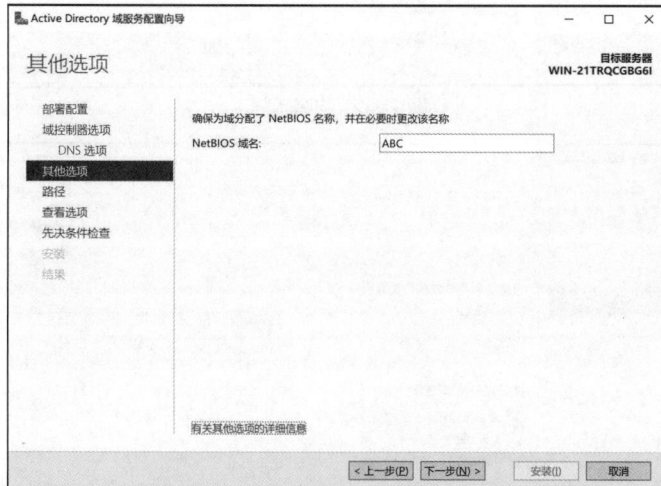

图 2-15　其他选项

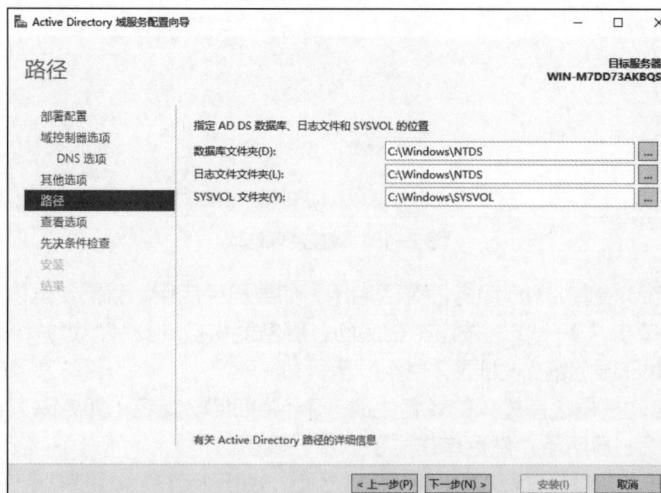

图 2-16　路径

（14）系统将列出全部安装选项，如图 2-17 所示。检查无误后，单击"下一步"按钮。

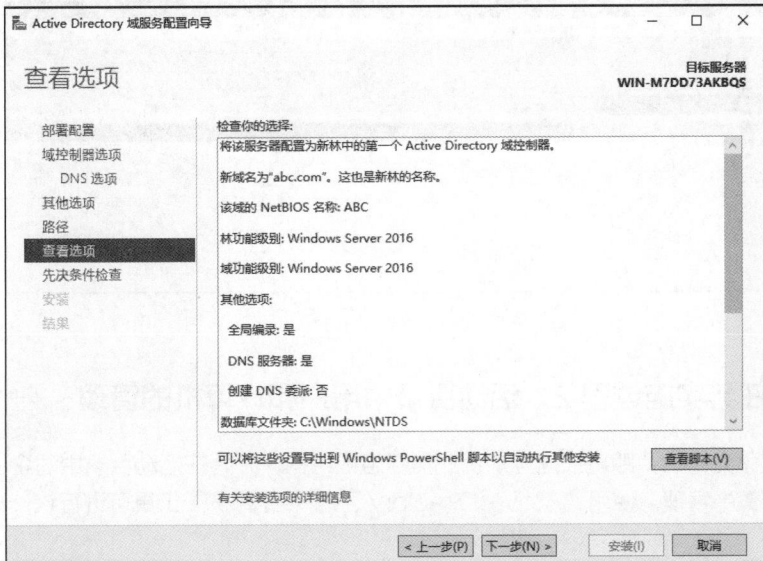

图 2-17　查看选项

（15）系统将根据当前系统环境，自动检查安装活动目录的先决条件是否满足，如图 2-18 所示。如果通过检查，单击"安装"按钮即可开始安装。

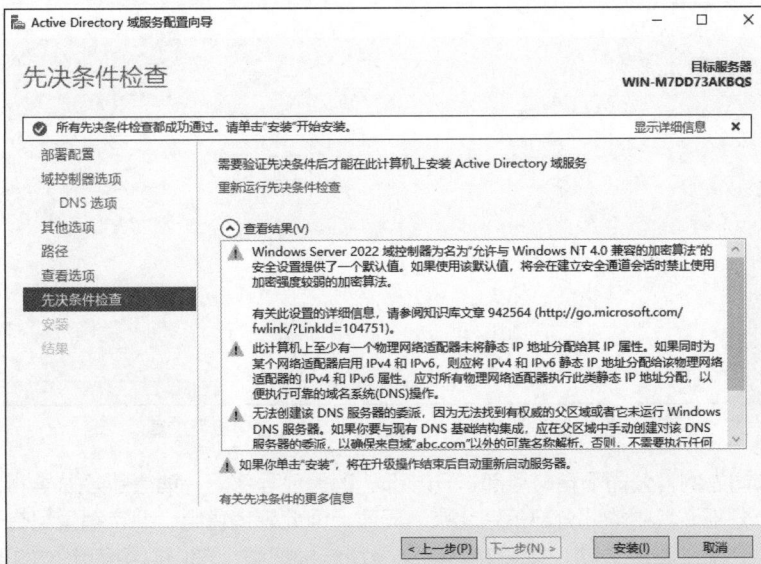

图 2-18　先决条件检查

安装完成后，系统需要重新启动，启动完成后会提示需要更新当前管理员（自动把服务器的本地管理员升级为域管理员，服务器用户登录模式变为域模式，而且无法切换成本地模式）的密码。进入系统后，打开"服务器管理器"窗口，可以看到 AD DS，如图 2-19 所示（实际上，Windows Server 2022 会自动添加多个服务或工具，如 DNS、组策略管理器、Active Directory 站点管理和服务、Active Directory 管理中心、Active Directory 信任关系、Active Directory 用户和计算机等）。

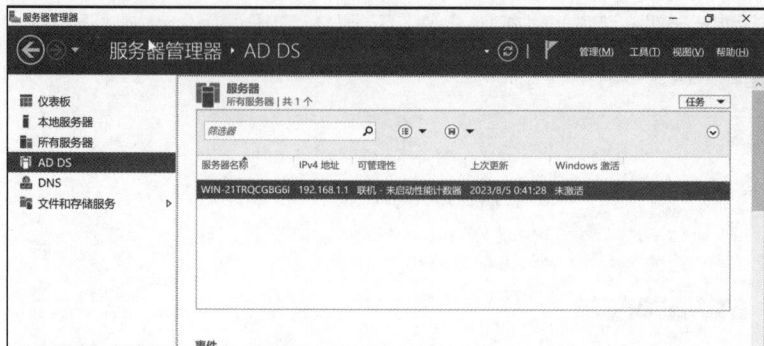

图 2-19　AD DS

2.2.3　任务实施过程 2：活动目录中用户和计算机的管理

活动目录安装完毕后，即可根据当前企业实际组织结构，开始在活动目录中对企业所有账户、计算机等资源进行集中管理。使用"Active Directory 用户和计算机"工具可进行统一规划和部署，如图 2-20 所示。

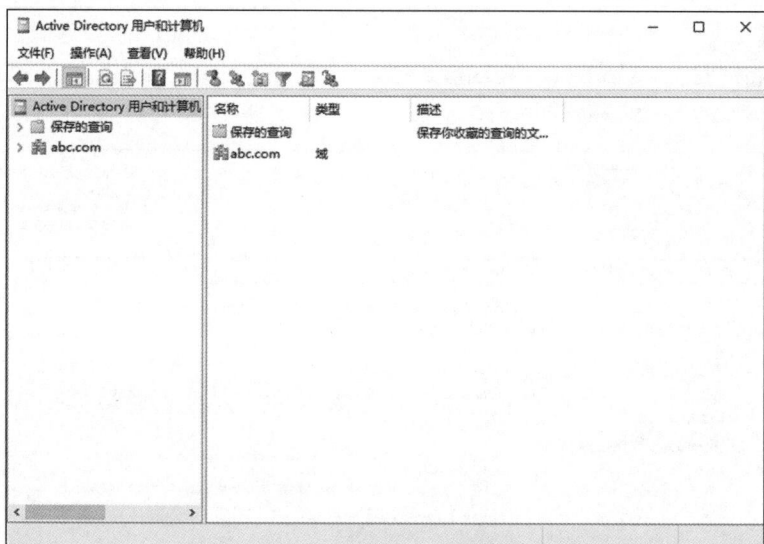

图 2-20　"Active Directory 用户和计算机"工具

以 ABC 公司为例，公司下辖财务部、开发部、销售部等部门。销售部分为华北、华南、华东、华西、华中 5 个分部。其中华北分部下辖北京、天津、河北等销售组，北京销售组有一名叫 Tom 的员工。为 Tom 分配域账户之前，需要对照实际公司结构把整个部门以组织单位的形式建好。打开"Active Directory 用户和计算机"工具，右击域名"abc.com"，选择"新建"→"组织单位"命令，输入规划好的名字"Finance"，如图 2-21 所示。

对照实际公司结构把整个部门以组织单位的形式建好后，再新建用户，如图 2-22 所示。

为用户设置密码，出于安全性考虑，可以勾选"用户下次登录时须更改密码"选项，如图 2-23 所示。

通过类似的操作新建整个 ABC 公司的组织单位、员工账户、计算机、打印机、共享文件夹等资源，设置完成后的效果如图 2-24 所示。

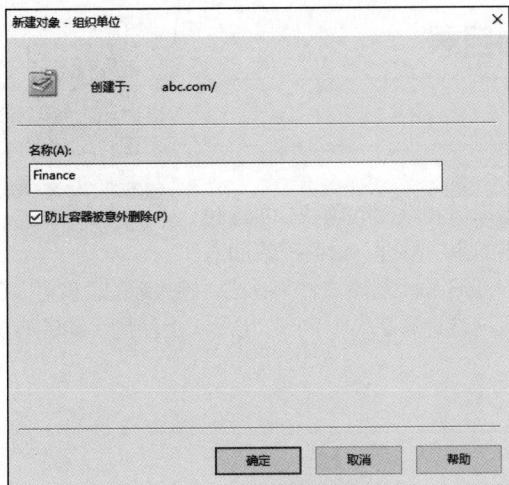

图 2-21　新建组织单位

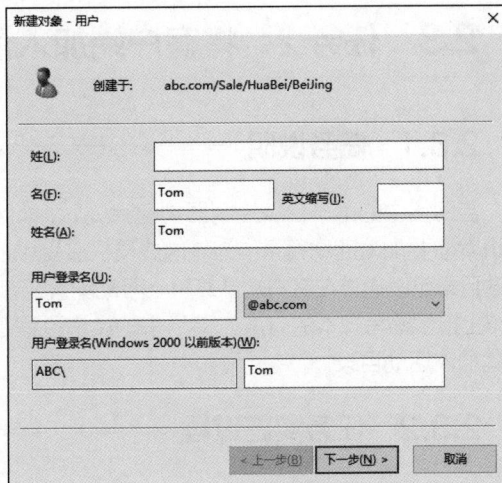

图 2-22　新建用户

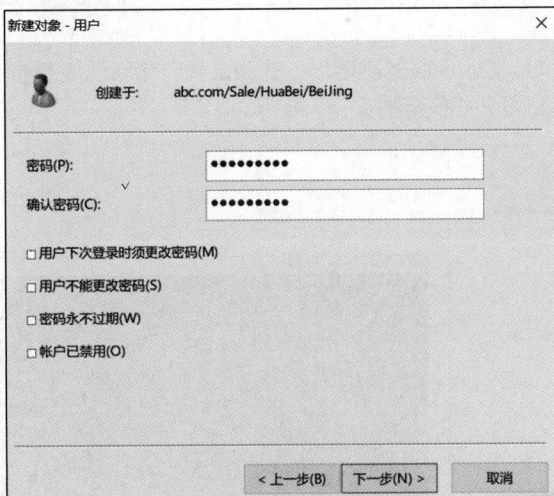

图 2-23　设置用户密码

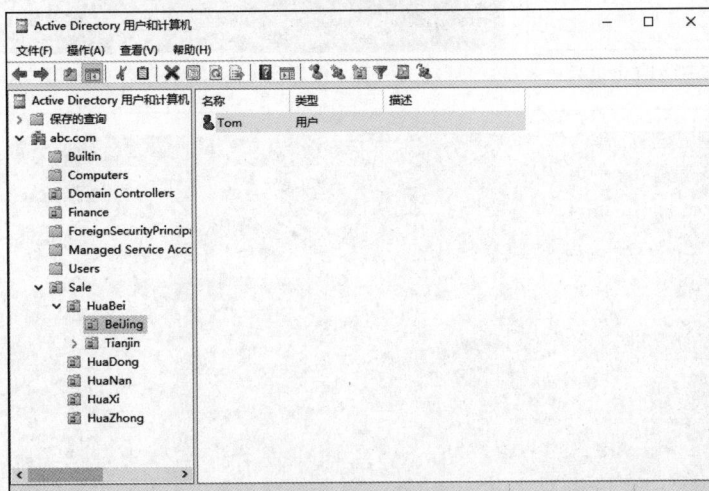

图 2-24　完成设置

2.3 任务2：将客户端加入活动目录

2.3.1 任务说明

当网络中的第一台域控制器创建完成后，该服务器将扮演域控的角色，而其他主机就需要加入活动目录作为域内成员机接受域控制器的集中管理。让客户端加入活动目录可以通过在客户端计算机上手动配置或者使用 VBS 编写脚本文件来完成，感兴趣的读者可以在网络上检索编写脚本的方法。接下来的实施过程是在客户端计算机（10.1.1.10/8）上使用手动的方法将其加入活动目录。

2.3.2 任务实施过程

为了让活动目录对客户端计算机进行统一管理，需要配置客户端计算机处于域模式。下面以将 ABC 公司华北销售部北京销售组的一台安装 Windows 10 操作系统的客户端（10.1.1.10/8）加入域 abc.com 为例介绍实施过程。

（1）配置客户端 IP 地址、DNS 服务器地址，并测试客户端与域控制器的连通性，检测域名 abc.com 是否能被正常解析，如图 2-25 至图 2-27 所示。

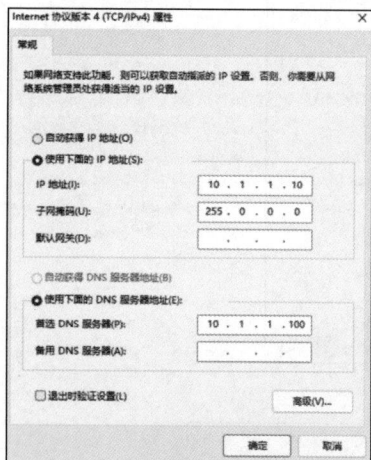

图 2-25 配置客户端 IP 地址等

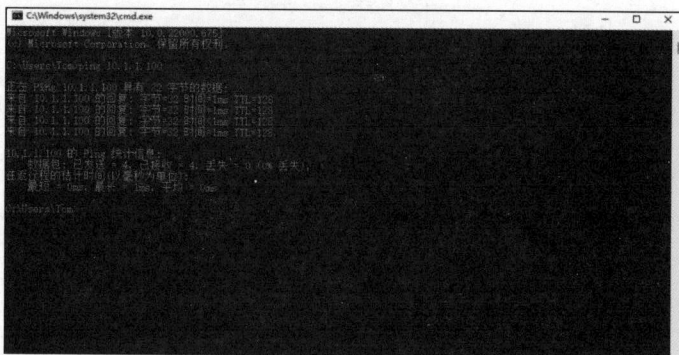

图 2-26 使用 ping 命令测试客户端与域控制器的连通性

图 2-27 使用 nslookup 命令测试客户端是否能够正常解析域名 abc.com

（2）在"此电脑"上单击鼠标右键，在弹出的菜单中选择"属性"，单击"高级系统设置"（需要有高级管理员权限），单击"计算机名"，单击"更改"按钮，在"域"一栏中输入想加入的域的名称（此处为 abc.com），单击"确定"按钮，如图 2-28 和图 2-29 所示（如果需要让一台计算机退出域模式重新返回工作组模式也是在此处更改，重新选中"工作组"然后单击"确定"按钮即可，但需要域管理员权限才能操作）。

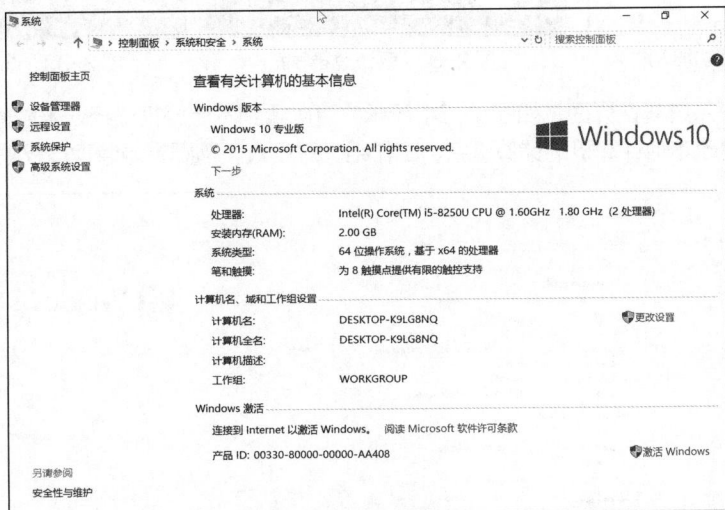

图 2-28　更改设置

（3）此时系统会提示输入有权限加入该域的用户名和密码，输入我们之前建好的账号"Tom"及对应的密码，单击"确定"按钮后，系统提示成功加入域，如图 2-30 和图 2-31 所示。

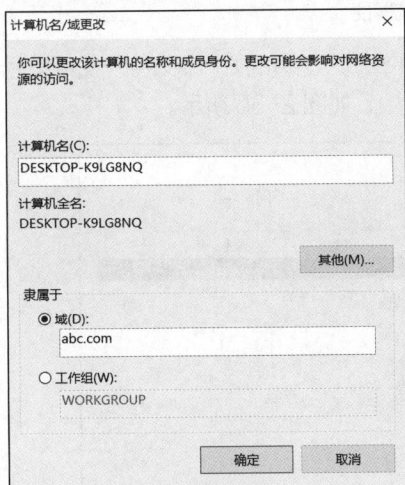

图 2-29　输入域名

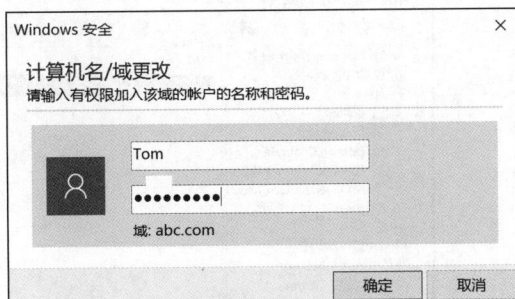

图 2-30　输入域用户账号及对应的密码

（4）单击"确定"按钮后，系统要求重启，启动完毕后会发现系统登录界面发生变化，选择其他用户（选择本地用户登录后将无法访问域内资源，基于安全性考虑，加入域后，管理员应将这些本地账号禁用），如图 2-32 所示。

　　输入管理员分配的域账号进行登录，如图 2-33 所示。如果管理员在添加账号时没有做特别的安全设置，那么域内的任意账号都可登录域内的任意客户端计算机。

25

图 2-31　成功加入域　　　　图 2-32　系统登录界面　　　　图 2-33　域模式登录

（5）再次打开系统属性界面，如图 2-34 所示，可以看到本计算机已经处于域模式。注意：此时用户将无法随意更改本地计算机的计算机名、工作组、域设置，需要有域管理员权限才能修改。

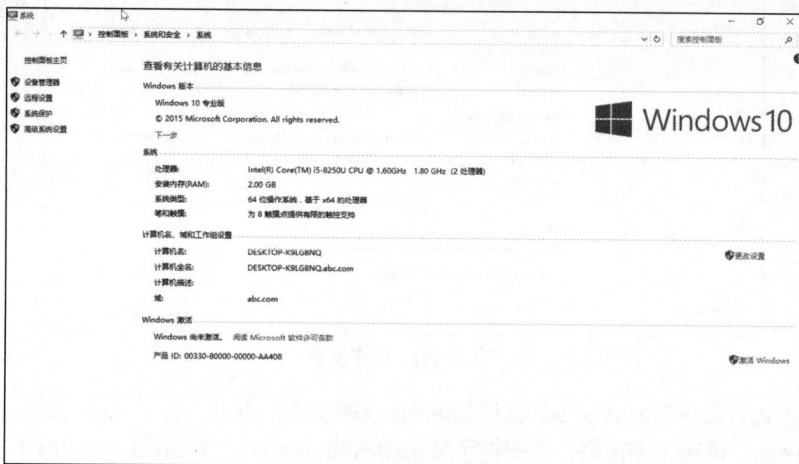

图 2-34　客户端系统属性

同时，在域控制器上通过"Active Directory 用户和计算机"工具的 Computers 文件夹也能查看到客户端 DESKTOP-K9LG8NQ 已经加入域 abc.com 中，如图 2-35 所示。

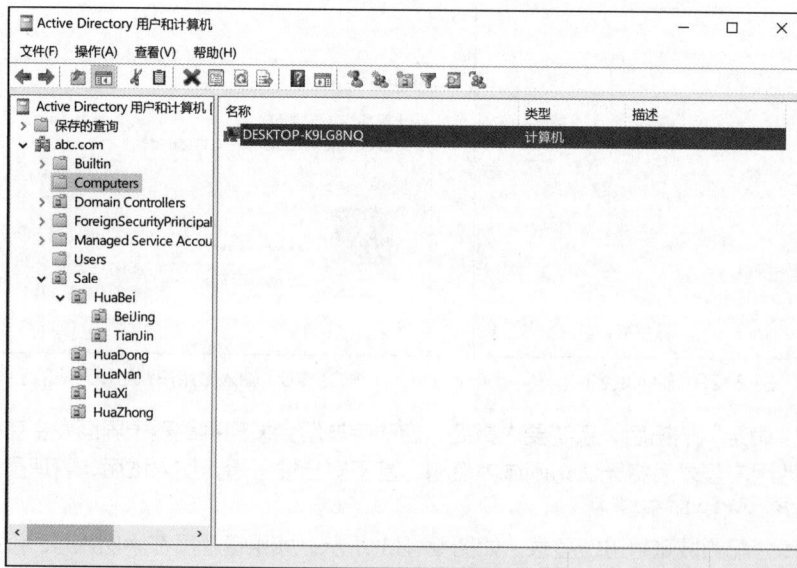

图 2-35　查看域内计算机

2.4 知识能力拓展

2.4.1 组策略简介

把计算机加入域后，普通用户可通过域管理员分配的用户账号、权限登录客户端，访问域内的授权资源。域模式不仅使得资源管理更加集中、统一，还使在工作组模式下实现起来烦琐甚至难以实现的管理难题得到了解决，如禁止域内计算机上运行某种特定程序，统一域内所有计算机的桌面、IE（Internet Explorer）主页，将某软件集中分发给域内计算机等。网络管理员可以在域控制器中使用"组策略"，并把设置好的组策略分发到域内计算机上，实现统一的管理。

所谓组策略（GPO），就是基于组的策略。它以 MMC 管理单元的形式在 Windows 操作系统中存在，可以帮助系统管理员针对整个计算机或是特定用户组来进行多种配置，包括桌面配置和安全配置。例如，可以为特定用户或用户组定制可用的程序、桌面上的内容，以及"开始"菜单选项等；也可以在整个计算机范围内创建特殊的桌面配置。简而言之，组策略是 Windows 操作系统中的一套更改系统和配置管理工具的集合。

注册表是 Windows 操作系统中保存系统软件和应用软件配置的数据库，而随着 Windows 操作系统功能越来越丰富，注册表里的配置项目也越来越多。很多配置都可以自定义，但这些配置分布在注册表的各个角落，手动配置将异常困难和繁杂。而组策略则将系统重要的配置功能汇集成各种配置模块，供用户直接使用，从而达到方便管理计算机的目的。实际上，组策略设置就是修改注册表中的配置，但是组策略使用了更完善的管理组织方法和更易用的管理界面，使用户可以对各种对象进行管理和配置，远比手动修改注册表方便、灵活，其功能也更加强大。

2.4.2 拓展案例：使用组策略对域成员进行统一管理

ABC 公司华北销售部北京销售组的管理人员想让员工使用域内计算机打开 IE 时自动打开公司主页"http://www.abc.com"，在退出浏览器后自动清除历史记录、Cookies、缓存文件。实施过程如下。

（1）在域控制器的服务器管理器里打开"组策略管理"工具，展开左侧组织结构，找到名为"Beijing"的组织单位，如图 2-36 所示。

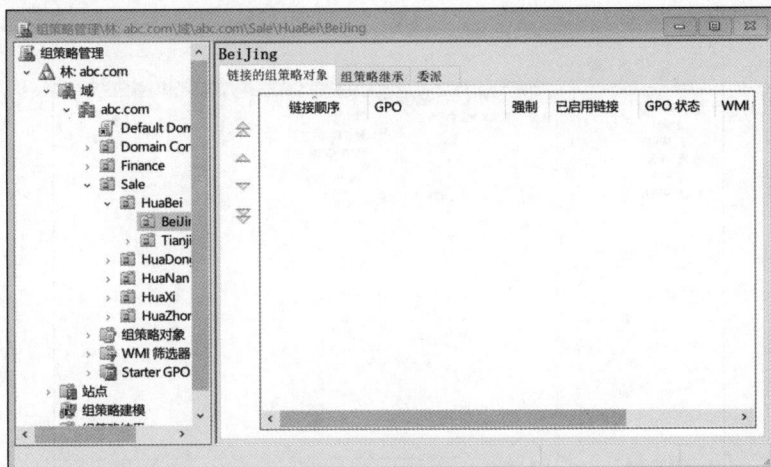

图 2-36 组策略管理（1）

（2）在组织单位上单击鼠标右键，选择"在此域中创建GPO 并在此处链接"命令，在弹出的对话框中输入组策略的名称，如图 2-37 所示。

（3）完成新建 GPO 后，回到"组策略管理"工具，可以看到组织单位 Beijing 下多了一个超链接形式的组策略文件"NewGPO"。在超链接上右击，选择"编辑"命令，将进入详细配置应用到组织单位 Beijing 的组策略的界面，如图 2-38 所示。

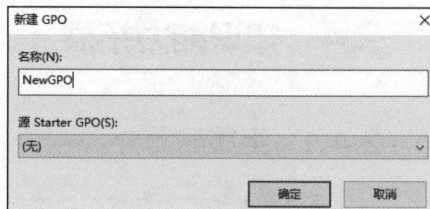

图 2-37　新建 GPO

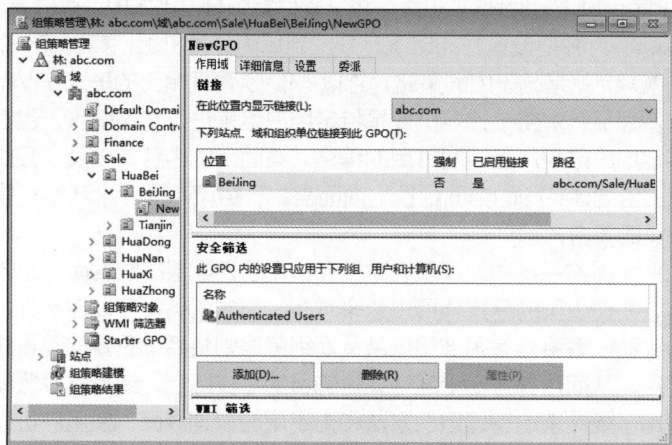

图 2-38　组策略管理（2）

（4）进入组策略管理编辑器，可以看到，左侧窗格中的策略由"计算机配置"和"用户配置"两大部分构成，如图 2-39 所示。这两者中的部分项目是重复的，如两者都含有"软件设置""Windows 设置"等。这里的"计算机配置"是指对整个计算机中的系统配置进行设置，它对当前计算机中所有用户的运行环境都起作用；而"用户配置"则是指对当前用户的系统配置进行设置，它仅对当前用户起作用。例如，二者都提供了"停用自动播放"功能的设置，要是在"计算机配置"中选择了该功能，那么所有用户的光盘自动运行功能都会失效；要是在"用户配置"中选择了此项功能，那么仅仅是该用户的光盘自动运行功能失效，其他用户则不受影响。设置时需注意这一点。

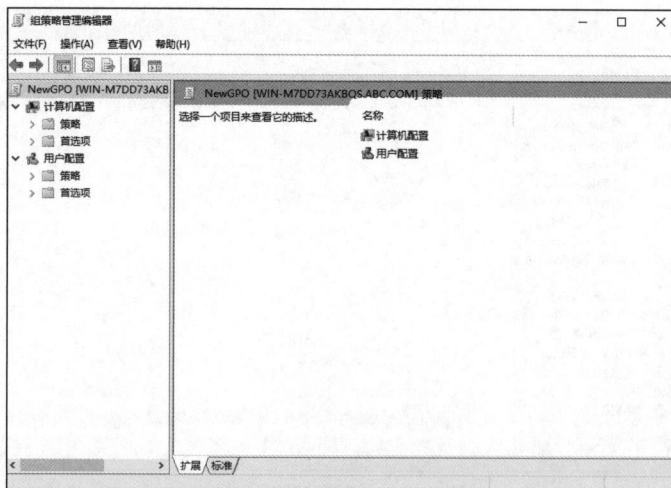

图 2-39　组策略管理编辑器

（5）找到用户配置下的"首选项"，展开"控制面板设置"，找到"Internet 设置"并用鼠标右键单击它，选择"编辑"命令，打开图 2-40 所示的界面。

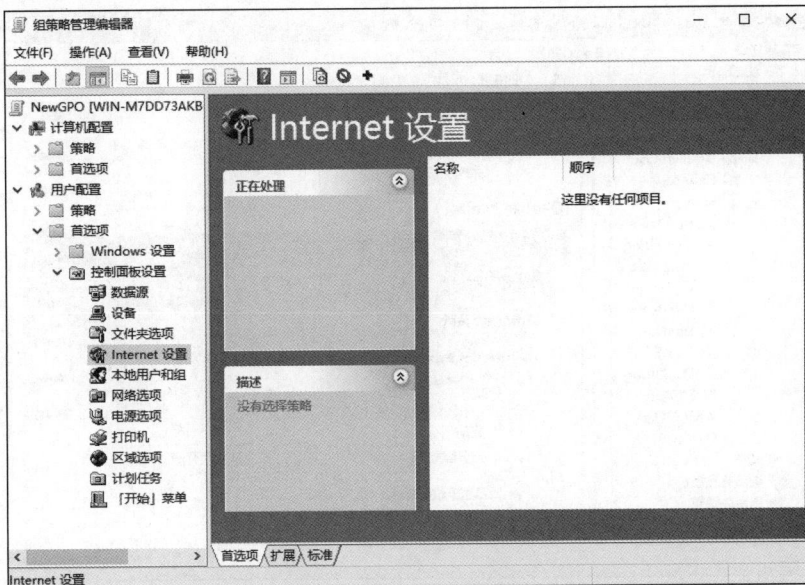

图 2-40　Internet 设置

（6）按照实际需求编辑 Internet Explorer 的属性，可以根据不同浏览器版本（IE 7、IE 8、IE 10）分别进行设置。此处仅以 Internet Explorer 10 为例，如图 2-41 所示。

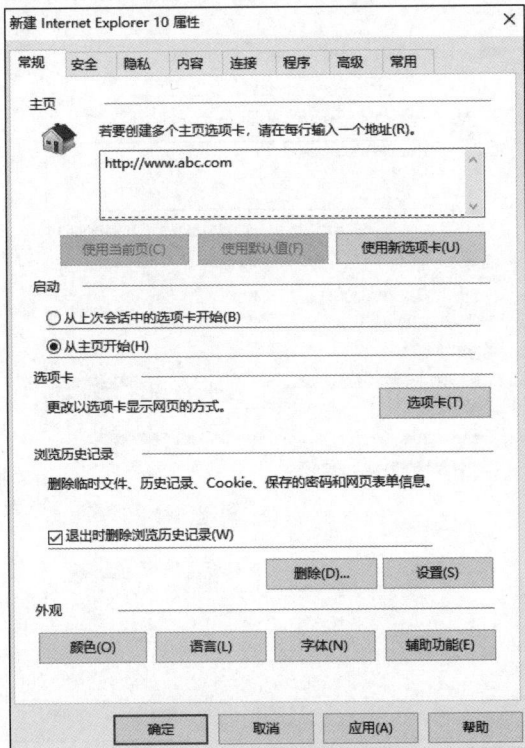

图 2-41　编辑属性

（7）回到"组策略管理"，单击查看链接到组织单位 Beijing 的组策略 NewGPO 的详细设置，如图 2-42 所示。

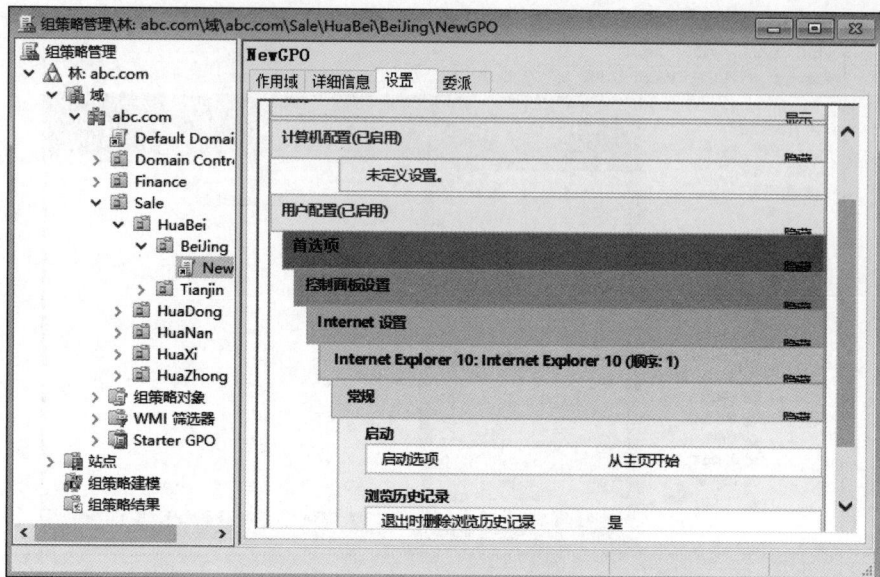

图 2-42　查看 NewGPO 的详细设置

（8）在域内计算机上登录组织单位 Beijing 下的账户 Tom，查看 Internet 选项，可以看到组策略已经在客户端生效，如图 2-43 所示。

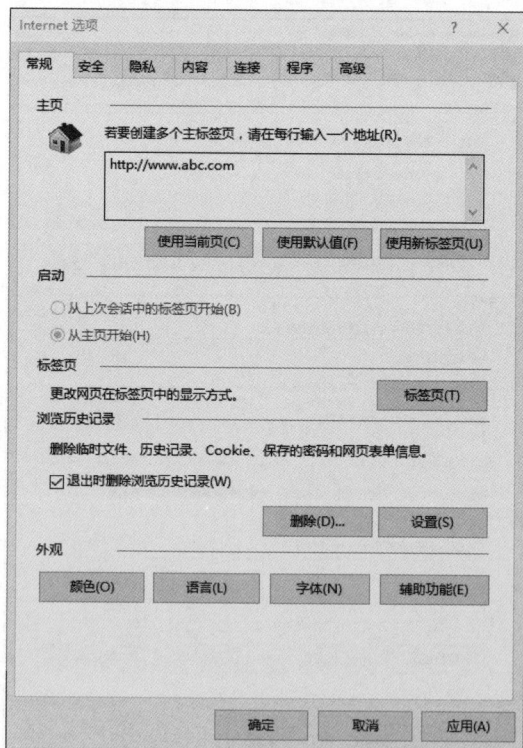

图 2-43　查看 Internet 选项

2.5 仿真实训案例

如图 2-44 所示，ABC 公司有 3 个大部门——研发部、财务部、销售部，统一接受一个根域控（abc.com）的管理。随着全国市场开发的深入，销售部决定在全国设立 5 个分部：华中部、华东部、华南部、华西部、华北部。网络管理员计划为销售部单独建立一个子域"sale.abc.com"，并且在子域上通过组策略配置使得域成员计算机都有统一的桌面背景。请按照上述需求做出合适的配置。

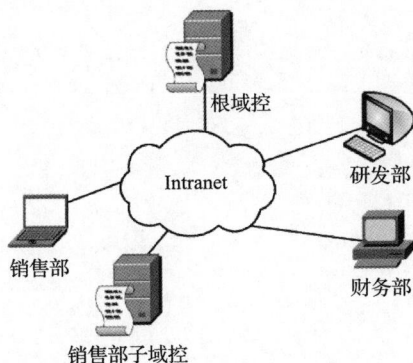

图 2-44　仿真实训案例拓扑

2.6 课后习题

一、选择题

1. 管理员在 Windows Server 2022 域中部署组策略，默认域策略禁止域用户更改桌面背景，财务部 OU 上的策略禁止用户打开命令提示符窗口，则财务部 OU 中的用户（　　　）。

　　A. 可以更改桌面背景，但无法打开命令提示符窗口

　　B. 既可以更改桌面背景，也可以打开命令提示符窗口

　　C. 既不能更改桌面背景，也无法打开命令提示符窗口

　　D. 无法更改桌面背景，但可以打开命令提示符窗口

2. 关于组策略的应用规则，下面说法正确的是（　　　）。

　　A. 默认情况下，下层容器会阻止继承来自上层容器的组策略

　　B. 如果容器的多个组策略设置冲突，则最先应用本地组策略

　　C. 如果容器的多个组策略设置冲突，则最终本地组策略生效

　　D. "阻止继承"会覆盖"强制生效"设置

3. 公司的办公网络是 Windows Server 2022 域环境。你想使员工无论使用哪台计算机都能获得他在前一次登录使用的桌面环境，该员工可以修改并保存桌面环境，使用（　　　）能实现。

　　A. 本地配置文件　　　　　　　　　　B. 漫游配置文件

　　C. 强制配置文件　　　　　　　　　　D. 临时配置文件

4. 在域中"域甲"信任"域乙"，而"域乙"信任"域丙"，"域丙"信任"域甲"，这种关系属于（　　　）。

　　A. 单项信任关系　　　　　　　　　　B. 双向信任关系

　　C. 可传递信任关系　　　　　　　　　D. 以上选项都不对

二、简答题

1. 你管理某个公司的网络，公司的网络是一个单活动目录的域，所有服务器运行 Windows Server 2022，有 3 台服务器被配置为终端服务器，保存着机密数据。目前，所有用户都是正式员工，并且可以登录到终端服务器上。公司雇用了 25 名临时员工，你为他们每个人都创建了用户账号，但同时要确保只有正式员工可以登录到终端服务器，应该怎么做？

2. 小张是公司的网管，公司的计算机处于单域环境中，小李因病请了 3 个月病假。出于安全考虑，小张希望在这 3 个月内小李的域用户账户不能使用，3 个月后可以再使用，那么小张应该怎么做？

项目三
DHCP服务器的配置与管理

03

拓展阅读

案例场景

　　ABC 公司有 200 台计算机，组建了一个局域网。ABC 公司希望采用 DHCP 服务器为这些计算机动态分配 IP 地址及其 TCP/IP 参数，以减少管理上的开销。DHCP 服务器的 IP 地址是 192.168.10.1，公司的 IP 子网地址是 192.168.10.0/24，网关地址是 192.168.10.254，DNS 服务器地址采用当地 ISP 提供的 210.53.31.2。为了公司网络服务的扩展，排除的地址范围是 192.168. 10.2～192.168.10.10，预留这 10 个 IP 地址以便在将来作为服务器的 IP 地址，并且公司经理希望自己的笔记本电脑每次都能够获得 192.168.10.168 这个 IP 地址。DHCP 服务器网络拓扑如图 3-1 所示。

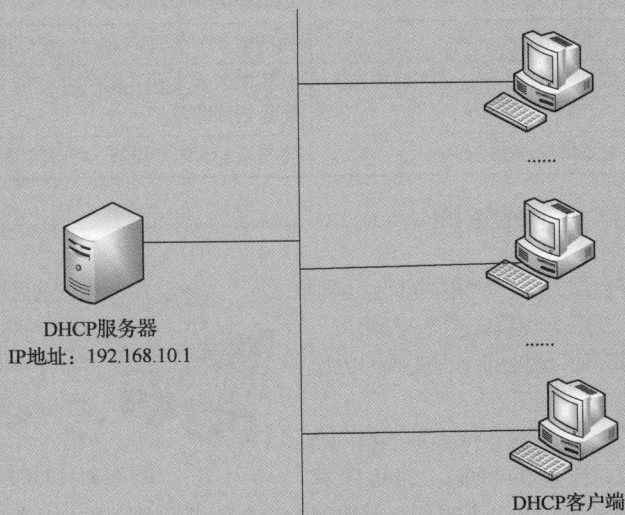

DHCP服务器
IP地址：192.168.10.1

DHCP客户端

图 3-1　DHCP 服务器网络拓扑

　　在本项目中，将通过完成以下任务内容来学习 DHCP 服务器的配置与管理。

序号	任务内容	知识储备
任务 1	DHCP 服务器的安装	服务器必须配置静态 IP 地址
任务 2	创建和激活作用域	作用域的定义、作用域必须激活才能使用
任务 3	配置 DHCP 保留	保留的定义、保留地址与排除地址的区别
任务 4	使用 DHCP 配置选项	不同类型的配置选项的区别
任务 5	DHCP 客户端的配置与测试	自动获取 IP 地址

3.1 知识引入

知识引入

3.1.1 什么是 DHCP

动态主机配置协议（Dynamic Host Configuration Protocol，DHCP）可以简化网络中 IP 地址的分配工作。一般来说，网络中设置 IP 地址的方法有两种。第一种，手动设置 IP 地址。这种方法需要给网络中每个客户端分配 IP 地址并设置其相关参数，如果客户端数量比较多，工作量就会很大，费时费力，并且容易出现 IP 地址冲突等问题，进而影响客户端对网络的使用。第二种，自动设置 IP 地址。自动设置 IP 地址是利用网络中的 DHCP 服务器来给客户端动态分配 IP 地址，既可以减轻网络管理员的工作负担，还可以避免出现 IP 地址冲突等问题。

使用 DHCP 自动分配 IP 地址，当客户端连入网络时，会发出 IP 地址请求，DHCP 服务器会从 IP 地址池中临时分配一个 IP 地址给客户端，当客户端不使用时，DHCP 服务器收回相应 IP 地址，并把它分配给其他需要 IP 地址的客户端，这样可以有效地节约 IP 地址资源。手动设置 IP 地址与自动设置 IP 地址的比较如表 3-1 所示。

表 3-1　手动设置 IP 地址与自动设置 IP 地址的比较

手动设置 IP 地址	自动设置 IP 地址
IP 地址及其他参数由管理员设置	IP 地址及其他参数由 DHCP 动态分配
手动设置容易导致设置错误	自动分配可以避免设置错误
容易导致 IP 地址冲突	可以避免 IP 地址冲突
为每个客户端固定设置一个 IP 地址	客户端动态获取 IP 地址，可以提高 IP 地址的利用率
如果需要更改多个客户端的 IP 参数，就必须在客户端上逐一更改	如果需要更改多个客户端的 IP 参数，统一修改服务器的配置选项即可
客户端在子网间移动时，会增加管理上的开销	客户端配置自动更新，可适应网络结构的变化

3.1.2 DHCP 的工作原理

DHCP 服务器允许管理员在一个集中的地点管理 IP 地址的分配。DHCP 的工作过程如图 3-2 所示。

DHCP 客户端获取 IP 地址的过程主要分为以下 4 个步骤。

（1）DHCP 发现（DHCP discover）。当客户端没有手动设置 IP 地址又试图登录网络时，DHCP 客

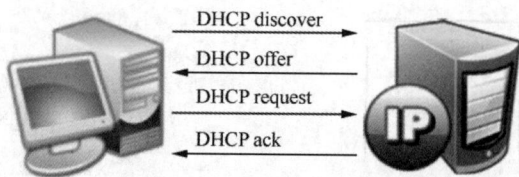

图 3-2　DHCP 的工作过程

户端通过广播一个 DHCP discover 数据包来寻找网络中的 DHCP 服务器，从而向服务器请求 IP 地址。

（2）DHCP 提供（DHCP offer）。DHCP 服务器收到客户端发来的 DHCP discover 数据包后，会给客户端广播一个 DHCP offer 数据包，DHCP 服务器从地址池中选择一个闲置 IP 地址进行保留，以免把这个地址再分给其他客户端。

（3）DHCP 请求（DHCP request）。DHCP 客户端收到 DHCP 服务器发送的 DHCP offer 数据包后，会给服务器回应一个 DHCP request 数据包。如果客户端收到网络中多台 DHCP 服务器发送的数据包，只会挑选其中最先抵达的数据包进行响应，并通过 DHCP request 数据包告诉所有 DHCP 服务器它将和哪台服务器建立"租约"。

（4）DHCP 应答（DHCP ack）。当 DHCP 服务器收到客户端的请求之后，会给客户端回应一个

DHCP ack 数据包，以确认 IP 租约正式生效，一个完整的 DHCP 工作流程结束。

　　DHCP 的客户端在租约到期之前会更新它的 IP 配置信息。当 IP 地址的使用时间达到租约的 50% 时，客户端开始发送 DHCP request 数据包请求续租；如果服务器没有响应，客户端就会在剩余时间只有 50%（即达到整个租约时间的 75%）时，发送 DHCP request 数据包请求续租；如果 IP 地址的使用时间达到租约的 87.5% 时服务器还没有响应客户端的续租请求，客户端将发送 DHCP discover 数据包重新开始获取 IP 地址。

3.2　任务 1：DHCP 服务器的安装

任务 1　DHCP
服务器的安装

3.2.1　任务说明

　　ABC 公司希望采用 DHCP 服务器为公司计算机动态分配 IP 地址及其 TCP/IP 参数，以减少管理上的开销。首先，管理员需要在企业内网的某台 Windows Server 2022 服务器上安装部署一台 DHCP 服务器，设置服务器的静态 IP 地址为 192.168.10.1/24，网关地址是 192.168.10.254。下面，管理员将选择一台空闲的 Windows Server 2022 服务器来进行安装部署。

3.2.2　任务实施过程

（1）打开"服务器管理器"窗口，单击"仪表板"，选择"添加角色和功能"，如图 3-3 所示。

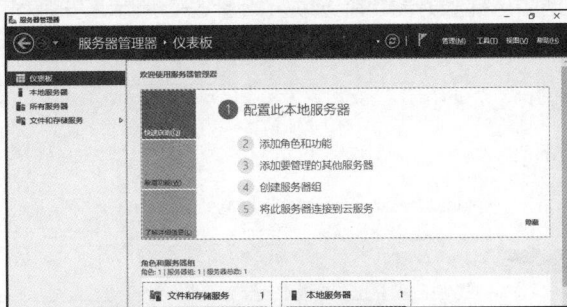

图 3-3　添加角色和功能

（2）在弹出的"开始之前"界面中，单击"下一步"按钮，如图 3-4 所示。

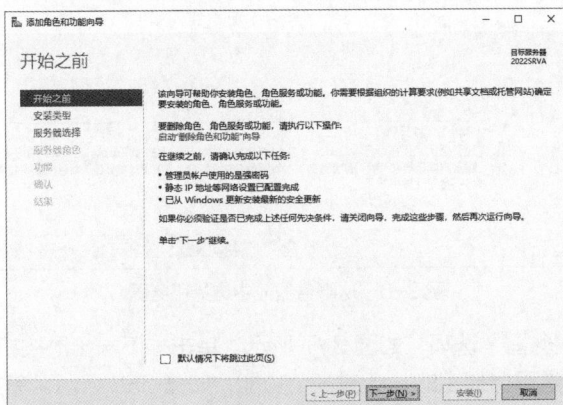

图 3-4　开始之前

（3）在弹出的"选择安装类型"界面中，选择"基于角色或基于功能的安装"单选项，如图 3-5 所示。单击"下一步"按钮。

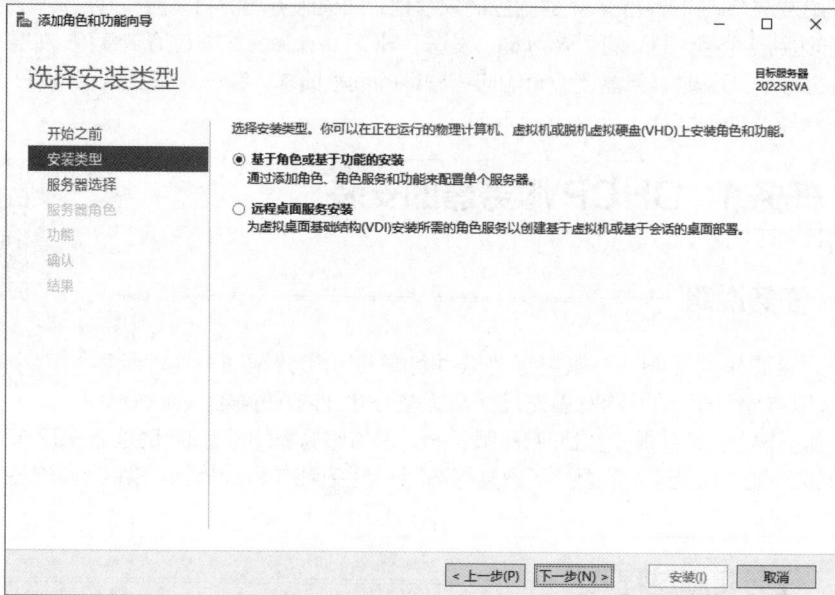

图 3-5　基于角色或基于功能的安装

（4）选择"从服务器池中选择服务器"单选项，如图 3-6 所示，安装程序会自动检测并显示这台计算机采用静态 IP 地址设置的网络连接。单击"下一步"按钮。

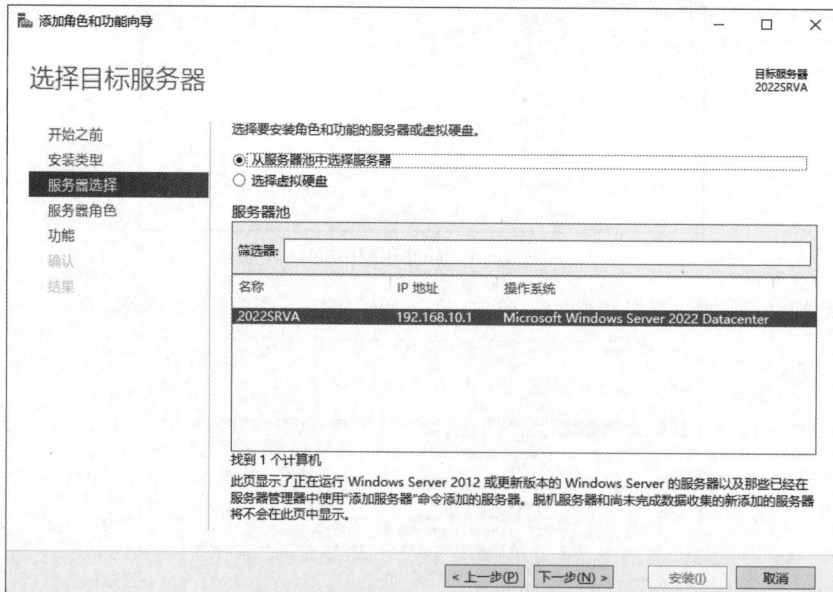

图 3-6　从服务器池中选择服务器

（5）勾选"DHCP 服务器"选项，如图 3-7 所示。单击"下一步"按钮。

（6）选择要安装在所选服务器上的一个或多个功能，如图 3-8 所示。单击"下一步"按钮。

（7）在"确认安装所选内容"界面中，单击"安装"按钮，如图 3-9 所示。

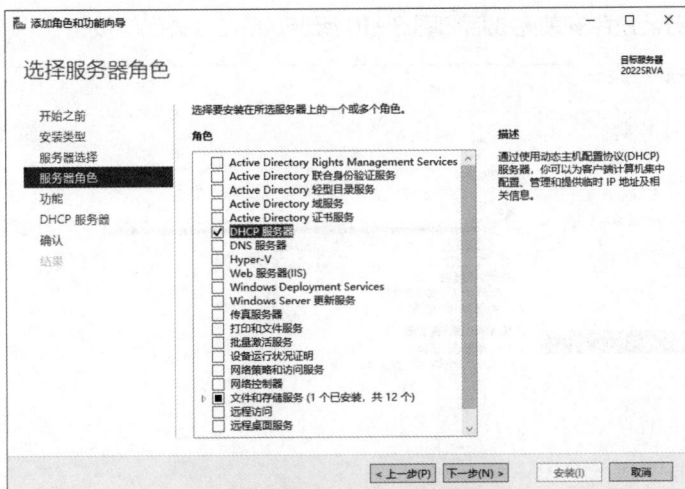

图 3-7　选择 DHCP 服务器角色

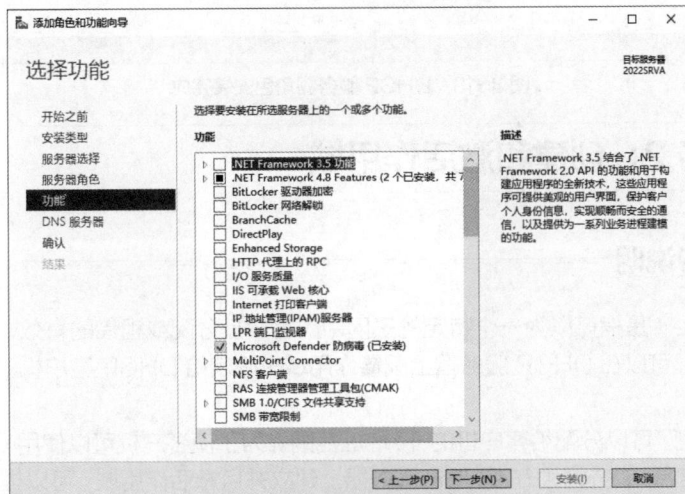

图 3-8　选择服务器功能

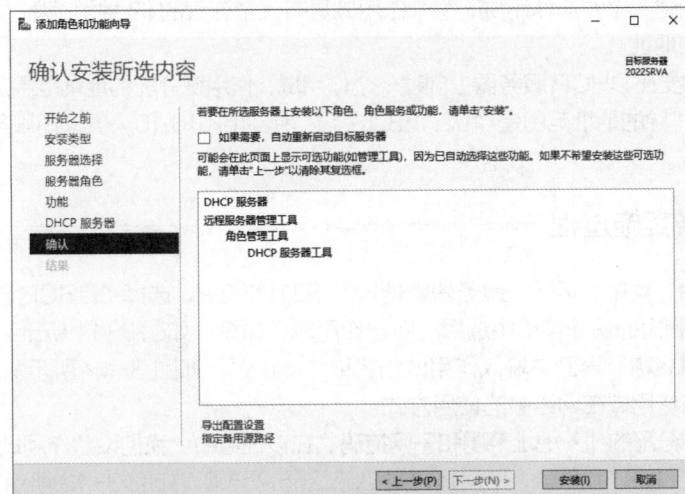

图 3-9　确认安装所选内容

（8）DHCP 服务器角色安装完成后如图 3-10 所示，单击"关闭"按钮。

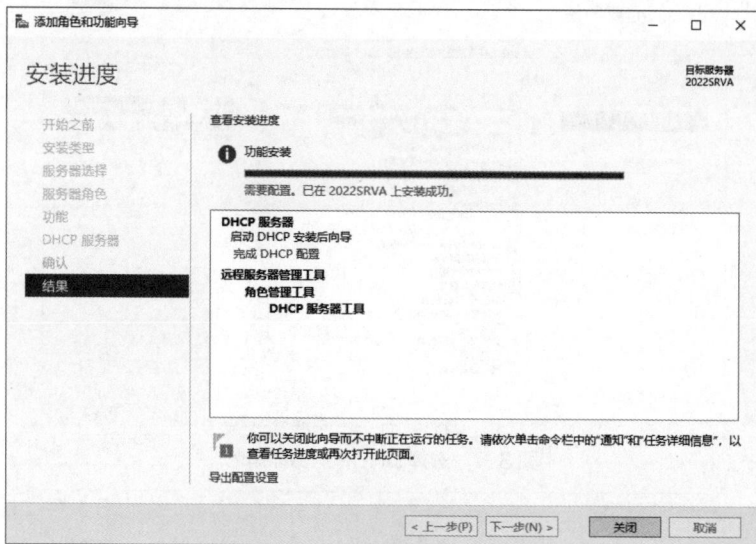

图 3-10　DHCP 服务器角色安装完成

3.3　任务 2：创建和激活作用域

任务 2　创建和激活
作用域

3.3.1　任务说明

作用域（Scope）是指可以为一个特定的子网中的客户机分配或租借的有效 IP 地址范围。管理员可以在 DHCP 服务器上配置作用域来确定给 DHCP 客户机的 IP 地址范围。

一个作用域表明了可以分配给客户机的 IP 地址范围。为了使客户机可以使用 DHCP 服务器上的动态 TCP/IP 配置信息，首先必须在 DHCP 服务器上建立并且激活作用域。可以根据网络环境的需要在一台 DHCP 服务器上建立多个作用域。

每个子网只能创建一个对应作用域，每个作用域具有一个连续的 IP 地址范围。在作用域中可以排除某个或某组特定的地址。

在此任务中，需要在 DHCP 服务器上创建一个作用域，作用域分配的地址范围是 192.168.10.1～192.168.10.254，排除的地址范围是 192.168.10.1～192.168.10.10（供公司服务器使用），然后再激活所创建的作用域。

3.3.2　任务实施过程

（1）单击"开始"菜单，运行"服务器管理器"下的 DHCP，选择"DHCP 管理器"。用鼠标右键单击"IPv4"，在弹出的快捷菜单中选择"新建作用域"命令，如图 3-11 所示。

（2）在"作用域名称"界面中输入作用域的名称"csmy"，如图 3-12 所示。这个名称信息的作用是帮助快速识别该作用域在网络中的使用方式。

（3）设置作用域分配的 IP 地址范围和子网掩码。在该任务中，我们设置作用域分配的地址范围是 192.168.10.1～192.168.10.254，子网掩码是 255.255.255.0，如图 3-13 所示。单击"下一步"按钮。

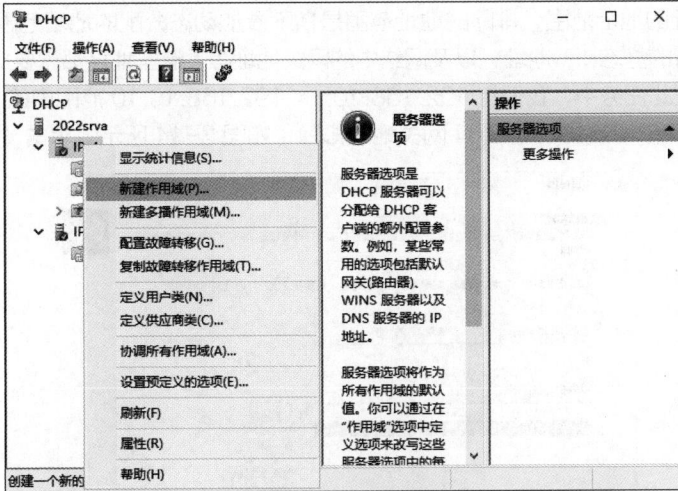

图 3-11　新建作用域

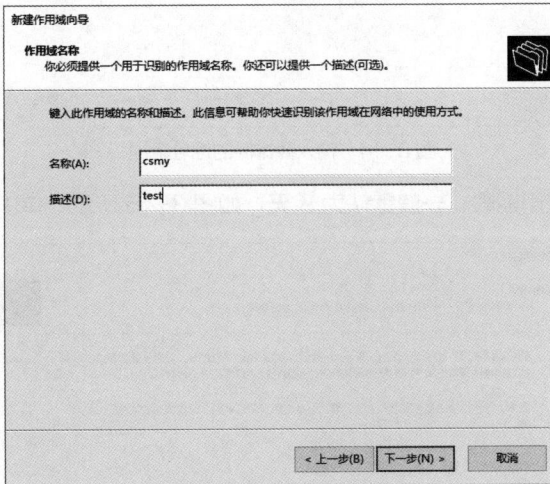

图 3-12　设置作用域的名称

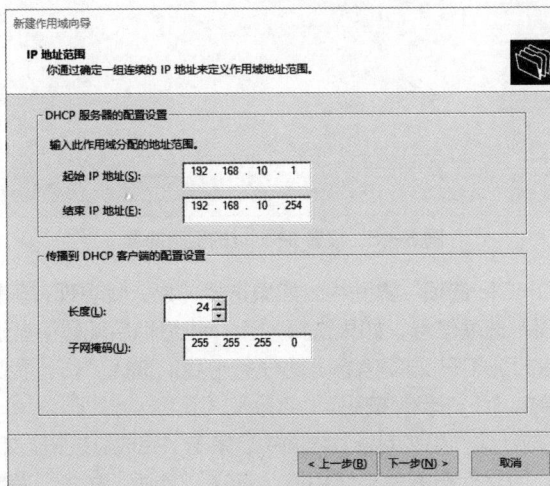

图 3-13　设置 IP 地址范围和子网掩码

（4）输入要排除的地址范围，排除的地址范围是指不参加动态分配的地址范围。例如，要给网络中的其他服务器设置的静态 IP 地址，以及网络中的网关地址等，这些地址都需要从地址池中被排除，不参加动态分配。在此任务中，我们将 192.168.10.1～192.168.10.10 范围内的 IP 地址排除出来留给网络中的服务器，将 192.168.10.254 网关地址排除，如图 3-14 所示。单击"下一步"按钮。

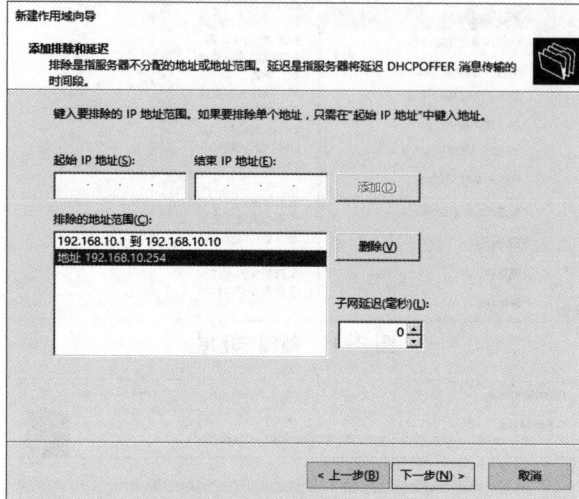

图 3-14　输入要排除的地址范围

（5）设置 IP 地址的租用期限，一般默认为 8 天，如图 3-15 所示。单击"下一步"按钮。

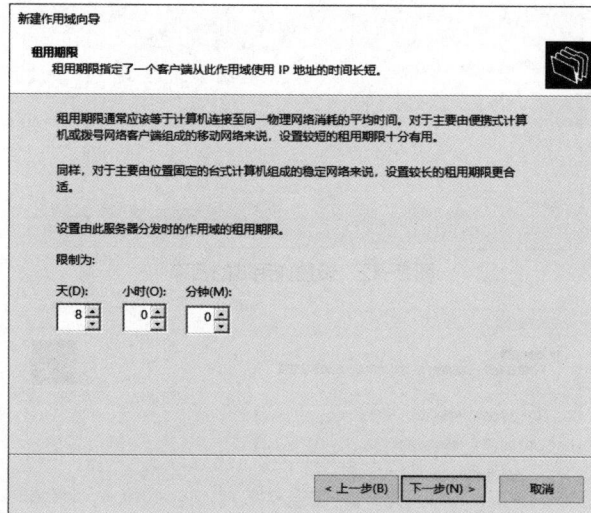

图 3-15　设置 IP 地址的租用期限

（6）在出现的"配置 DHCP 选项"界面中，如果选择"是，我想现在配置这些选项"单选项，就会继续通过向导配置 DHCP 选项信息；如果选择"否，我想稍后配置这些选项"单选项，就可以在 DHCP 控制台中配置相关的 DHCP 选项信息。此任务中我们选择"否，我想稍后配置这些选项"单选项，如图 3-16 所示。单击"下一步"按钮。

（7）在出现的"正在完成新建作用域向导"界面中，单击"完成"按钮，如图 3-17 所示。

（8）如图 3-18 所示，用鼠标右键单击作用域，选择"激活"命令，完成激活作用域。注意，新建作用域以后一定要将之激活。

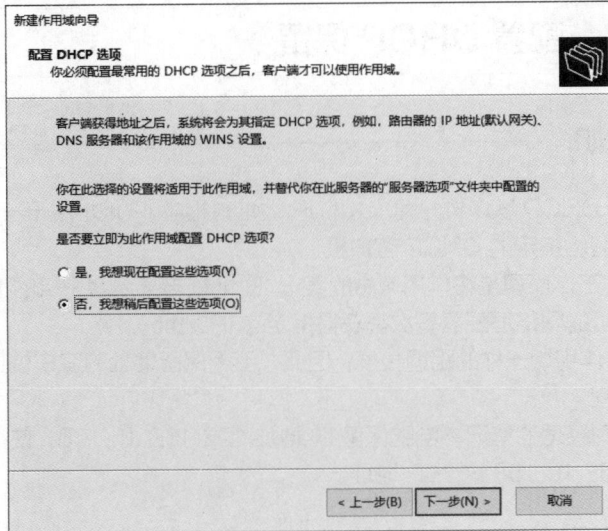

图 3-16　配置 DHCP 选项

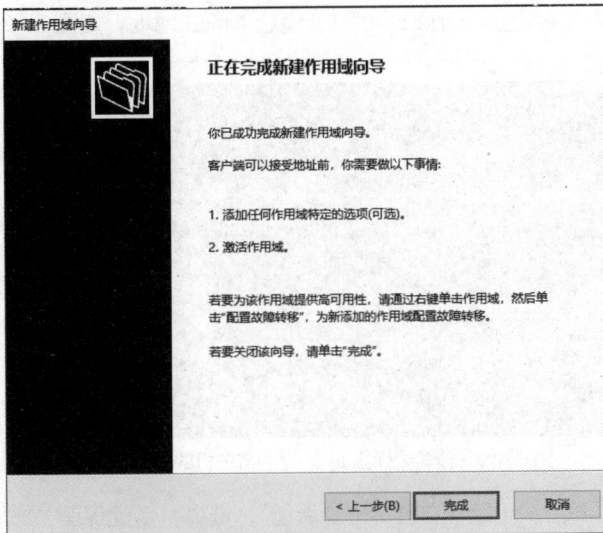

图 3-17　新建作用域成功提示信息

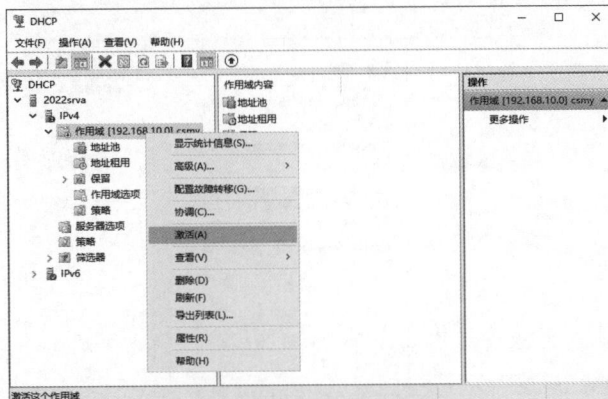

图 3-18　激活作用域

3.4 任务 3：配置 DHCP 保留

3.4.1 任务说明

DHCP 保留是指为 DHCP 客户机分配永久的 IP 地址，相应 IP 地址属于一个作用域，并且被永久保留给指定的 DHCP 客户机。

DHCP 地址保留的工作原理是将作用域中的某个 IP 地址与某台客户机的 MAC 地址进行绑定，使得拥有这个 MAC 地址的网络适配器每次都获得指定的 IP 地址。

DHCP 保留具有与作用域一样的租期长度，因此，使用保留地址的客户机具有与作用域中其他客户机一样的租约续订过程。

在此任务中，为公司经理的笔记本电脑保留 IP 地址 192.168.10.168，使得经理的笔记本电脑每次启动都能获得 192.168.10.168 这个 IP 地址。

3.4.2 任务实施过程

（1）在经理的笔记本电脑上运行 ipconfig/all，查看 MAC 地址，如图 3-19 所示。

图 3-19　查看要保留 IP 地址的客户机的 MAC 地址

（2）打开 DHCP 控制台，用鼠标右键单击"保留"，选择"新建保留"命令，如图 3-20 所示。

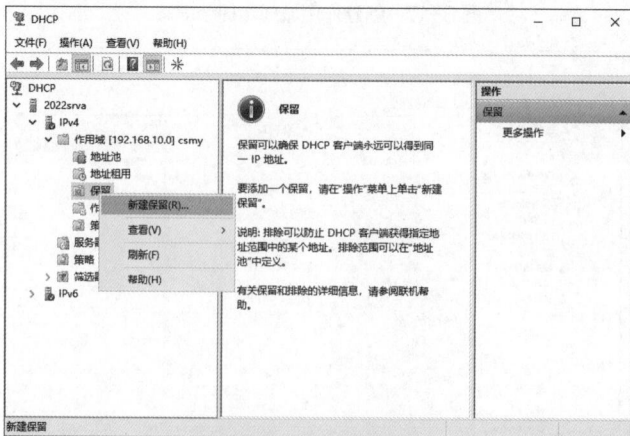

图 3-20　新建保留

（3）在弹出的对话框中输入"保留名称""IP 地址""MAC 地址"等参数。在本任务中，要求把 192.168.10.168 这个地址保留给经理，输入相关信息，如图 3-21 所示。单击"添加"按钮。

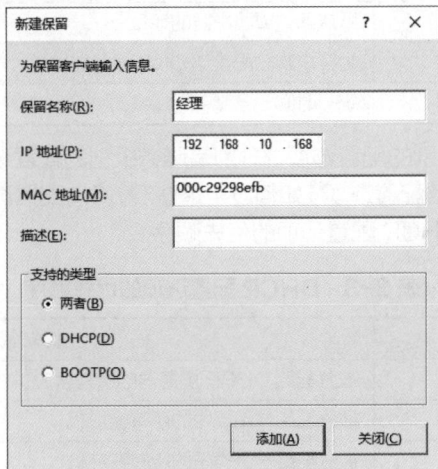

图 3-21　输入相关信息

（4）完成为经理保留 IP 地址的操作，如图 3-22 所示。

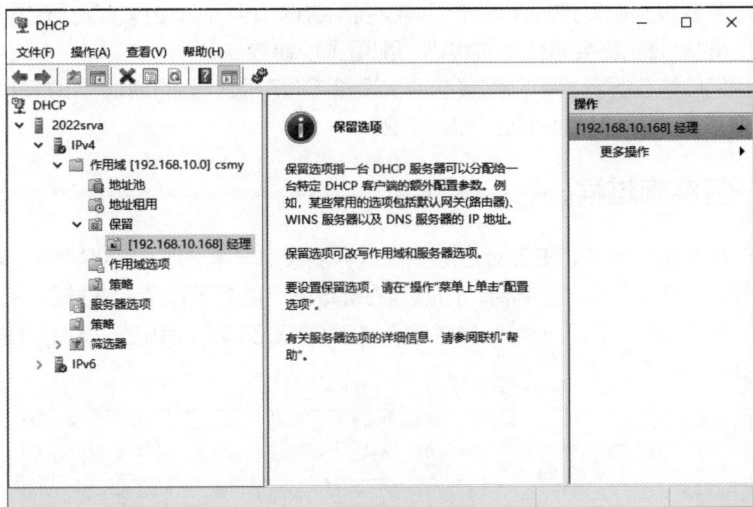

图 3-22　新建保留成功

3.5　任务 4：使用 DHCP 配置选项

3.5.1　任务说明

DHCP 配置选项是指 DHCP 服务器可以给 DHCP 客户机分配的除了 IP 地址和子网掩码以外的其他配置参数。表 3-2 所示为常用的 DHCP 配置选项。

使用 DHCP 配置选项能够配置 DHCP 客户机在网络中的功能。在租约生成的过程中，服务器为 DHCP 客户机提供 IP 地址和子网掩码，而 DHCP 配置选项可以为 DHCP 客户机提供其他更多的 IP 配置参数。

表 3-2　常用的 DHCP 配置选项

配置选项	说明
Router（default）	默认网关或路由器的地址
DNS 服务器	为客户端分配首选 DNS 服务器地址
时间服务器	统一时间

　　DHCP 服务器支持 4 种级别的配置选项，分别是服务级别的配置选项、作用域级别的配置选项、类级别的配置选项和保留级别的配置选项。如何应用这些 DHCP 配置选项，与配置这些选项的位置有直接的关系。表 3-3 描述了 DHCP 配置选项的优先顺序。

表 3-3　DHCP 配置选项的优先顺序

DHCP 配置选项	优先顺序
服务器级别配置选项	被分配给 DHCP 服务器的所有客户机
作用域级别配置选项	被分配给作用域中的所有客户机
类级别配置选项	被分配给一个类里的所有客户机
保留级别配置选项	只被分配给设置了保留 IP 地址的特定 DHCP 客户机

　　从表 3-3 我们可以看出，服务器级别配置选项的作用范围最大，保留级别配置选项的作用范围最小，但是如果在服务器级别配置选项上和作用域级别配置选项上同时设置了某个配置选项参数，最后DHCP 客户机获取的参数就将会是作用域级别的配置选项参数。

　　在本任务中我们应该在服务器级别配置选项上设置 DNS 服务器的地址 210.53.31.2，在作用域级别选项上设置 003 路由器的地址 192.168.10.254。

3.5.2　任务实施过程

　　（1）将 DNS 服务器地址 210.53.31.2 设置成服务器级别配置选项。DNS 服务器的参数设置将对所有的作用域生效。打开 DHCP 控制台，用鼠标右键单击"服务器选项"，选择"配置选项"命令。勾选"006 DNS 服务器"，在 IP 地址一栏中输入"210.53.31.2"，单击"添加"按钮，再单击"确定"按钮，如图 3-23 所示。

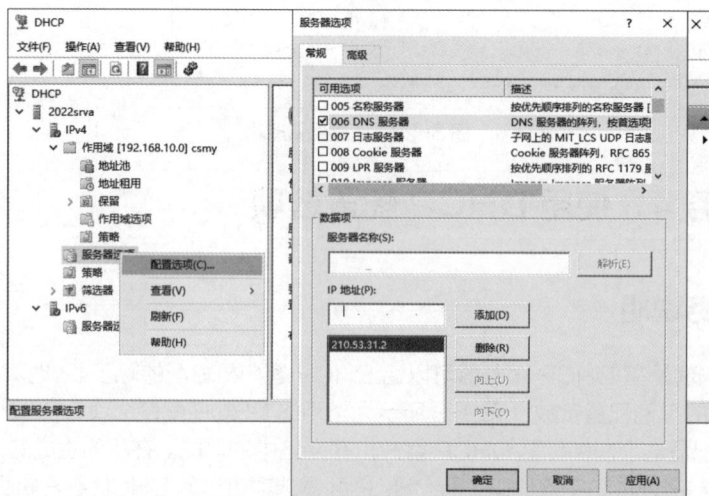

图 3-23　设置服务器级别配置选项

（2）将路由器地址 192.168.10.254 设置在作用域级别配置选项上，路由器的地址参数仅对该作用域生效。打开 DHCP 控制台，用鼠标右键单击"服务器选项"，选择"配置选项"命令。勾选"003 路由器"，在 IP 地址一栏中输入"192.168.10.254"，单击"添加"按钮，再单击"确定"按钮，如图 3-24 所示。

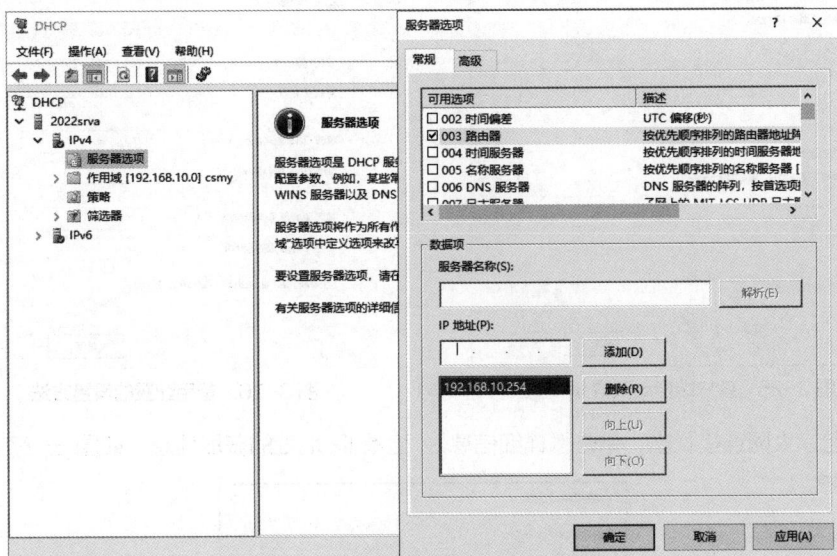

图 3-24　设置作用域级别配置选项

3.6　任务 5：DHCP 客户端的配置与测试

3.6.1　任务说明

DHCP 客户端 IP 地址支持手动和自动两种方式设置。使用 DHCP 就是为了免除手动设置的大量重复工作和避免在设置中可能出现的差错。

当选择自动获取 DHCP 客户端 IP 地址时，我们可以同时为该客户端设置一个备用配置，当 DHCP 客户机从一个子网移动到另外一个没有 DHCP 服务器的子网时，DHCP 客户机将无法获得 IP 地址，这时备用配置将生效。

DHCP 客户机可以在租赁的任何时刻向 DHCP 服务器发送一个 DHCP release 数据包来释放它已有的 IP 地址配置信息，并用 DHCP renew 来重新获得 IP 地址配置信息。

如果客户端无法向服务器租到 IP 地址，在没有设置备用配置时，客户端会每隔 5 分钟自动搜索 DHCP 服务器租用 IP 地址，在未租到 IP 地址之前，客户端默认可以通过 APIPA 机制为自己配置一个 169.254.0.0/16 格式的 IP 地址。

在此任务中，我们将 DHCP 客户端 IP 地址改成自动设置。

3.6.2　任务实施过程

（1）打开"Internet 协议版本 4（TCP/IPv4）属性"对话框，将客户端 IP 地址的获取方式改成"自动获得 IP 地址"，如图 3-25 所示。

（2）备用配置的设置方法如图 3-26 所示。

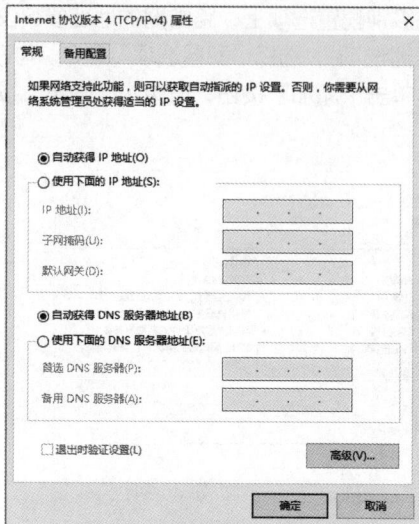

图 3-25　客户端自动获得 IP 地址

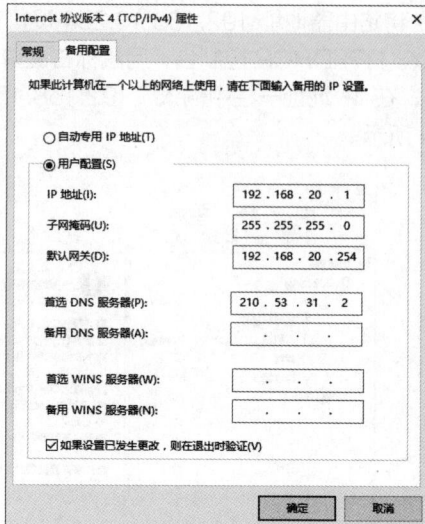

图 3-26　备用配置的设置方法

（3）查看以太网连接状态，单击"详细信息"，查看 IP 地址的获取信息，如图 3-27 所示。

图 3-27　IP 地址的获取信息

3.7　知识能力拓展

3.7.1　拓展案例1：DHCP 中继代理配置

若 DHCP 服务器与 DHCP 客户端分别位于不同的网段，由于 DHCP 消息以广播为主，而连接这两个网络的路由器并不会广播消息到不同的网段，因此限制了 DHCP 的有效使用范围。我们可以将一台软件路由器配置成 DHCP 中继代理来解决此问题。

软件路由器是一台安装双网卡的计算机，我们必须先安装网络策略和访问服务角色，然后在其提

拓展案例 1　DHCP 中继代理配置

供的路由和远程访问服务中配置 DHCP 中继代理程序。

案例场景: ABC 公司是一家新成立的教育培训机构,为节约成本,ABC 公司要求把 X 楼两间教室对应的两个子网用软件路由器连接起来,实现资源共享,并且为方便管理,要求每个子网的客户端动态获取 IP 地址。

- 软件路由器接口 IP 地址: 教室 1 接口 IP 地址为 192.168.1.254; 教室 2 接口 IP 地址为 192.168.10.254。
- DHCP 服务器的 IP 地址: 192.168.10.1/24。
- 教室 1 子网 IP 地址: 192.168.1.0/24。
- 教室 2 子网 IP 地址: 192.168.10.0/24。

要求教室 1 中的计算机通过 DHCP 中继代理获得教室 2 中 DHCP 服务器动态分配的 IP 地址等参数。请问要如何实现?

网络拓扑如图 3-28 所示。

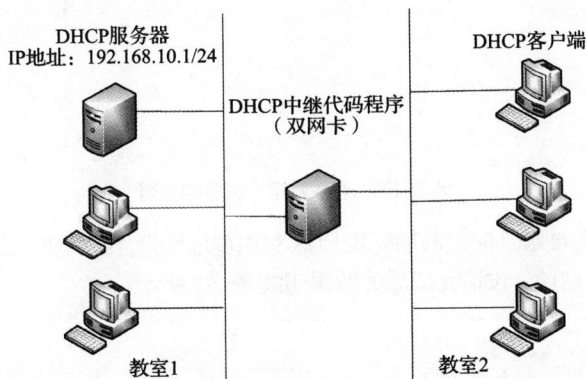

图 3-28 拓展案例 1 网络拓扑

在此案例中,需要完成 DHCP 服务器的配置和 DHCP 中继代理的配置,具体实施过程如下。

1. DHCP 服务器的配置

(1)在 DHCP 服务器上创建两个作用域——教室 1 和教室 2,对应的 IP 地址分配范围分别是教室 1 对应的子网和教室 2 对应的子网,如图 3-29 所示。

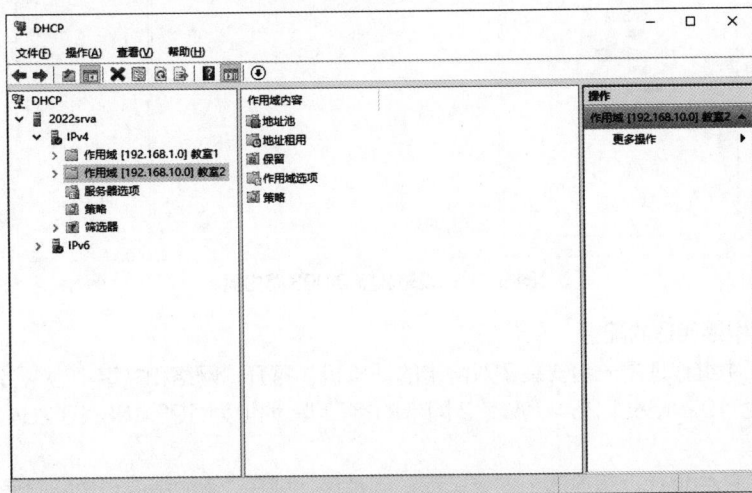

图 3-29 在 DHCP 服务器上创建两个作用域

（2）在教室 1 的作用域级别配置选项配置 003 路由器地址为 192.168.1.254，即软件路由器连接教室 1 子网的接口 IP 地址。设置完成后的效果如图 3-30 所示。

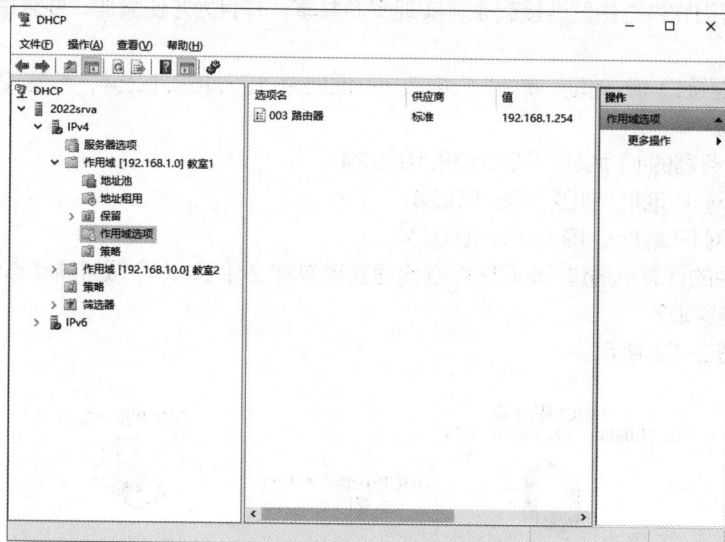

图 3-30　设置教室 1 003 路由器

（3）在教室 2 的作用域级别配置选项配置 003 路由器地址为 192.168.10.254，即软件路由器连接教室 2 子网的接口 IP 地址。设置完成后的效果如图 3-31 所示。

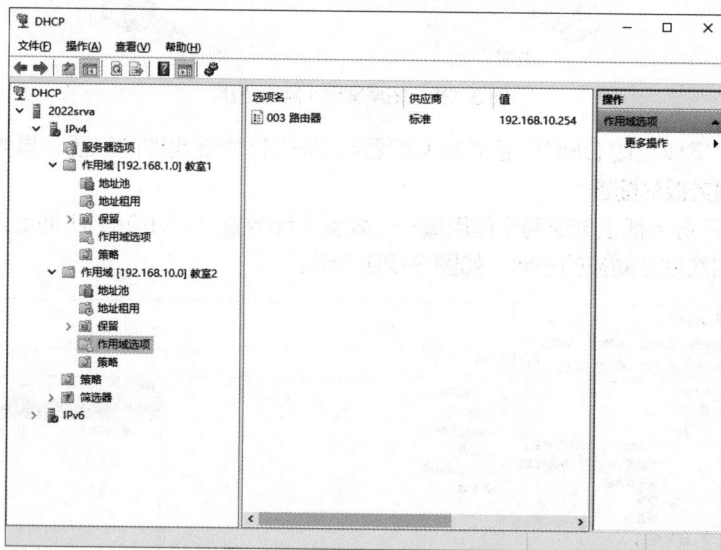

图 3-31　设置教室 2 003 路由器

2. DHCP 中继代理的配置

（1）DHCP 中继代理是一台安装了双网卡的计算机。打开"网络和共享中心"，设置教室 1 网卡的接口 IP 地址为 192.168.1.254、教室 2 网卡的接口 IP 地址为 192.168.10.254，完成后的效果如图 3-32 所示。

（2）在 DHCP 中继代理服务器上安装远程访问角色。打开"添加角色和功能向导"窗口，按照向导提示，在图 3-33 所示的界面中勾选"远程访问"角色，单击"下一步"按钮。

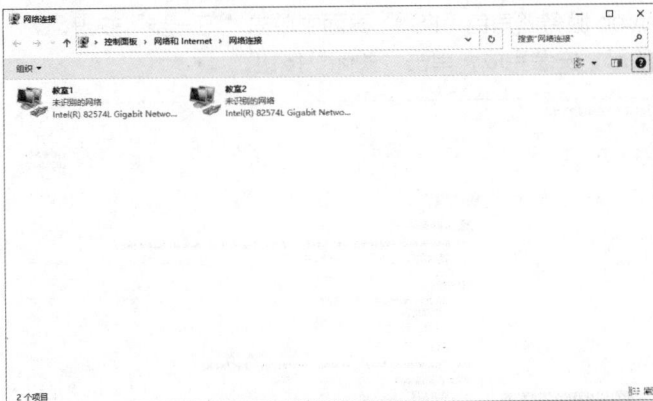

图 3-32　设置中继代理服务器的 IP 地址

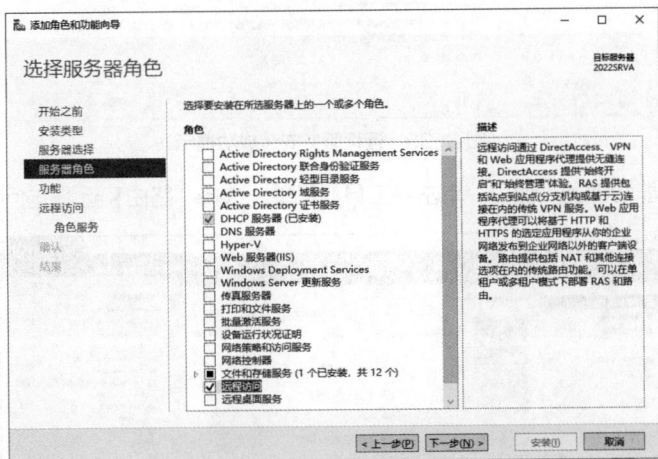

图 3-33　安装远程访问角色

（3）在出现的"选择功能"界面中单击"下一步"按钮。

（4）在出现的"远程访问"界面中单击"下一步"按钮。

（5）如图 3-34 所示，勾选"DirectAccess 和 VPN（RAS）"和"路由"选项，单击"下一步"按钮。

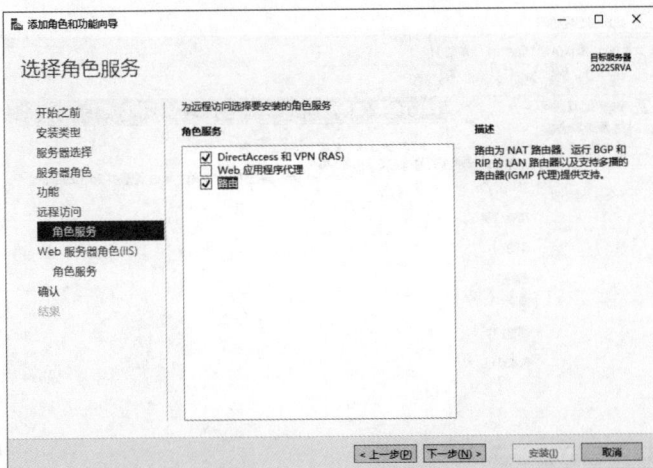

图 3-34　选择角色服务

（6）在出现的"Web 服务器角色（IIS）"界面中单击"下一步"按钮。

（7）如图 3-35 所示，安装完成，单击"关闭"按钮。

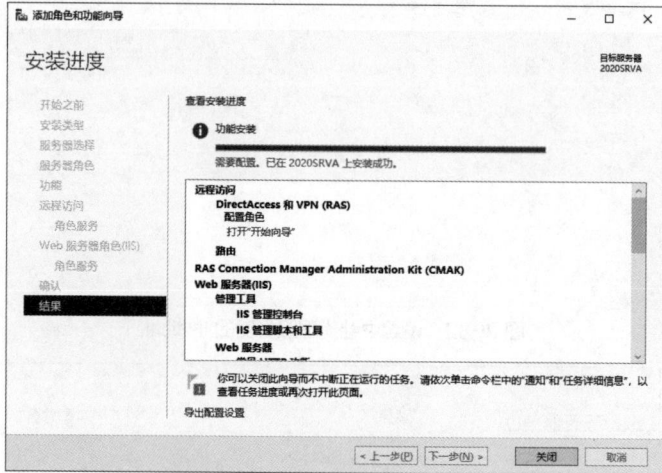

图 3-35　远程服务安装成功提示

（8）打开"服务器管理器"窗口，单击"工具"菜单，选择"路由和远程访问"，如图 3-36 所示。

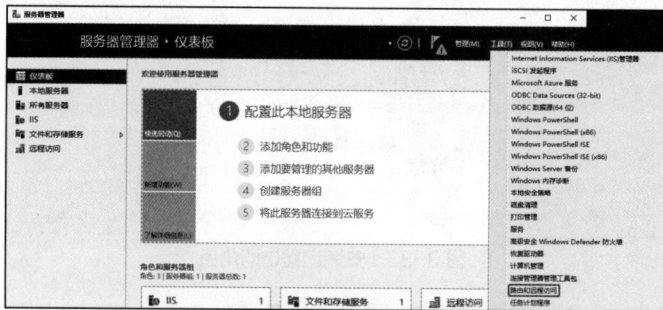

图 3-36　选择"路由和远程访问"

（9）用鼠标右键单击服务器，选择"配置并启用路由和远程访问"命令，如图 3-37 所示。

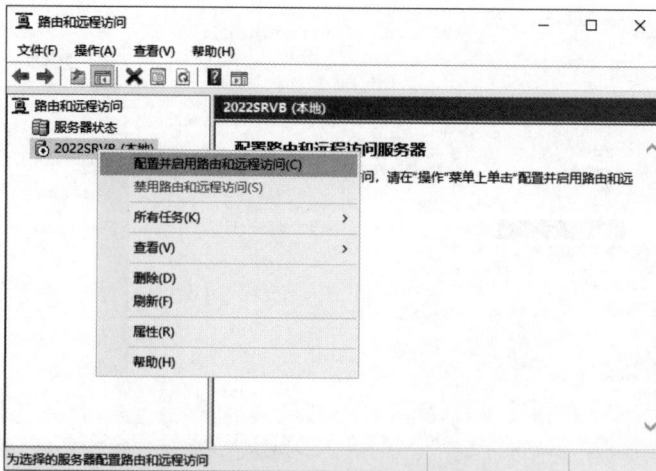

图 3-37　配置并启用路由和远程访问

（10）在出现的"配置"界面中选择"自定义配置"单选项，如图 3-38 所示。单击"下一步"按钮。

（11）在出现的界面中勾选"LAN 路由"选项，如图 3-39 所示。单击"下一步"按钮。

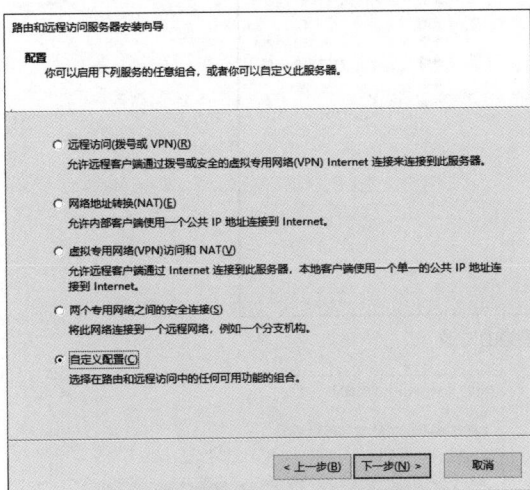

图 3-38　选择"自定义配置"单选项

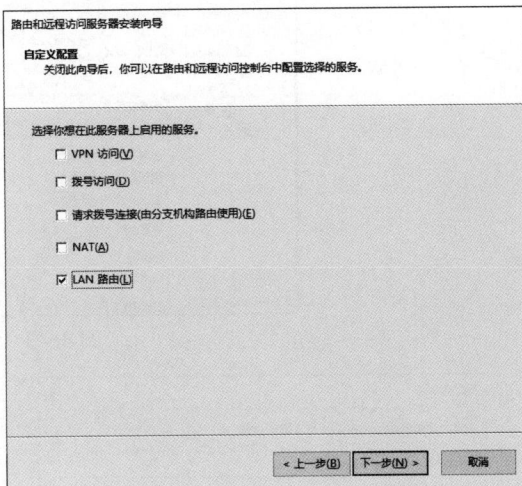

图 3-39　勾选"LAN 路由"选项

（12）在弹出的图 3-40 所示的"正在完成路由和远程访问服务器安装向导"界面中单击"完成"按钮。

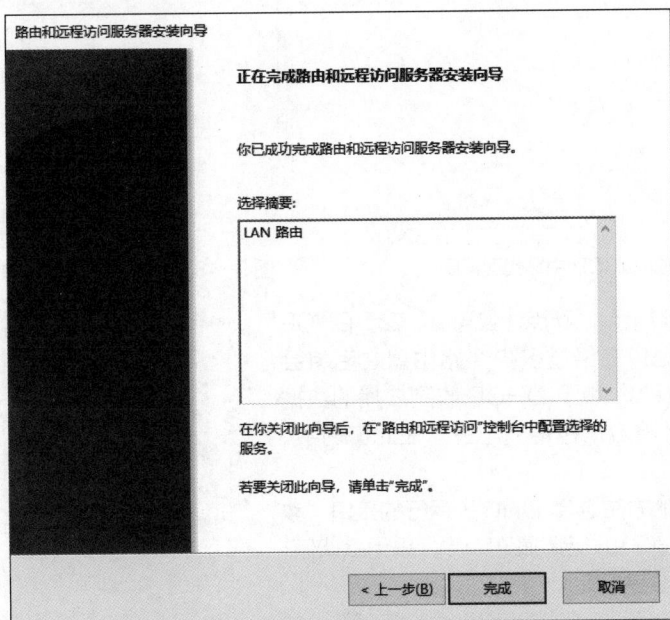

图 3-40　路由和远程访问服务器安装成功提示

（13）打开路由和远程访问控制台，如图 3-41 所示，展开"IPv4"，用鼠标右键单击"常规"，选择"新增路由协议"命令。

（14）在弹出的图 3-42 所示的对话框中选择"DHCP Relay Agent"，单击"确定"按钮。

（15）在弹出的图 3-43 所示的对话框中选择 DHCP 运行的接口"教室 1"，单击"确定"按钮。

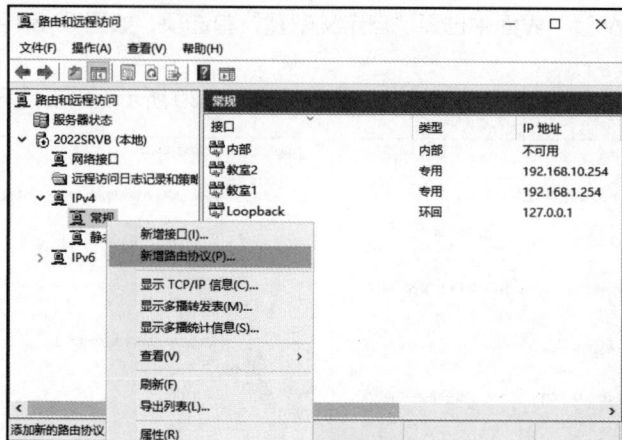

图 3-41　新增路由协议

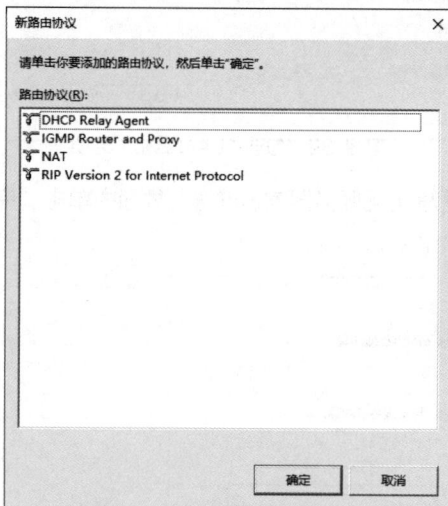

图 3-42　添加 DHCP 中继代理程序

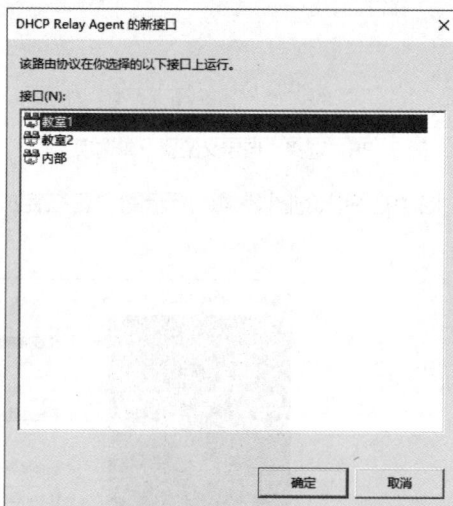

图 3-43　选择 DHCP 运行的接口"教室 1"

（16）如图 3-44 所示，"跃点计数阈值"表示 DHCP 中继代理转发的数据包在经过多少个路由器之后将会被丢弃，"启动阈值(秒)"表示 DHCP 收到广播的数据包后经过多少秒后才将数据包转发出去。在此案例中，我们采用默认值。

（17）按照相同的方法选择 DHCP 运行的接口"教室 2"，"跃点计数阈值"和"启动阈值(秒)"采用默认值，如图 3-45 和图 3-46 所示。

（18）如图 3-47 所示，在"DHCP 中继代理"上单击鼠标右键，选择"属性"命令，输入 DHCP 服务器的 IP 地址 192.168.10.1，单击"添加"按钮后，再单击"确定"按钮。

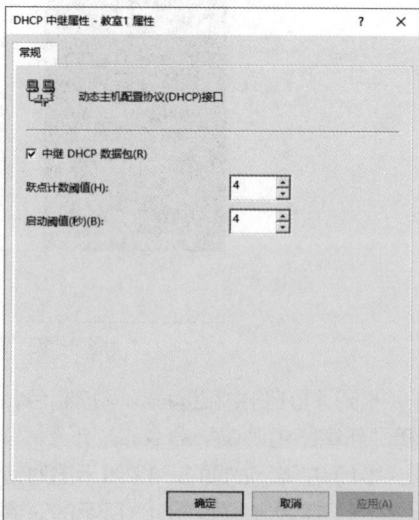

图 3-44　教室 1 的跃点计数阈值和启动阈值设置

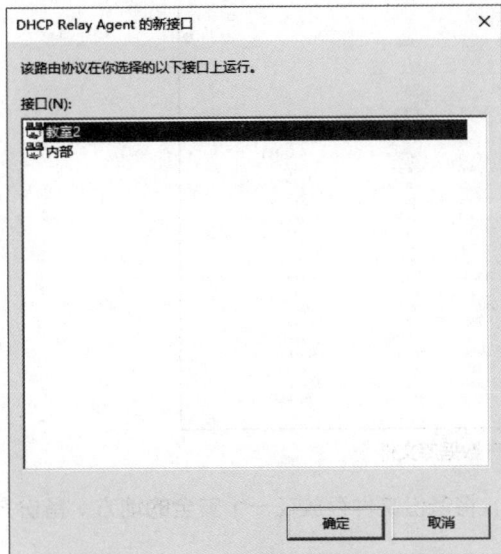

图 3-45　选择 DHCP 运行的接口"教室 2"

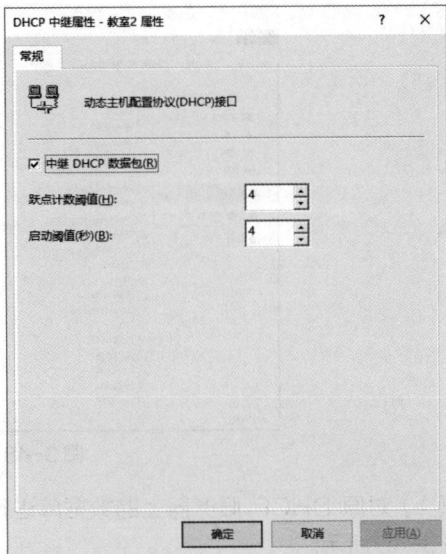

图 3-46　教室 2 的跃点计数阈值和启动阈值设置

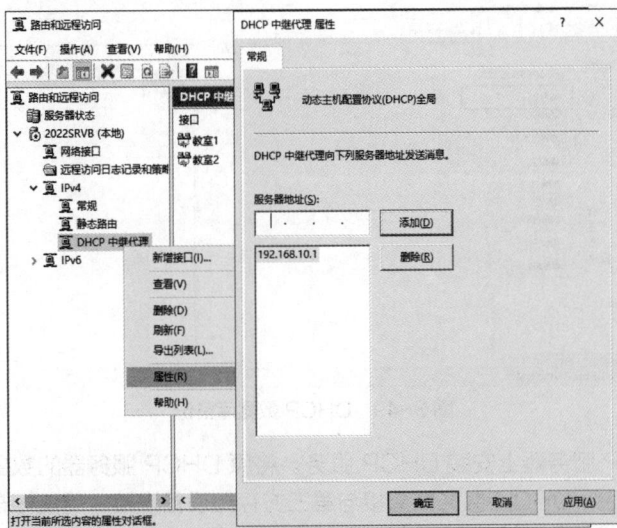

图 3-47　设置 DHCP 服务器地址

3.7.2　拓展案例 2：DHCP 数据库的备份和还原

DHCP 服务器的数据库文件存储着 DHCP 服务的配置数据，包括 IP 地址、作用域、出租的地址、保留地址和配置选项等，系统默认将数据库保存在 %Systemroot%\System32\dhcp 文件夹中，如图 3-48 所示（"%Systemroot%" 是代表系统目录的环境变量，一般情况下，如果系统安装在 C 盘，就代表 "C:\Windows" 这个目录），其中最重要的文件是 dhcp.mdb，其他的是辅助文件。DHCP 服务默认会每隔 60 分钟自动将 DHCP 数据库文件备份到 backup 文件夹（见图 3-48）中，我们也可以手动将 DHCP 数据库文件备份到指定文件夹。

案例场景：ABC 公司一台 DHCP 服务器使用年久需要报废，现要将原 DHCP 数据库转移到另外一台新 DHCP 服务器上，用新 DHCP 服务器接替旧服务器的工作。案例实施过程如下。

拓展案例 2　DHCP 数据库的备份和还原

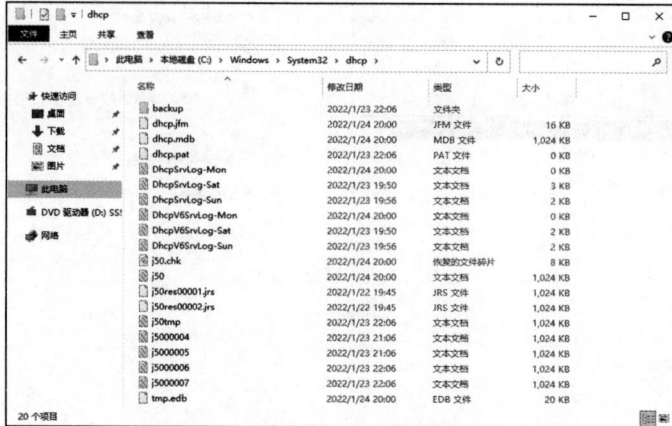

图 3-48　DHCP 数据库文件

（1）对原 DHCP 服务器上的数据库进行备份，将备份文件存放在一个安全的地方。备份方法如图 3-49 所示。

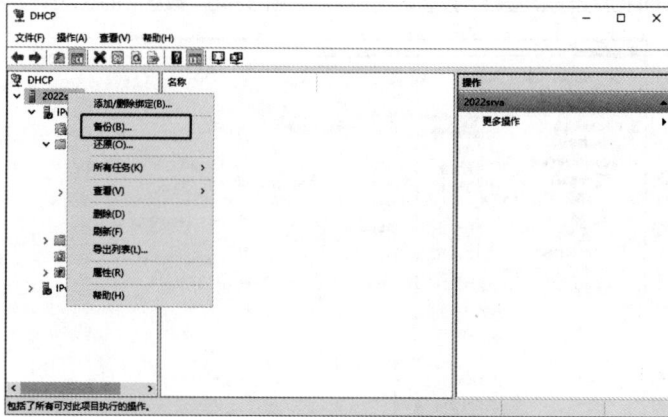

图 3-49　DHCP 数据库备份

（2）在新的 DHCP 服务器上安装 DHCP 服务。将原 DHCP 服务器的数据库备份文件复制到新DHCP 服务器上，或将新 DHCP 服务器直接与第三方存储设备连接。用鼠标右键单击服务器，在弹出的快捷菜单中选择"还原"命令，如图 3-50 所示。

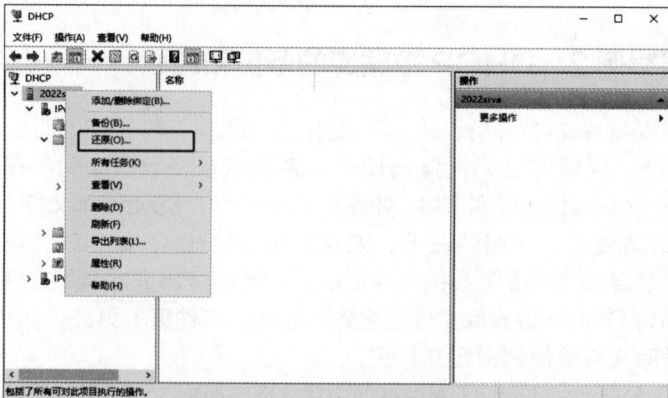

图 3-50　DHCP 数据库还原

3.8 仿真实训案例

以前 ABC 公司的局域网规模很小，可以用手动的方式配置 IP 地址，而随着公司计算机台数增多，管理员在工作当中发现存在以下问题。

（1）手动为客户机配置 IP 地址，工作量大。

（2）经常出现 IP 地址冲突的情况。

请你根据公司的实际情况，配置一台 DHCP 服务器自动为客户端分配 IP 地址，并在服务器出现死机或者硬件故障时，能快速恢复 DHCP 服务且保留原有配置信息。请给出一个合适的解决方案。

3.9 课后习题

一、选择题

1. 如果客户机同时得到多台 DHCP 服务器的 IP 地址，它将（　　）。

    A. 随机选择　　　　　　　　　　B. 选择最先得到的

    C. 选择网络号较小的　　　　　　D. 选择网络号较大的

2. 运行（　　）命令，可续订客户机租约。

    A. ipconfig　　　　　　　　　　B. ipconfig / all

    C. ipconfig / release-B　　　　　D. ipconfig / renew

3. 客户机从 DHCP 服务器获得租期为 16 天的 IP 地址，现在是第 9 天（过了租约时间的一半），该客户机和 DHCP 服务器之间应互传（　　）消息。

    A. DHCP discover 和 DHCP request

    B. DHCP discover 和 dhcp ack

    C. DHCP request 和 DHCP ack

    D. DHCP discover 和 DHCP offer

4. 如果您提议引入 DHCP 服务器以自动分配 IP 地址，那么以下哪组网络号将是最好的选择？（　　）。

    A. 127.x.x.x　　　B. 172.16.x.x　　　C. 194.150.x.x　　　D. 224.100.x.x

5. 当 DHCP 服务器不在本网段时可以使用（　　）解决跨网段获取 IP 地址的问题。

    A. DHCP 中继代理　　　　　　　B. WINS 代理

    C. 无法解决　　　　　　　　　　D. 去掉路由器

二、简答题

1. 简述 DHCP 服务器的工作原理。

2. 简述服务器级别配置选项、作用域级别配置选项、类级别配置选项和保留级别配置选项之间的差异。

3. 简述 DHCP 中继代理服务器的工作原理。

项目四
DNS服务器的配置与管理

04

案例场景

Company 公司原来使用 ISP 提供的 DNS 服务器地址 59.51.78.210 完成域名解析，现在需要配置一台公司内部的 DNS 服务器，IP 地址是 192.168.10.1。公司要求内部的 DNS 服务器既能解析公司内部的 Web、FTP 和 SMTP 等服务器的 IP 地址，又能完成外网的解析请求。

公司 Web 服务器的域名是 www.company.com，IP 地址是 192.168.10.10。FTP 服务器的域名是 ftp.company.com，IP 地址是 192.168.10.9。公司有两台 SMTP 服务器，分别是 2022SRVA.company.com 和 2022SRVB.company.com，IP 地址分别是 192.168.10.8 和 192.168.10.7，并且要求当 2022SRVA 无法工作时会自动连接到 2022SRVB 上。

DNS 服务器网络拓扑如图 4-1 所示。

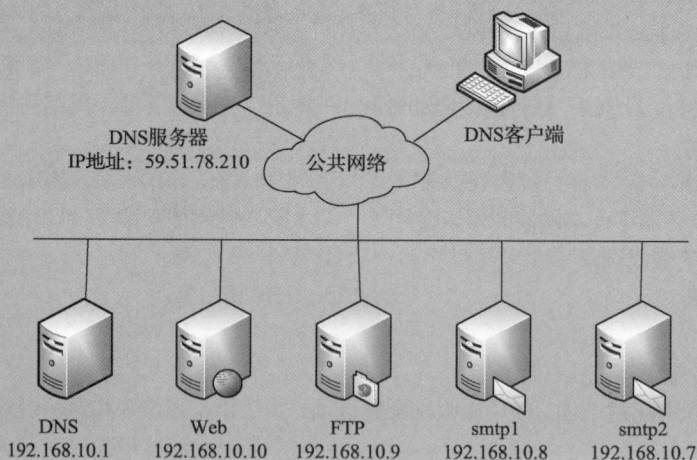

图 4-1　DNS 服务器网络拓扑

在本项目中，通过完成以下任务内容来学习 DNS 服务器的配置与管理。

序号	任务内容	知识储备
任务 1	DNS 服务器的安装	DNS 服务器的工作原理、DNS 服务器的安装流程
任务 2	配置 DNS 区域	DNS 区域的定义、类型、配置方法
任务 3	在区域中创建资源记录	资源记录的类型、功能、配置方法
任务 4	转发器与根提示设置	转发器和根提示的功能、配置方法，以及二者的区别
任务 5	DNS 客户端的设置	DNS 客户端的设置方法

4.1 知识引入

4.1.1 什么是 DNS

DNS 是域名系统（Domain Name System）的缩写，是 Internet 的一项核心服务。它作为可以将域名和 IP 地址相互映射的一个分布式数据库，能够使人们更方便地访问 Internet，而不用去记住能够被计算机直接读取的 IP 地址。

4.1.2 DNS 域名空间

DNS 的域名空间是一种树状结构，这种树状结构称为 DNS 域名空间（DNS domain namespace），它指定了一个用于组织名称的结构化的层次式空间。目前 InterNIC 机构负责管理全世界的 IP 地址，在 InterNIC 之下的 DNS 结构分为多个域。

图 4-2 中位于树状结构最上层的是 DNS 的域名空间的根（root），一般用小数点（.）表示根，根之下是顶级域，顶级域用来将组织分类。表 4-1 是常见的顶级域名及其说明。

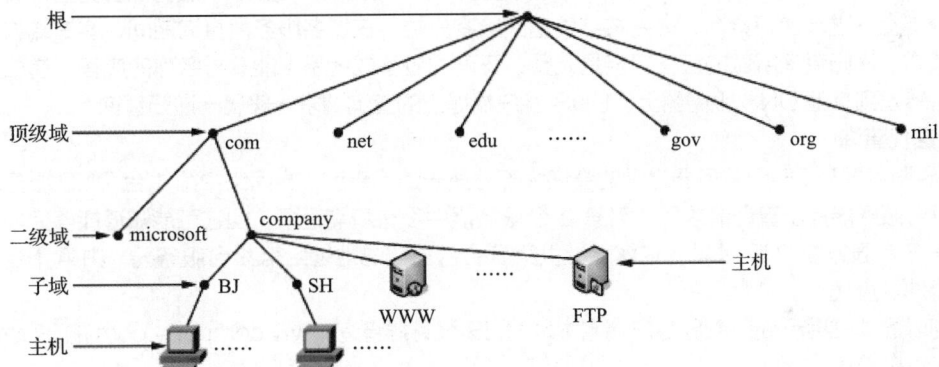

图 4-2　域名层次结构示意图

表 4-1　常见的顶级域名及其说明

域名	说明
com	适用于商业机构
net	适用于网络服务机构
edu	适用于教育、学术研究单位
gov	适用于政府单位
org	适用于非营利机构
mil	适用于国防军事单位
info	适用于所有用途
国别码或区域码	如 cn（中国）、de（德国）、us（美国）

顶级域之下是二级域，它供公司或组织申请与使用。例如，microsoft.com 是 Microsoft 公司申请的域名。域名如果要在 Internet 上使用，就必须事先申请。

公司在其申请的二级域下，可以根据各自的情况划分下级子域或主机名等，如注册 company.com 之后，可以在该二级域下建立子域 SH.company.com。

主机名称就是完全限定域名（Fully Qualified Domain Name，FQDN）中最左边的部分，代表某一个组织或公司内部的某一台主机。

4.1.3　DNS 服务器类型

DNS 服务器上存储着域名空间中部分区域的记录。一台 DNS 服务器可以存储一个或多个区域的记录。也就是说，DNS 服务器所管理的范围可以是域名空间中的一个或多个区域，此时我们称此 DNS 服务器是这些区域的授权服务器。

4.1.4　DNS 查询模式

DNS 服务的目的是允许用户使用域名来访问资源，一般情况下，当 DNS 客户端以域名方式访问某台主机的时候，DNS 服务器必须解决域名到 IP 地址转换的问题。由于 DNS 域名空间是一个树状结构，因此一个域名的查找可能需 Internet 上多台 DNS 服务器共同完成。具体来说，域名查询过程主要分为以下两种类型。

1. 递归查询

DNS 客户端发出查询请求后，若 DNS 服务器没有所需记录，则 DNS 服务器会为客户端在域树中的各分支上下进行递归查询，最终将结果返回给客户端。在域名服务器查询期间，客户端将完全处于等待状态。递归查询所做的应答只能是完整、正确的应答或者是不能解析名称的应答，递归查询不能被重新转发到其他 DNS 服务器上。DNS 客户端提出的查询请求一般属于递归查询。

2. 迭代查询

DNS 服务器和 DNS 服务器之间的查询大部分属于迭代查询。当网络中第 1 台 DNS 服务器向第 2 台 DNS 服务器提出查询请求后，若第 2 台服务器中没有所需记录，但它可能知道能够完成该域名解析的第 3 台服务器的 IP 地址，它就会提供第 3 台服务器的地址给第 1 台服务器，由第 1 台服务器再向这个地址查找。

我们以图 4-3 所示的 DNS 客户端向本地 DNS 服务器查询 www.company.com 的 IP 地址为例来说明其查询流程。

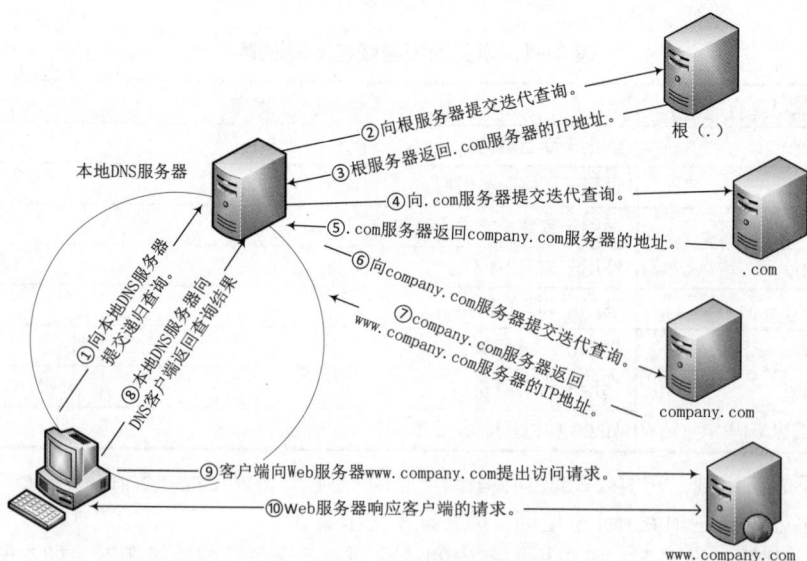

图 4-3　域名查询过程

（1）DNS 客户端向本地 DNS 服务器提交递归查询。

（2）本地 DNS 服务器向根服务器提交迭代查询，寻找权威的 DNS 服务器。

（3）根服务器根据要查询的域名的顶级域名称，给本地 DNS 服务器返回维护该顶级域的权威 DNS 服务器的参照信息，根服务器返回.com 服务器的 IP 地址。

（4）本地 DNS 服务器根据返回信息，继续向维护该区域的权威 DNS 服务器提交迭代查询，接着向.com 服务器提交迭代查询。

（5）这个过程一直持续下去，直到本地 DNS 服务器收到最终的解析结果。.com 服务器向本地 DNS 服务器返回 company.com 服务器的 IP 地址，接着本地 DNS 服务器向 company.com 服务器提交迭代查询，然后 company.com 服务器向本地 DNS 服务器返回 www.company.com 服务器的 IP 地址。

（6）本地 DNS 服务器将通过迭代查询得到的解析结果返回给 DNS 客户端，DNS 客户端通过本地 DNS 服务器返回的 IP 地址访问 Web 服务器。

公司可以根据 DNS 服务器的具体性能考虑选择哪种查询方式，通常我们在小型企业中选择迭代查询，这样可以减小服务器的压力。

4.2 任务 1：DNS 服务器的安装

4.2.1 任务说明

任务 1 DNS服务器的安装

Company 公司原来使用 ISP 提供的 DNS 服务器完成域名解析，现在需要配置一台公司内部的 DNS 服务器解析公司内部的 Web、FTP 和 SMTP 等服务器的 IP 地址。首先，管理员需要在企业内网的某台 Windows Server 2022 服务器上部署一台 DNS 服务器，设置服务器的静态 IP 地址为 192.168.10.1/24。下面管理员将选择一台空闲的 Windows Server 2022 服务器来进行部署。

4.2.2 任务实施过程

（1）打开"服务器管理器"窗口，单击"仪表板"，选择"添加角色和功能"，如图 4-4 所示。

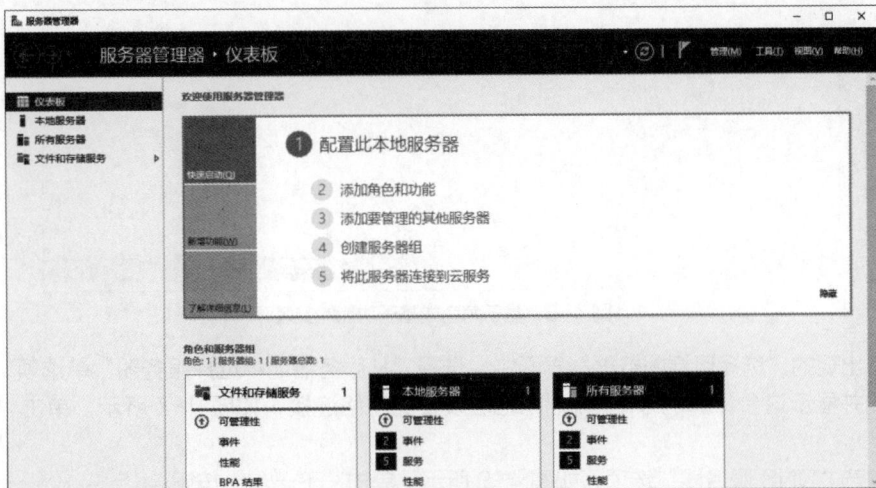

图 4-4 添加角色和功能

（2）在弹出的图 4-5 所示的"开始之前"界面中，单击"下一步"按钮。

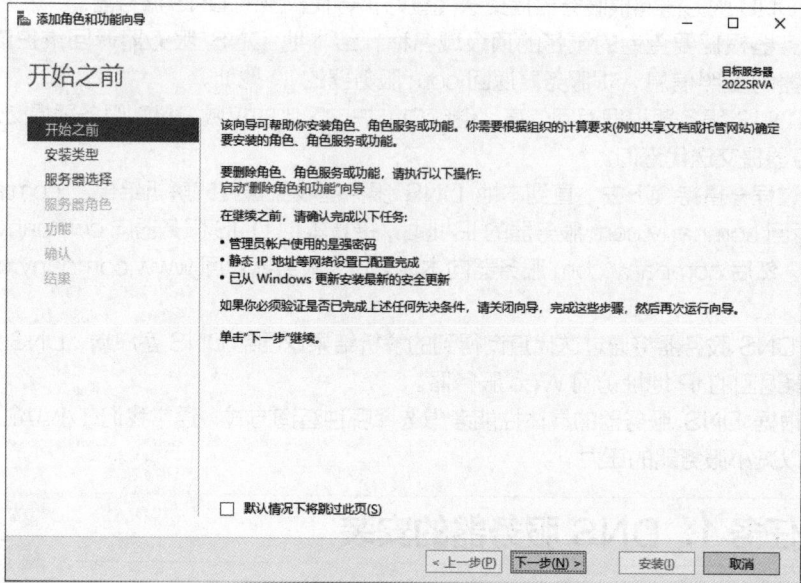

图 4-5　开始之前

（3）在弹出的"选择安装类型"界面中，选择"基于角色或基于功能的安装"单选项，如图 4-6 所示。单击"下一步"按钮。

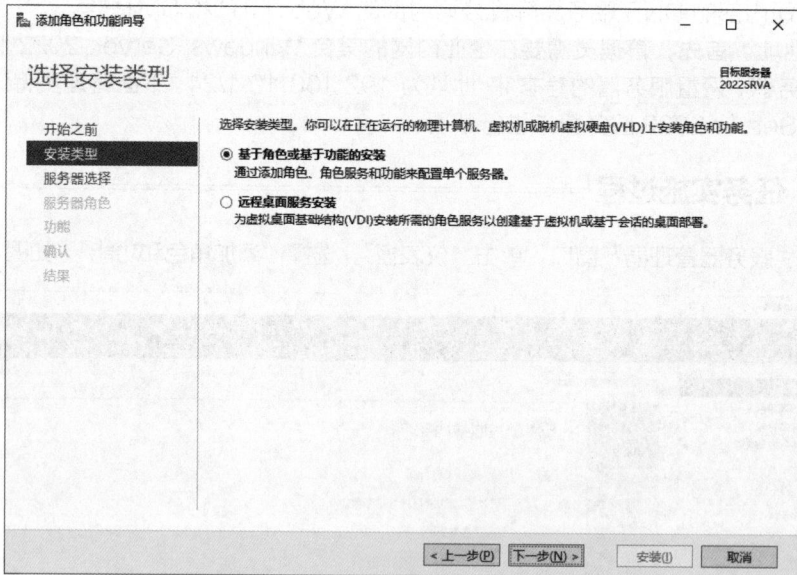

图 4-6　基于角色或基于功能的安装

（4）在出现的"选择目标服务器"界面中，选择"从服务器池中选择服务器"单选项，安装程序会自动检测并显示这台计算机采用静态 IP 地址设置的网络连接，如图 4-7 所示。单击"下一步"按钮。

（5）勾选"DNS 服务器"选项，如图 4-8 所示。单击"下一步"按钮。

（6）选择要安装在所选服务器上的一个或多个功能，如图 4-9 所示。单击"下一步"按钮。

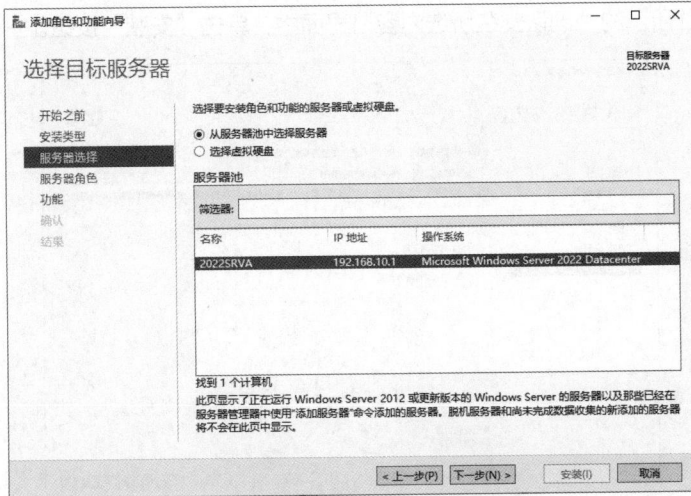

图 4-7　从服务器池中选择服务器

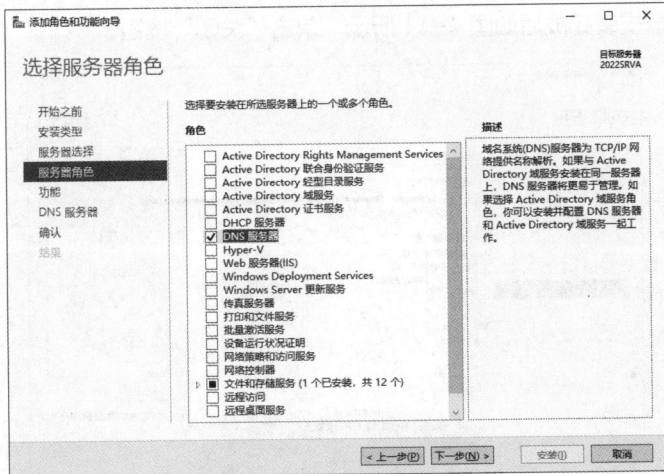

图 4-8　选择服务器角色

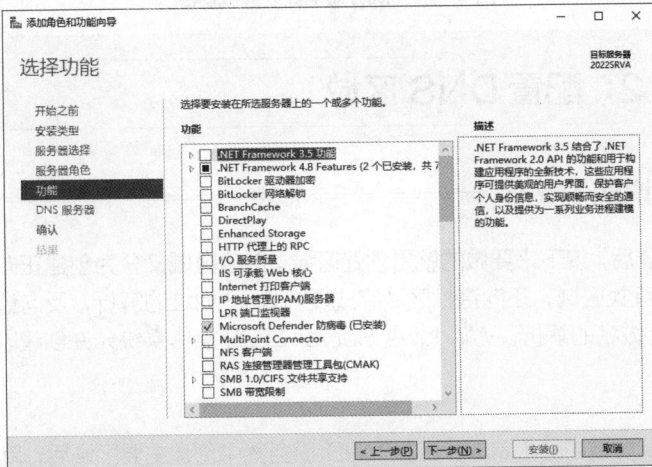

图 4-9　选择功能

（7）在图 4-10 所示的"确认安装所选内容"界面中，单击"安装"按钮。

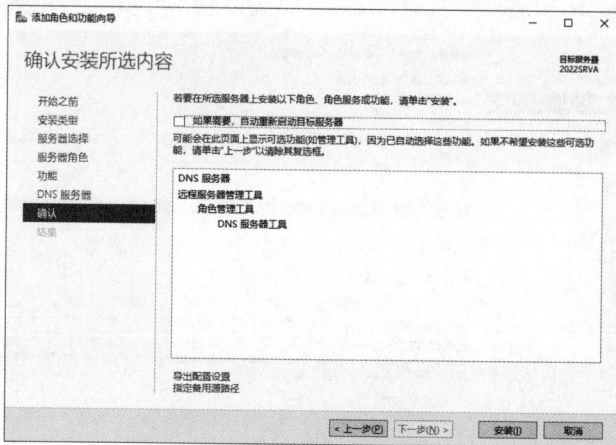

图 4-10　确认安装所选内容

（8）DNS 服务器安装完成后如图 4-11 所示。单击"关闭"按钮。

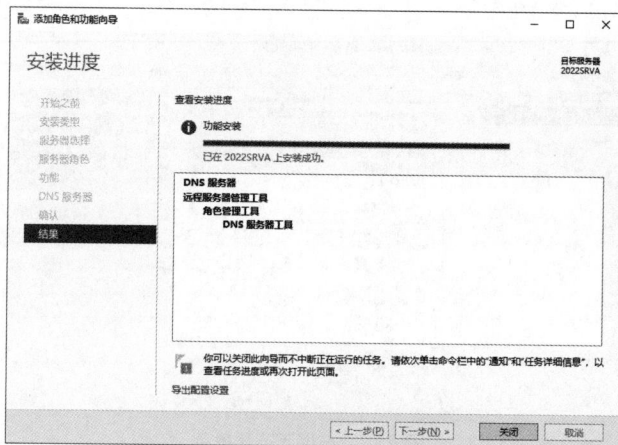

图 4-11　DNS 服务器安装成功提示

4.3　任务 2：配置 DNS 区域

4.3.1　任务说明

创建 DNS 服务器后，接下来要做的就是创建区域。创建区域又分为创建正向查找区域和创建反向查找区域，正向查找区域完成域名到 IP 地址的解析，反向查找区域完成 IP 地址到域名的解析。Windows Server 2022 操作系统允许创建以下 3 种类型的 DNS 区域。

1. 主要区域

主要区域用来存储区域中的主副本，当在 DNS 服务器中创建主要区域后，就可以直接在该区域添加、修改或删除记录，区域内的记录存储在本地文件中。如果该区域是与活动目录集成的主要区域，区域数据存储在活动目录中。只有在域控制器上部署 DNS 服务器时，活动目录集成的主要区域才有效。

任务 2　配置 DNS 区域

2. 辅助区域

辅助区域是指从某一个主要区域复制而来的区域副本，辅助区域中的记录是只读的，不能进行添加、修改和删除等操作，仅供域名解析用。辅助区域可以实现 DNS 服务器的备份和容错。

3. 存根区域

存根区域也是存储副本，不过它与辅助区域不同，存根区域中只包含少数记录，主要有 SOA 记录、NS 记录和 A 记录。存根区域就像书签一样，仅指向负责某个区域的权威 DNS 服务器。

在本任务中，我们将在公司的 DNS 服务器上创建一个名为 company.com 的正向查找区域，其类型为主要区域。

4.3.2　任务实施过程

（1）打开 DNS 管理器，用鼠标右键单击"正向查找区域"，选择"新建区域"命令，如图 4-12 所示。

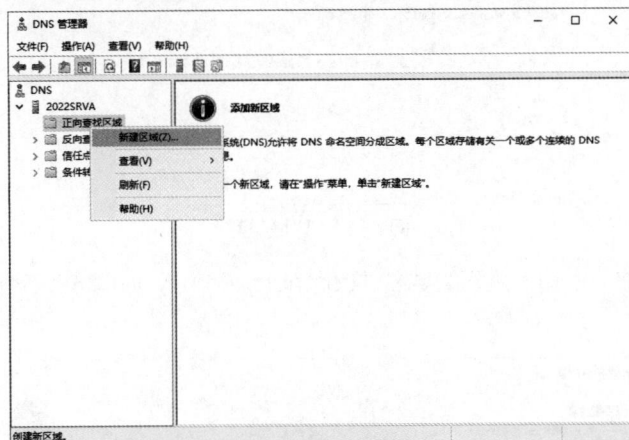

图 4-12　新建区域

（2）在弹出的图 4-13 所示的"新建区域向导"对话框的"欢迎使用新建区域向导"界面中，单击"下一步"按钮。

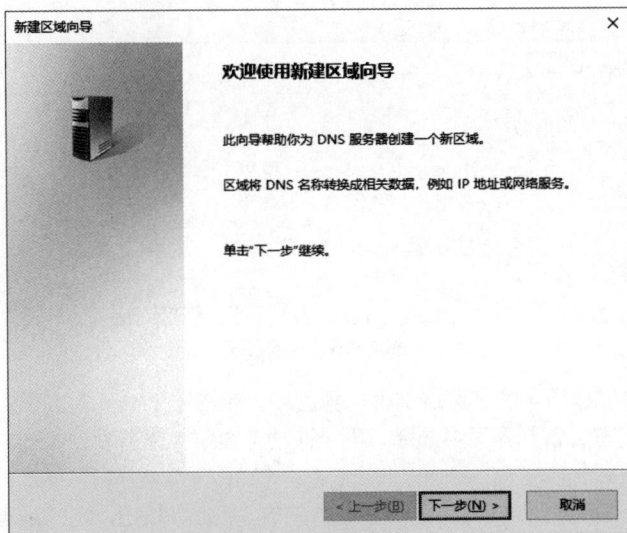

图 4-13　新建区域向导

（3）在弹出的"区域类型"界面中选择"主要区域"单选项，如图 4-14 所示。单击"下一步"
按钮。

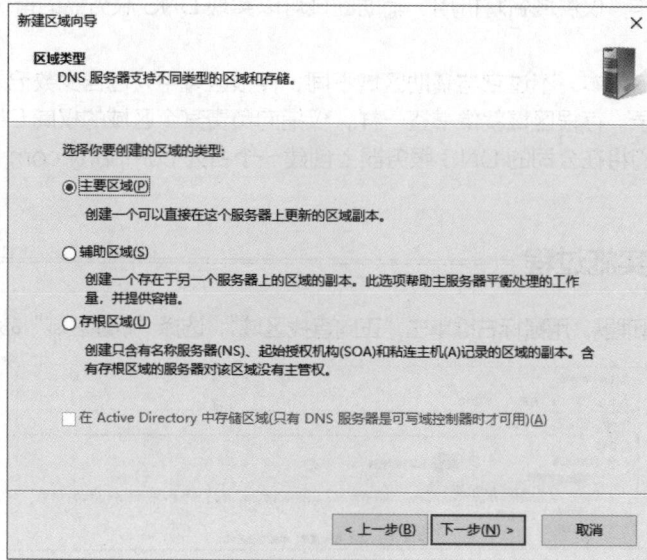

图 4-14　区域类型

（4）在"区域名称"中输入公司的域名"company.com"，如图 4-15 所示。单击"下一步"
按钮。

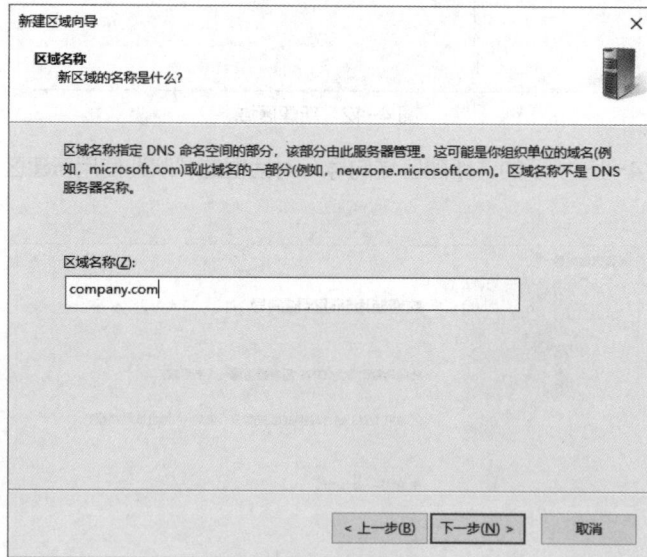

图 4-15　区域名称

（5）在弹出的图 4-16 所示的"区域文件"界面中，单击"下一步"按钮。

（6）在弹出的"动态更新"界面中选择"不允许动态更新"单选项，如图 4-17 所示。单击"下
一步"按钮。

（7）在弹出的"正在完成新建区域向导"界面中单击"完成"按钮，完成新建区域 company.com，
如图 4-18 所示。

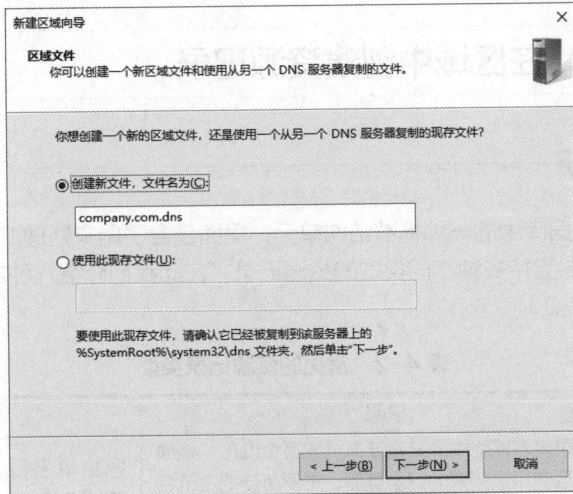

图 4-16　区域文件

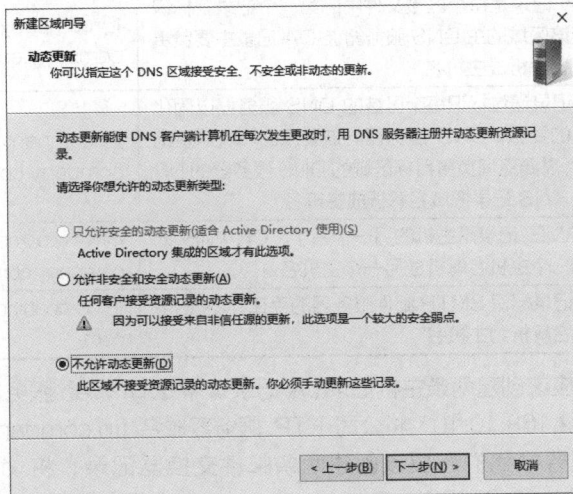

图 4-17　动态更新

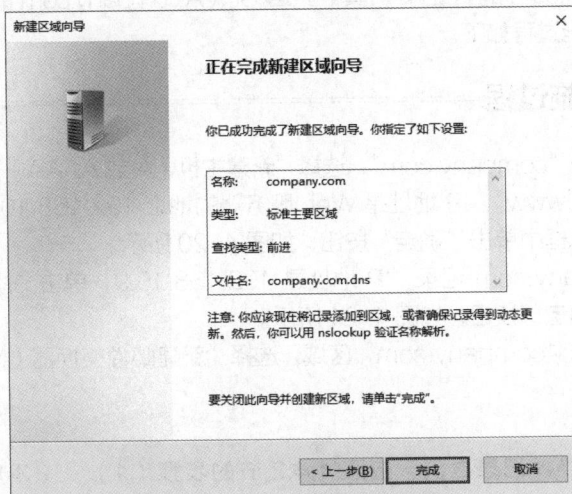

图 4-18　DNS 区域创建成功提示

4.4 任务3：在区域中创建资源记录

4.4.1 任务说明

资源记录是 DNS 数据库中的一种标准结构单元，里面包含了用来处理 DNS 查询的信息。DNS 服务器支持多种不同类型的资源记录，在此我们介绍几种常见的资源记录类型（见表 4-2）。

表 4-2 常见的资源记录类型

记录类型	说明	例子
主机记录 （A 或 AAAA 记录）	A 记录代表网络中的某台计算机或某个设备，是最常见且使用最频繁的记录类型，主要负责把主机名解析成 IP 地址	把主机名 2022SRVA.company.com 解析成 IP 地址 192.168.10.8
SOA 记录	SOA 记录是每个区域文件中的第一个记录，标识负责该区域的主 DNS 服务器。SOA 记录主要负责把域名解析成主机名	把 company.com 解析成 2022SRVA.company.com
NS 记录	NS 记录通过标识每个区域的 DNS 服务器以简化区域的委派。DNS 服务器向被委派的域发送查询之前，需要查询负责目标区域的 DNS 服务器的 NS 记录。NS 记录把域名解析成主机名	把 company.com 解析成 2022SRVB.company.com
CNAME 记录	CNAME 记录是主机的另一个名字，CNAME 记录把一个主机名解析成另一个主机名	把 www.company.com 解析成 webserver.company.com
MX 记录	MX 记录标识 SMTP 邮件服务器的存在，MX 记录把域名解析为主机名	把 company.com 解析成 smtp.company.com

根据任务要求，我们应该创建两条主机记录（A 记录），将公司 Web 服务器域名 www.company.com 解析成 IP 地址 192.168.10.10，将公司 FTP 服务器域名 ftp.company.com 解析成 IP 地址 192.168.10.9。在此任务中我们还应该创建两条邮件交换器记录，将 company.com 解析成 2022SRVA.company.com 和 2022SRVB.company.com（必须先创建 2022SRVA.company.com 和 2022SRVB.company.com 的 A 记录），其中 2022SRVA.company.com 的优先级高于 2022SRVB.company.com。具体实施过程如下。

4.4.2 任务实施过程

（1）用鼠标右键单击"company.com"，选择"新建主机（A 或 AAAA）"命令，如图 4-19 所示。

（2）在名称中输入"www"，IP 地址是 Web 服务器的地址 192.168.10.10，单击"添加主机"按钮，在出现的提示信息框中单击"确定"按钮，如图 4-20 所示。

（3）创建 ftp.company.com 记录，IP 地址是 192.168.10.9，单击"添加主机"按钮，在出现的提示信息框中单击"确定"按钮，如图 4-21 所示。

（4）用鼠标右键单击"company.com"区域，选择"新建邮件交换器（MX）"命令，如图 4-22 所示。

> **注意** 在创建邮件交换器记录之前，按照 4.4.2 节的步骤（1）～（3）创建 2022SRVA.company.com 和 2022SRVB.company.com 两条 A 记录。

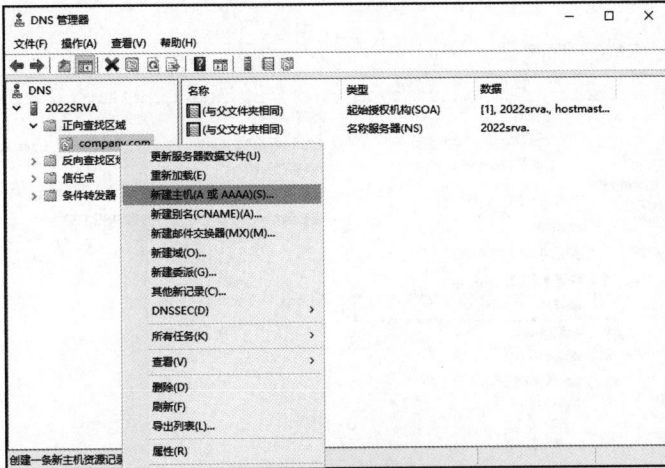

图 4-19　创建主机记录

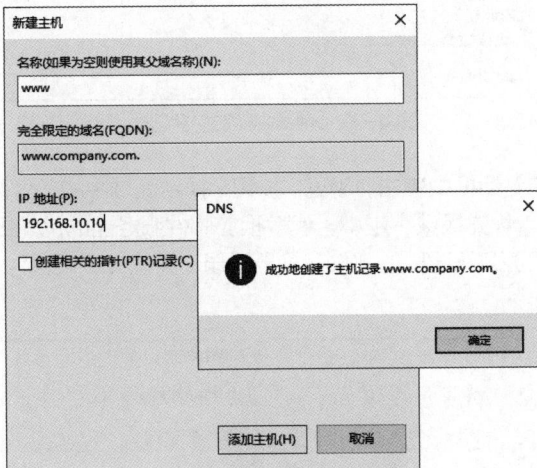

图 4-20　创建 WWW 主机记录

图 4-21　创建 FTP 主机记录

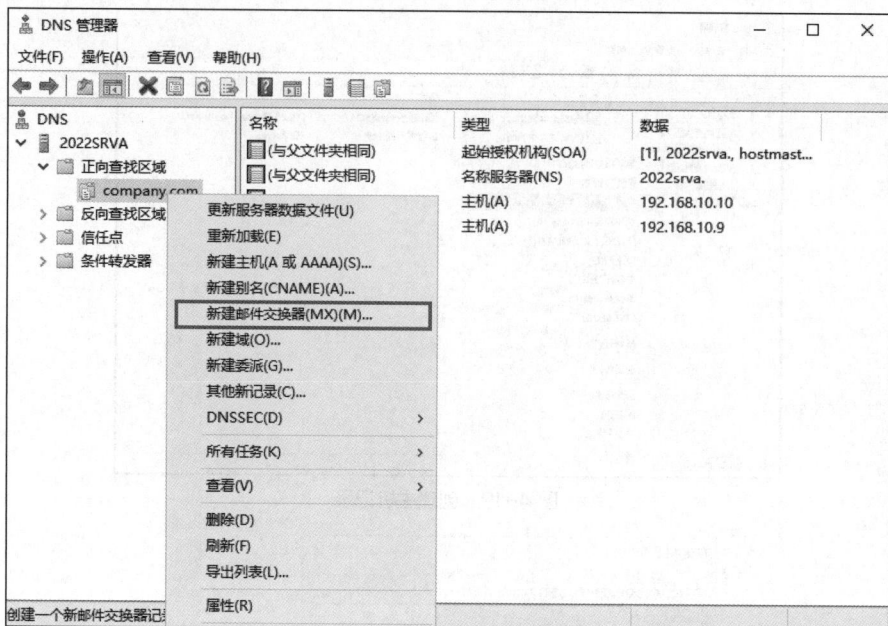

图 4-22　创建邮件交换器记录

（5）在图 4-23 所示的对话框中单击"浏览"按钮，找到区域中的邮件服务器 2022SRVA，设置邮件服务器的优先级为 10。优先级数字越小，代表相应邮件服务器的优先级越高。

（6）添加邮件服务器 2022SRVB 的邮件交换器记录，将优先级设置为 20，如图 4-24 所示。单击"确定"按钮。

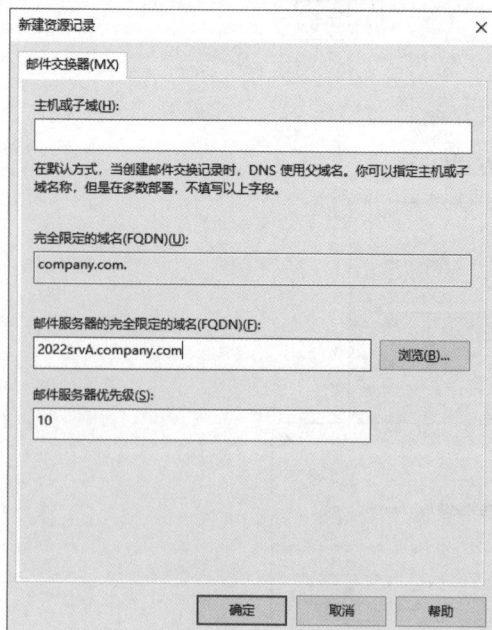

图 4-23　创建邮件交换记录（1）

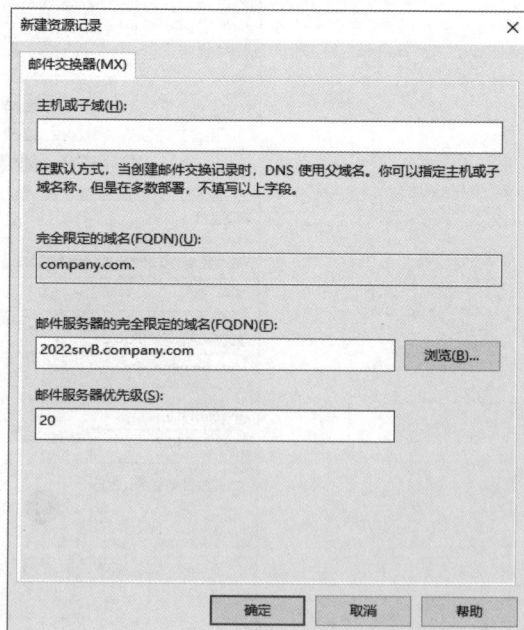

图 4-24　创建邮件交换记录（2）

（7）全部资源记录创建完成后的效果如图 4-25 所示。

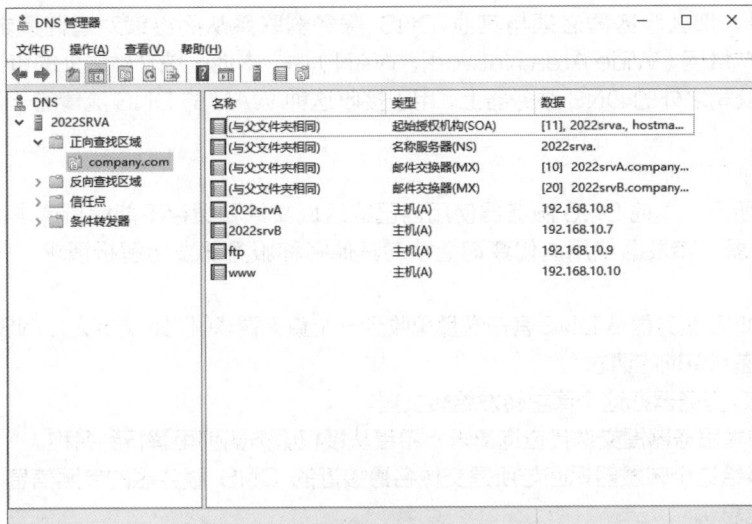

图 4-25　成功创建不同类型的资源记录

4.5　任务 4：转发器与根提示设置

任务 4　转发器与
根提示设置

4.5.1　任务说明

DNS 客户端向 DNS 服务器发出查询请求后，若该 DNS 服务器中没有所需的记录，则该 DNS 服务器会代替客户端向位于根提示中的 DNS 服务器或转发器发出查询请求。

1. 根提示

根提示中的 DNS 服务器就是图 4-26 所示的根服务器，这个服务器的名称和 IP 地址等数据存储在 %Systemroot%\System32\DNS\cache.dns 文件中。IPv4 在全球有 13 台根服务器：1 台为主根服务器，放置在美国；其余 12 台均为辅根服务器，其中 9 台放置在美国，2 台位于英国和瑞典，1 台位于日本。访问国外域名都要经过这些根服务器。

可以在"根提示"选项卡中添加、删除与编辑 DNS 服务器，也可以利用"从服务器复制"功能从其他的 DNS 服务器复制根提示。

2. 转发器

（1）转发器的作用

转发器是内部 DNS 服务器所指向的另一台 DNS 服务器，可用于解析外部 DNS 域名。当 DNS 服务器收到查询请求之后，它试图在自己的区域文件里进行解析。要是解析失败了，可能是因为这台 DNS 服务器没有维护被请求的域或者自己的缓存

图 4-26　互联网根服务器

中没有相应记录，那么服务器必须与其他 DNS 服务器联系从而继续对查询请求进行解析。在 Internet 这样的广域网（Wide Area Network，WAN）中，本地区域文件之外的查询请求需要跨过 WAN 链路送到公司之外的 DNS 服务器上。用于接收这种 WAN 的 DNS 流量的一种方法就是建立 DNS 转发器。

（2）转发器的工作原理

如图 4-27 所示，本地 DNS 服务器使用自己的区域文件和缓存不能解析请求的名称，所以它把请求发给转发器。转发器使用迭代查询继续向其他名称服务器发出解析请求。转发器的工作过程如下。

① 本地的 DNS 服务器从 DNS 客户端那里收到一个查询请求（例如，本地的 DNS 服务器从 DNS 客户端收到一个递归查询的请求）。

② 本地 DNS 服务器把这个请求转发给转发器。

③ 转发器向根服务器提交迭代查询请求，希望从授权服务器那里解析到名称。

④ 根服务器给这个转发器返回与所提交域名最接近的 DNS 服务器的参照信息（例如，返回有关.com 的参照信息）。

⑤ 转发器向与提交的域名最近的 DNS 服务器提交迭代查询（例如，转发器接着向.com 服务器提交迭代查询）。

这个过程将一直持续下去，直到转发器得到最终的解析结果。

转发器把解析的结果发送给本地的 DNS 服务器，再由本地的 DNS 服务器把解析结果发送给 DNS 客户端。

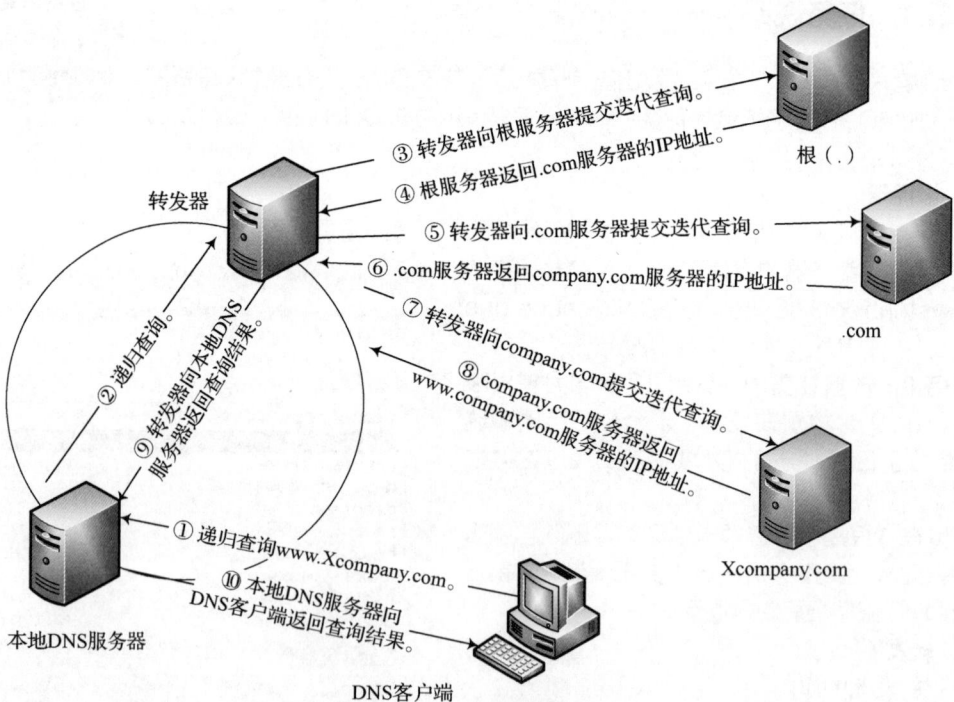

图 4-27 转发器的工作原理

（3）条件转发器

条件转发器的作用就是将不同的域名请求转发给不同的转发器。如图 4-28 所示，将 Xcompany.com 的域名解析请求转发给 192.168.10.5，将 Ycompany.com 的域名解析请求转发给 192.168.10.6。

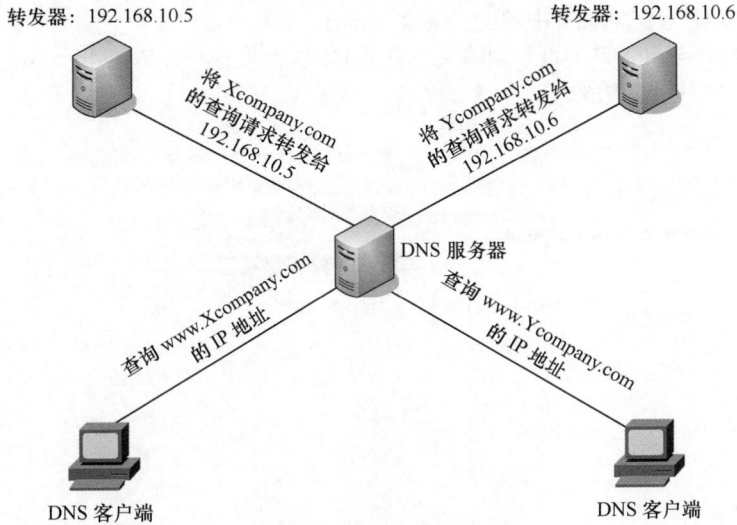

图 4-28　条件转发器的工作原理

　　在此任务中，公司要求内部的 DNS 服务器既能解析公司内部的 Web、FTP 和 SMTP 等服务器的 IP 地址，又能完成外网的解析请求，这就要求在公司内部的 DNS 服务器上设置转发器，指向能够解析外网的当地 ISP 提供的 DNS 地址 59.51.78.210。

4.5.2　任务实施过程

　　（1）打开 DNS 管理器，用鼠标右键单击"转发器"，在弹出的快捷菜单中选择"属性"命令，如图 4-29 所示。

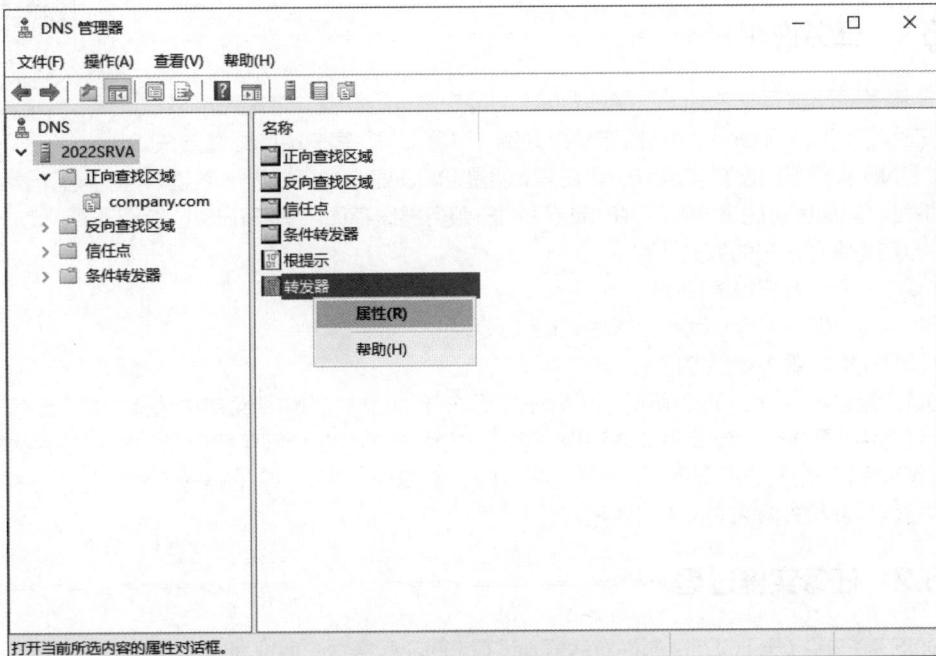

图 4-29　转发器设置

（2）在图 4-30 所示的对话框中单击"编辑"按钮。

（3）在"转发服务器的 IP 地址"中输入 ISP 的 DNS 地址 59.51.78.210。单击"确定"按钮，如图 4-31 所示，转发器设置成功。

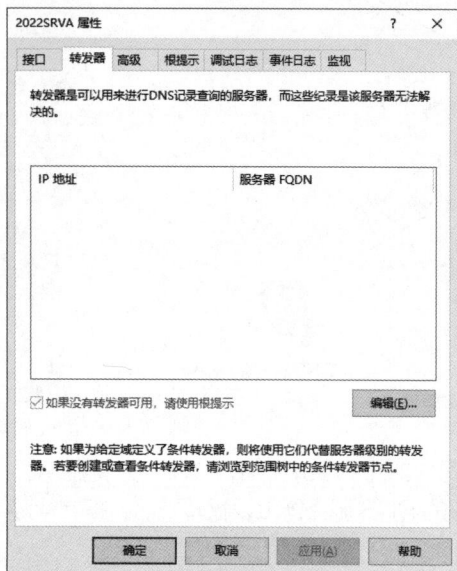

图 4-30　单击"编辑"按钮

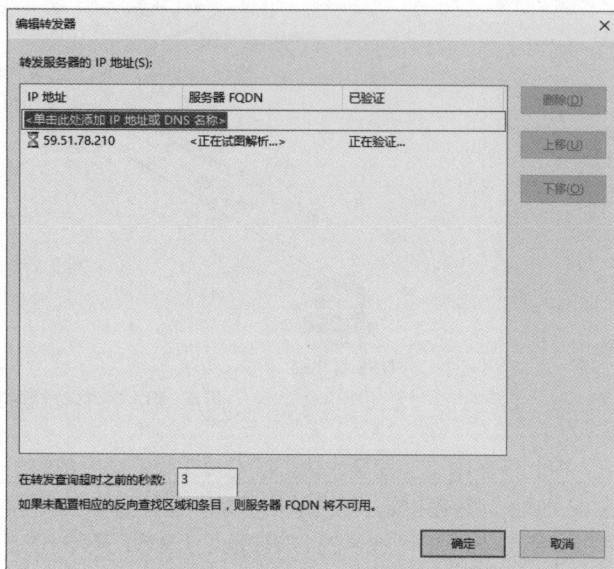

图 4-31　添加转发器的 IP 地址

4.6　任务 5：DNS 客户端的设置

4.6.1　任务说明

DNS 服务器配置完成之后，还要对 DNS 的客户端进行配置，才能完成域名解析。现在我们将以 Windows 10 操作系统为例，讲解 DNS 客户端的配置方法。

如果 DNS 服务器的设置与运作一切正常，但是 DNS 客户端还是无法通过 DNS 服务器解析到正确的 IP 地址，其原因可能是 DNS 客户端或 DNS 服务器缓存区中有不正确的资源记录。此时，可以利用以下方法将缓存区中的数据清除。

（1）清除 DNS 客户端缓存区

在 DNS 客户端中运行 ipconfig/flushdns 命令。

（2）清除 DNS 服务器缓存区

在 DNS 管理器中，在 DNS 服务器上单击鼠标右键，在弹出的快捷菜单中选择"清除缓存"命令。

在此任务中，要求公司计算机能够利用域名访问公司内部的各个服务器以及外网，这就要求 DNS 客户端设置公司内部的 DNS 地址为 192.168.10.1。公司内部的 DNS 服务器会将自己无法解析的域名通过转发器转发给外网的 DNS 服务器。

4.6.2　任务实施过程

在 DNS 客户端打开 TCP/IP 属性对话框，设置 DNS 服务器的地址为 192.168.10.1，如图 4-32 所示。

任务 5　DNS 客户端的设置

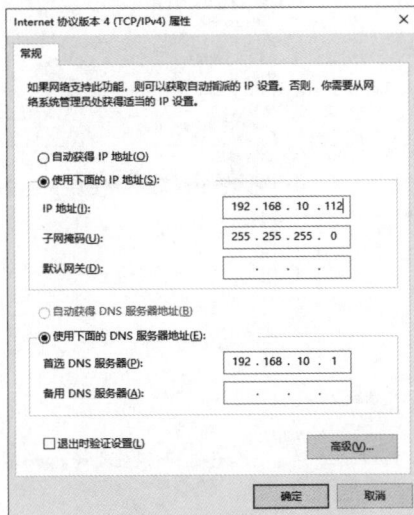

图 4-32　DNS 客户端设置

4.7　知识能力拓展

4.7.1　拓展案例 1：DNS 区域传送

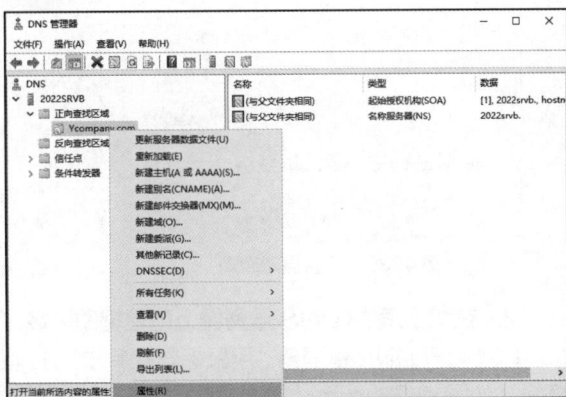

DNS 服务器支持将一个区域文件复制到多个 DNS 服务器上，这个过程叫作区域传送。它是通过从主服务器上将区域文件的信息复制到辅助服务器上来实现的。

拓展案例 1　DNS 区域传送

案例场景：X 公司收购了 Y 公司，现要求将 Y 公司 DNS 服务器上的 Ycompany.com 区域资源记录复制到 X 公司的 DNS 服务器上统一管理，请你给出一个合适的解决方案。案例实施过程如下。

1. 在 Y 公司的 DNS 服务器上配置允许区域复制

（1）打开 DNS 管理器，用鼠标右键单击区域 "Ycompany.com"，在弹出的快捷菜单中选择 "属性" 命令，如图 4-33 所示。

（2）主服务器只会将区域内的记录转发到指定的辅助服务器上，其他未被指定的辅助服务器提出的区域传送请求会被拒绝。选择 "到所有服务器" 单选项意味着该区域文件可以复制到网络中所有的 DNS 服务器，选择 "只有在'名称服务器'选项卡中列出的服务器" 单选项意味着该区域文件可以复制名称服务器对话框中列出的 DNS 服务器，选择 "只允许到下列服务器" 单选项意味着该区域文件允许被复制到指定的

图 4-33　配置区域传送属性

DNS 服务器。在此案例中，我们选择 "只允许到下列服务器" 单选项，如图 4-34 所示。单击 "编辑" 按钮。

（3）在图 4-35 所示对话框的 "辅助服务器的 IP 地址" 中输入 X 公司 DNS 服务器的 IP 地址 192.168.10.1，单击 "确定" 按钮。

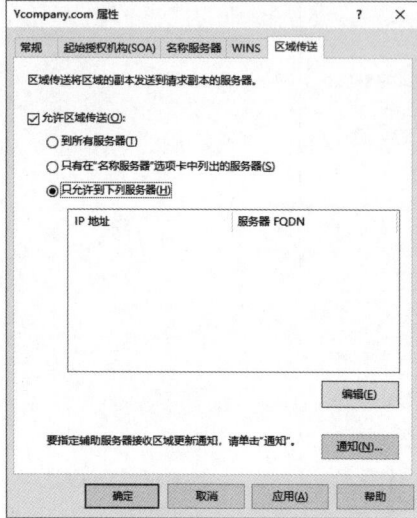

图 4-34　设置允许区域传送服务器

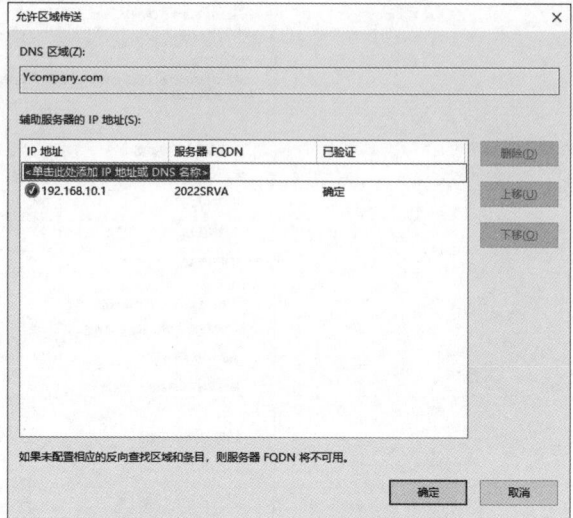

图 4-35　输入辅助服务器的 IP 地址

（4）主服务器区域内的记录有变动时，也可以自动通知辅助服务器，而辅助服务器收到通知后，就可以提出区域传送请求，如图 4-36 所示，单击"通知"按钮。

（5）在图 4-37 所示对话框中勾选"自动通知"选项，选择"下列服务器"单选项，输入辅助 DNS 服务器的 IP 地址 192.168.10.1。

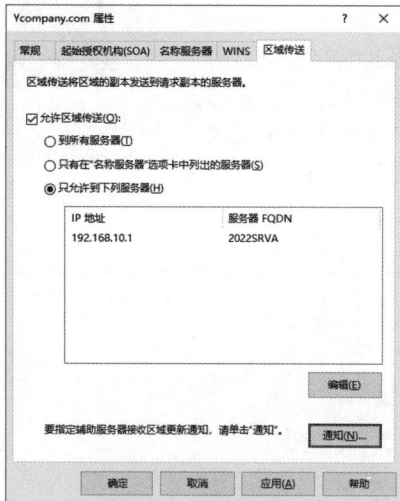

图 4-36　设置自动通知

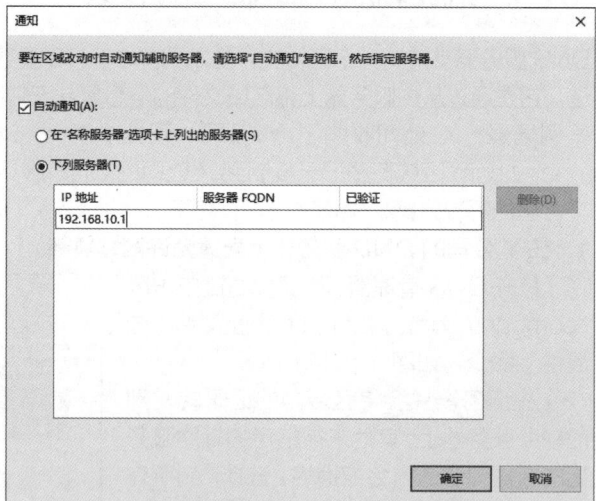

图 4-37　设置自动通知的 DNS 服务器的 IP 地址

2. 在 X 公司的 DNS 服务器上创建辅助区域 Ycompany.com

（1）打开 DNS 管理器，用鼠标右键单击"正向查找区域"，在弹出的快捷菜单中选择"新建区域"命令，如图 4-38 所示。

（2）在出现的"区域类型"界面中选择"辅助区域"单选项，如图 4-39 所示，单击"下一步"按钮。

（3）输入区域名称"Ycompany.com"，如图 4-40 所示，单击"下一步"按钮。辅助区域的名称和主要区域的名称必须一致。

（4）输入主 DNS 服务器的 IP 地址，即 Y 公司 DNS 服务器的 IP 地址 192.168.10.5，如图 4-41 所示。单击"下一步"按钮。

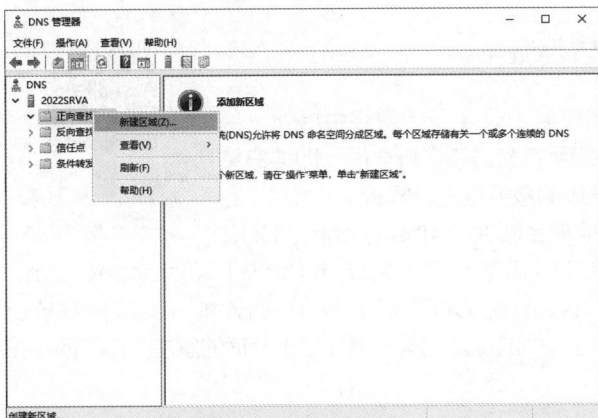
图 4-38　新建区域

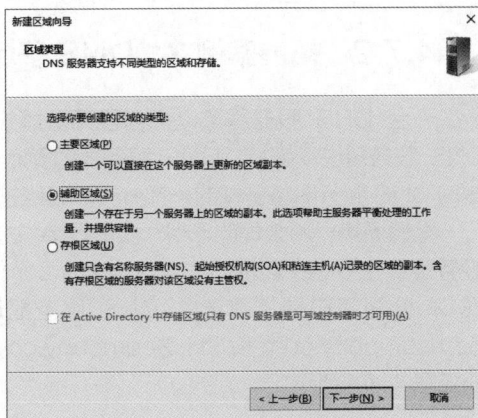
图 4-39　新建辅助区域

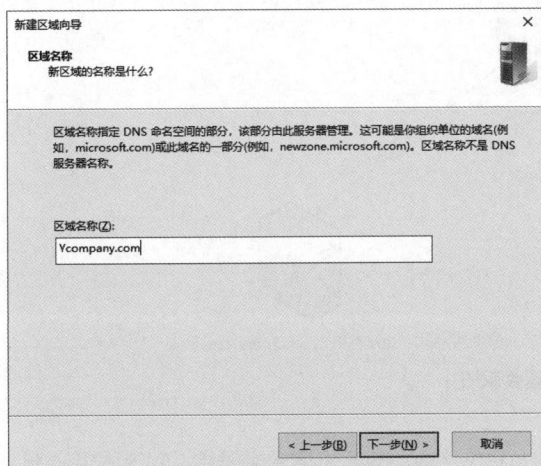
图 4-40　输入辅助区域的名称

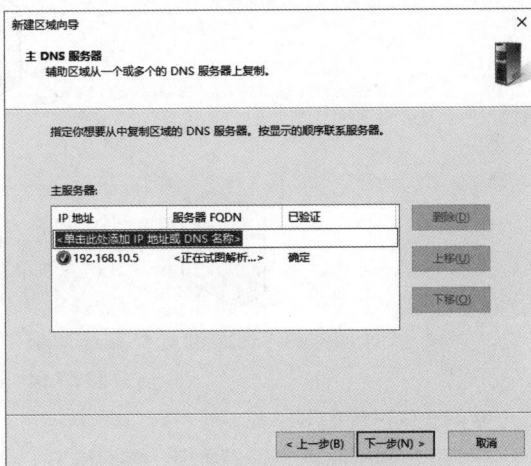
图 4-41　输入主 DNS 服务器的 IP 地址

（5）在图 4-42 所示的"正在完成新建区域向导"界面中单击"完成"按钮。

（6）DNS 区域传送成功，如图 4-43 所示。

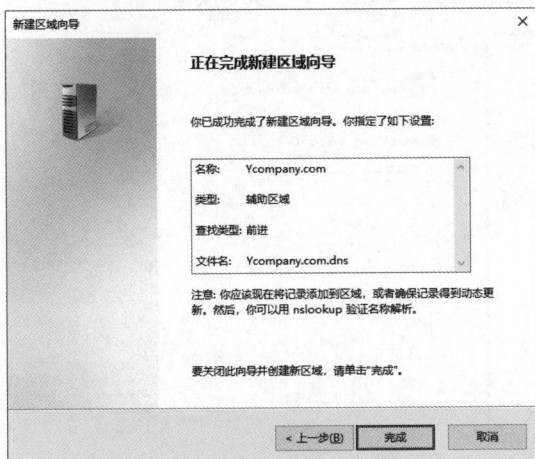
图 4-42　辅助区域创建成功提示

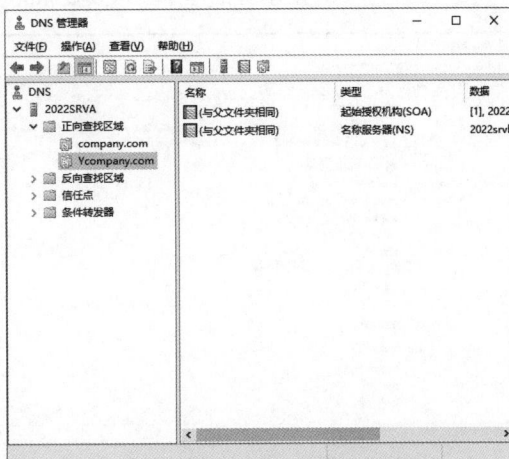
图 4-43　DNS 区域传送成功

4.7.2　拓展案例2：DNS子域与委派

一台 DNS 服务器可以把自己无法解析的资源记录委派给网络中另外一台 DNS 服务器进行解析。DNS 服务器的委派一般用在父域和子域之间，即维护父域的 DNS 服务器将子域的一部分委派给维护子域的服务器进行解析。

拓展案例2　DNS
子域与委派

案例场景：X 公司的 DNS 服务器 A 主要维护区域 Xcompany.com，DNS 服务器 B 主要维护区域 BJ.Xcompany.com，DNS 服务器 C 主要维护区域 SH. Xcompany.com。现 X 公司客户端将首选的 DNS 服务器地址设置成 DNS 服务器 A 的地址，要求能够解析 BJ.Xcompany.com 和 SH. Xcompany.com 区域中的资源记录，请你给出合适的解决方案。网络拓扑如图 4-44 所示。

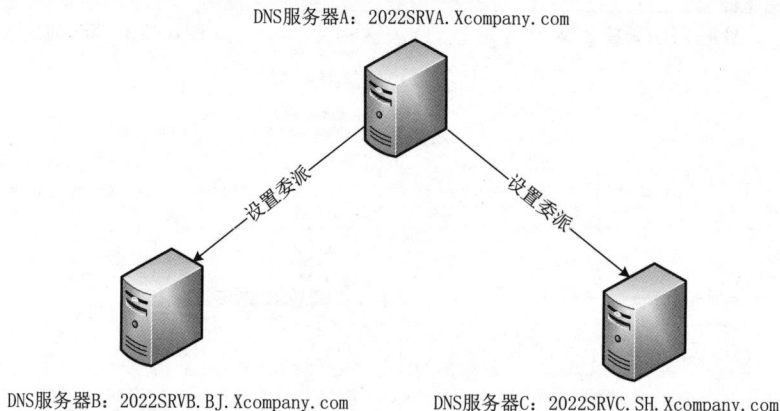

图 4-44　设置委派拓扑

案例实施过程如下。

在 DNS 服务器 A 上设置委派，将区域 BJ.Xcompany.com 的解析请求委派给 DNS 服务器 B。

（1）用鼠标右键单击"Xcompany.com"区域，在弹出的快捷菜单中选择"新建委派"命令，如图 4-45 所示。

（2）在欢迎使用委派向导中单击"下一步"按钮。

（3）在图 4-46 所示对话框中输入要委派的子域名"BJ"，单击"下一步"按钮。

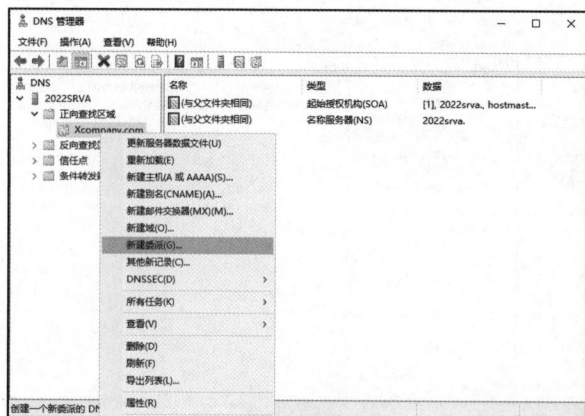

图 4-45　新建委派

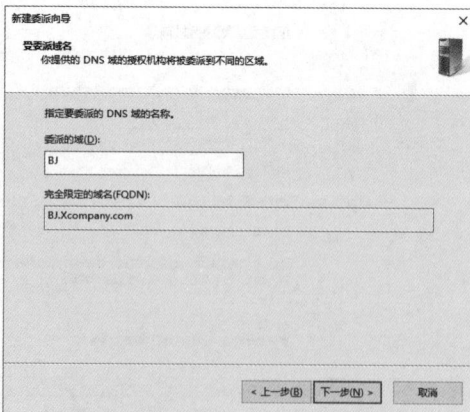

图 4-46　输入要委派的子域名

（4）在图 4-47 所示对话框中，在"服务器完全限定的域名"中输入 DNS 服务器 B 完全限定的域名 2022SRVB.BJ.Xcompany.com（注意一定要是完全限定的域名）和 IP 地址；也可单击"解析"
按钮，得到 DNS 服务器 B 的 IP 地址。单击"确定"按钮。

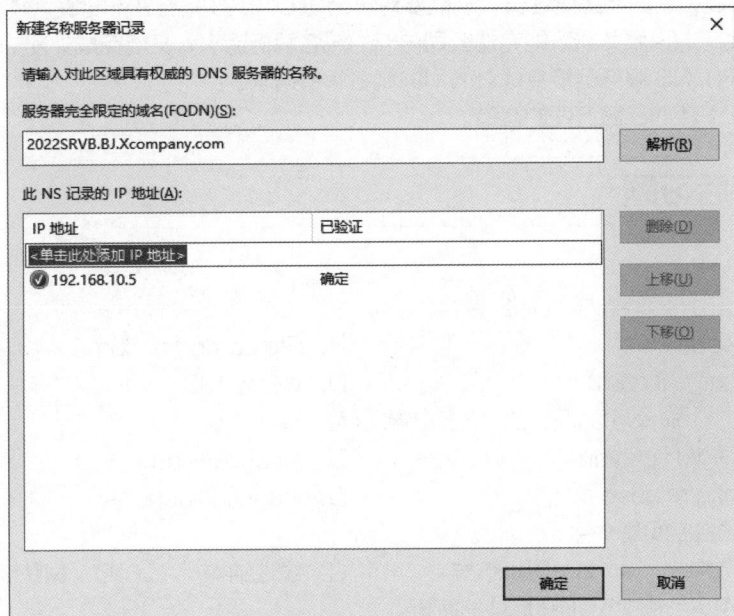

图 4-47　输入接受委派的 DNS 服务器 B 的域名和 IP 地址

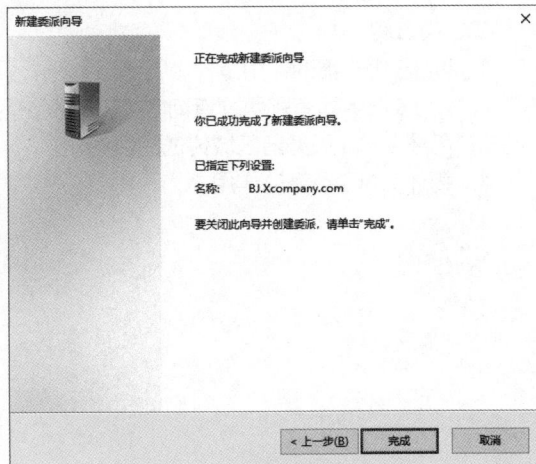

（5）在图 4-48 所示对话框中单击"下一步"按钮。
（6）在图 4-49 所示对话框中单击"完成"按钮。

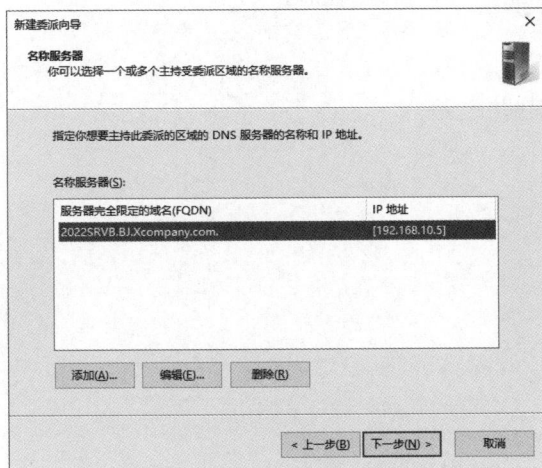

图 4-48　接受委派的服务器 B 的域名和 IP 地址　　图 4-49　委派创建成功提示

在 DNS 服务器 A 上设置委派，将区域 SH.Xcompany.com 的解析请求委派给 DNS 服务器 C。
操作步骤同上。

4.8　仿真实训案例

ABC 公司的总部在北京，公司域名是 abc.com，分公司位于深圳，域名是 SZ.abc.com，总公司数据中心有两台 Windows Server 2022 服务器安装了 DNS 服务器，DNS 服务器的名称分别是2022SRVA 和 2022SRVB。

假如你是 ABC 公司的网络管理员，现需要对总公司 DNS 服务器进行配置，要求如下。

（1）总公司的 DNS 服务器既能完成公司内部的域名解析请求，又能完成外网的解析请求。

（2）总公司的 DNS 服务器能完成分公司的域名解析请求。

（3）实现总公司 DNS 服务器的容错。

4.9 课后习题

一、选择题

1. 下面（　　）不是合法的 DNS 域名。

　　A. www.abc.com   B. Ftp.company.com

　　C. Smtp.1_23.com   D. www. 1a3.com

2. 下面（　　）命令可以清空 DNS 客户端缓存。

　　A. ipconfig/displaydns   B. ipconfig/renew

　　C. ipconfig/release   D. ipconfig/flushdns

3. DNS 的域名空间是一种（　　）。

　　A. 顺序结构　　　　B. 网状结构　　　　C. 线性结构　　　　D. 树状结构

4. （　　）可以完成域名到 IP 地址的解析。

　　A. 主机记录　　　　B. 邮件交换器记录　　C. 别名记录　　　　D. 起始授权机构

5. 下面（　　）命令可以显示 DNS 客户端缓存。

　　A. ipconfig/displaydns   B. ipconfig/renew

　　C. ipconfig/release   D. ipconfig/flushdns

二、简答题

1. DNS 服务器的作用是什么？

2. DNS 服务器有哪两种查询方式？举例说明其解析过程。

3. 简述 DNS 服务器区域传送的目的。

4. 简述 DNS 委派的作用。

项目五
Web和FTP服务器的配置与管理

05

拓展阅读

案例场景

  ABC 公司为了提高企业的办公效率，决定在企业内网部署一个基于浏览器-服务器（Browser-Server，B-S）模式的办公自动化（Office Automation，OA）系统，该系统使用微软 ASP.NET 编程语言开发。ABC 公司的网络管理部门希望在原企业内网的基础上配置一台新的 Windows Server 2022 服务器（IP 地址：10.1.1.100/8）扮演 Web 服务器的角色，并将该 OA 系统的 Web 站点部署到该 Web 服务器上，使得企业内网都能够访问该 OA 系统。Web 服务器网络拓扑如图 5-1 所示。

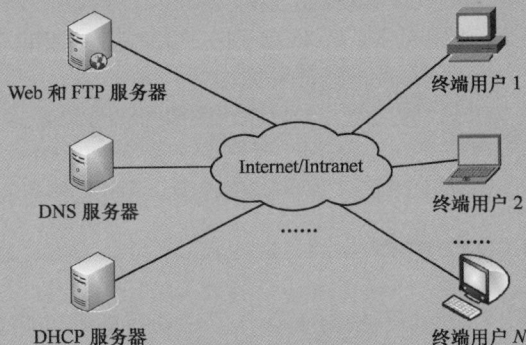

图 5-1　Web 服务器网络拓扑

在本项目中，将通过完成以下任务内容来学习 Web 和 FTP 服务器的配置与管理。

序号	任务内容	知识储备
任务 1	Web 和 FTP 服务器的安装	安装流程
任务 2	创建 Web 和 FTP 站点	站点用途以及服务常用端口
任务 3	配置客户端访问 Web 和 FTP 站点	客户机要和站点在同一网段才能正常访问

5.1　知识引入

知识引入

5.1.1　什么是 Web 和 FTP 服务器

  众所周知，现在 Web（网页）程序已经成为网络上最广泛的应用之一，是人们在线获取信息、沟通交流、休闲娱乐的主要方式。同时由于 Web 程序具有许多良好的特性，如跨平台、便于升级、兼容性好等，在企业级系统中也有广泛的应用。

事实上，Web 程序是由程序开发人员使用各种程序开发语言（如 ASP、JSP、PHP 等）开发出来的。那么用户是如何通过浏览器来使用这些 Web 程序的呢？答案很简单，如图 5-2 所示，Web 程序开发完成后会被发布到 Web 服务器上。Web 服务器与用户浏览器之间主要通过 HTTP 建立连接，然后浏览器向 Web 服务器请求其所关心的 Web 文件，Web 服务器能够响应该请求，在找到所请求的 Web 文件后，把文件发送给用户浏览器，浏览器把文件解析、渲染完毕后呈现给终端用户。

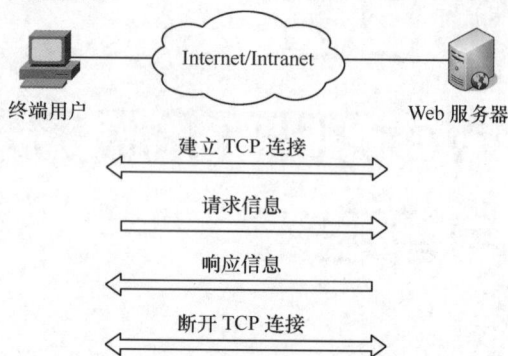

图 5-2　终端用户与 Web 服务器交互的过程

在这种请求/响应模式中，Web 服务器接收每个请求，并由该站点的 Web 管理器进行分析。实际上，Web 服务器会解析请求文件，这些文件记录了用户的 IP 地址、访问日期和时间等信息。客户端（浏览器）和 Web 服务器通过网络协同工作，使得用户能够浏览 Web 程序。概括地说，客户端程序控制用户的交互，并显示用户所关心的信息；Web 服务器程序则负责信息的获取和发送。

目前 Web 服务器有几十种，常见的如适用于 Windows 平台的 IIS、适用于多平台的 Apache HTTP Server、轻量级的 Nginx 等。

FTP 的全称是 File Transfer Protocol（文件传送协议），就是网络上用来传输文件的应用层协议。用户通过 FTP 登录上 FTP 服务器，查看服务器上的共享文件，可以把文件从服务器下载到本地计算机，或把本地计算机的文件上传到服务器。FTP 承载在 TCP 之上，拥有丰富的命令集，支持对登录用户进行身份验证，并且可以设定不同用户的访问权限。

实际上，在万维网（WWW）出现之前，FTP 就已经被用户用来通过命令行方式与服务器传输文件。虽然目前传输文件的方式有很多，但是由于 FTP 具有跨平台的特性，可以应用于不同操作系统（Windows、UNIX、Linux、macOS 等）之间的文件传输，因此仍然有着广泛的应用。

5.1.2　HTTP 和 FTP 简介

Web 服务器与终端用户之间的交互主要使用 HTTP 进行请求与响应。HTTP 是 HyperText Transfer Protocol（超文本传送协议）的缩写，它是用于从 Web 服务器传输超文本到用户浏览器的传送协议。它不仅可保证计算机正确、高效地传输超文本文档，还可确定传输文档中的哪一部分，以及哪部分内容首先显示（如文本先于图形）等。它的发展是万维网联盟（World Wide Web Consortium，W3C）和因特网工程任务组（Internet Engineering Task Force，IETF）合作的结果，他们最终发布了一系列的 RFC 来定义 HTTP，其中最著名的是 RFC 2616，它定义了今天普遍使用的一个版本：HTTP 1.1。

如图 5-3 所示，HTTP 通常承载于 TCP 之上，有时也承载于 TLS 或 SSL 协议层上，这个时候，HTTP 就成了我们常说的超文本传输安全协议（HyperText Transfer Protocol Secure，HTTPS）。默认情况下，HTTP 的端口号为 80，HTTPS 的端口号为 443。

HTTP 的主要特点可概括如下。

（1）简单快速：用户向服务器请求服务时，只需传送请求方法和路径。常用的请求方法有 GET、HEAD、POST，每种方法用户与服务器联系的类型都不同。由于 HTTP 简单，使得 HTTP 服务器的程序规模小，因此通信速

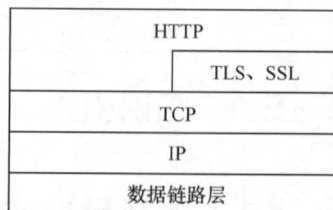

图 5-3　HTTP 层次

度很快。

（2）灵活：HTTP 允许传输任意类型的数据对象。正在传输的类型由 Content-Type 加以标记。

（3）无连接：无连接的含义是限制每次连接只处理一个请求。服务器处理完用户的请求，并收到用户的应答后，即断开连接。采用这种方式可以节省传输时间。

（4）无状态：HTTP 是无状态协议。无状态是指协议对于事务处理没有记忆能力。缺少状态意味着如果后续处理需要前面的信息，它就必须重传，这样可能导致每次连接传送的数据量增大。

在微软公司的 Windows Server 平台下的组件中，主要使用互联网信息服务（Internet Information Services，IIS）来完成 Web 服务器的功能，其中包括 HTTP/HTTPS 服务器、FTP 服务器、NNTP 服务器和 SMTP 服务器，分别用于网页浏览、文件传输、新闻组和电子邮件发送等服务。IIS 最初是 Windows NT 版本的可选包，随后内置在 Windows 后续版本一起发行。Windows Server 2022 集成了 IIS 10。

FTP 采用客户-服务器（Client-Server，C-S）模式，用户通过支持 FTP 的客户端程序连接到远端服务器上的 FTP 服务器。用户通过客户端程序向服务器程序发出命令，服务器程序执行用户所发出的命令，并将执行的结果返回给客户端。

通过 FTP 进行文件传输时，服务器与客户端之间会建立两个 TCP 连接：FTP 控制连接和 FTP 数据连接。FTP 控制连接负责客户端与服务器之间交互 FTP 控制命令和应答信息，在整个 FTP 会话过程中一直保持打开；FTP 数据连接负责在客户端与服务器之间进行文件和目录传输，仅在需要传输数据时才建立连接，数据传输完毕后会终止连接。

FTP 的数据传输有两种方式：主动方式（PORT）和被动方式（PASV）。

FTP 主动方式的数据传输过程如图 5-4 所示，主要分为以下 3 个过程。

（1）客户端使用随机未使用的 Port X（X>1024）与 FTP 服务器的 Port 21 开始 TCP 协商，通过 3 次"握手"，TCP 协商成功，建立 FTP 控制连接。

（2）客户端使用已经建立好的控制连接向 FTP 服务器发送传输命令，命令的传输参数中包括一个随机未使用的 Port Y（Y>1024）。

（3）FTP 服务器使用 Port 20 与客户端的 Port Y 建立 TCP 连接，基于 TCP 连接建立数据连接。数据连接建立完成后，客户端与 FTP 服务器之间使用该连接进行数据传输。

在某些情况下，使用 FTP 主动方式进行数据传输可能会遇到问题。比如，当客户端处于防火墙内部时，由于客户端会提供一个随机 Port 给 FTP 服务器，而出于安全考虑，防火墙只能允许外网主机访问部分内网主机 Port，阻断对其他 Port 的访问，因此 FTP 服务器无法正常与客户端建立数据连接。此时，就需要使用 FTP 的被动方式来传输数据。

FTP 被动方式的数据传输过程如图 5-5 所示，主要分为以下几个步骤。

（1）客户端使用随机未使用的 Port A（A>1024）与 FTP 服务器的 Port 21 开始 TCP 协商，通过 3 次"握手"，TCP 协商成功，建立 FTP 控制连接。

（2）客户端使用已经建立好的控制连接向 FTP 服务器发送传输命令，要求使用被动方式传输数据。

（3）FTP 服务器响应客户端请求，打开一个未使用的 Port X（X>1024），将 Port X 发送给客户端。

（4）客户端收到服务器的响应后，打开一个未使用的 Port B（B>1024），使用 Port B 开始与服务器 Port X 进行 TCP 协商，TCP 连接建立后开始建立数据连接，完成后使用该数据连接传输数据。

在 Windows Server 2022 平台下，FTP 服务器既支持主动方式又支持被动方式传输数据。但是在 FTP 客户端上，如果需要支持被动方式传输数据，就需要进行合适的配置。

另外，在 Windows Server 2022 平台下还支持 TFTP（Trivial File Transfer Protocol，简单文件传送协议）的服务器和客户端配置（基于 UDP 传输，服务器端口号 69）的服务器，这种协议也可以完成类似 FTP 的功能，主要进行小文件传输，不具备通常的 FTP 的许多功能，只能从文件服务器上获得或写入文件，不能列出目录，不进行身份认证等。由于 TFTP 现在只在较小范围内应用（如嵌入式系统），此处不详述。

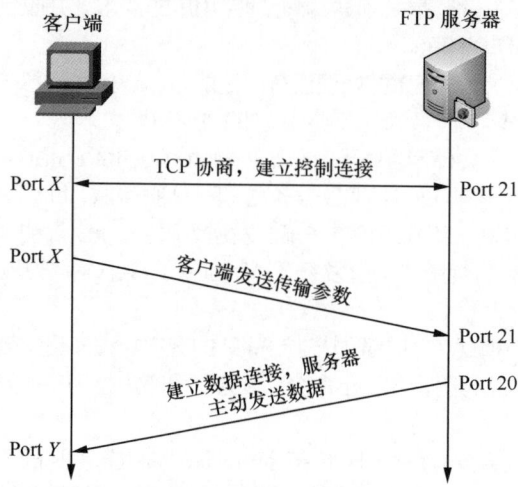

图 5-4　FTP 主动方式的数据传输过程

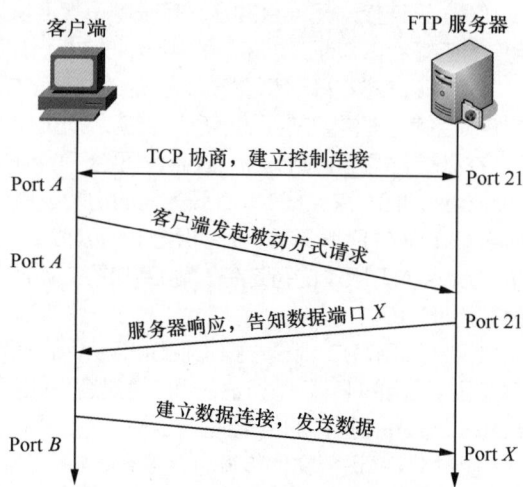

图 5-5　FTP 被动方式的数据传输过程

5.2　任务 1：Web 和 FTP 服务器的安装

任务 1　Web 和 FTP 服务器的安装

5.2.1　任务说明

根据案例场景得知如下需求：ABC 公司的网络管理部门希望在原企业内网的基础上配置一台新的 Windows Server 2022 服务器（IP：10.1.1.100/8）扮演 Web 和 FTP 服务器的角色。接下来，我们将在此服务器上安装配置 Web 服务器功能（IIS），然后添加 FTP 服务器角色，即开启 FTP 服务器功能，以满足上述需求。

5.2.2　任务实施过程

（1）启动"服务器管理器"，选择"配置此本地服务器"，如图 5-6 所示。

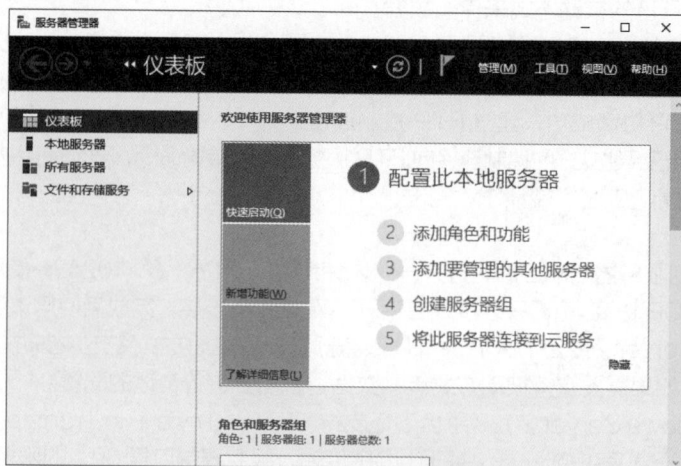

图 5-6　配置此本地服务器

（2）单击"添加角色和功能"，进入"添加角色和功能向导"窗口，单击"下一步"按钮，选择"基于角色或基于功能的安装"单选项，如图 5-7 所示。

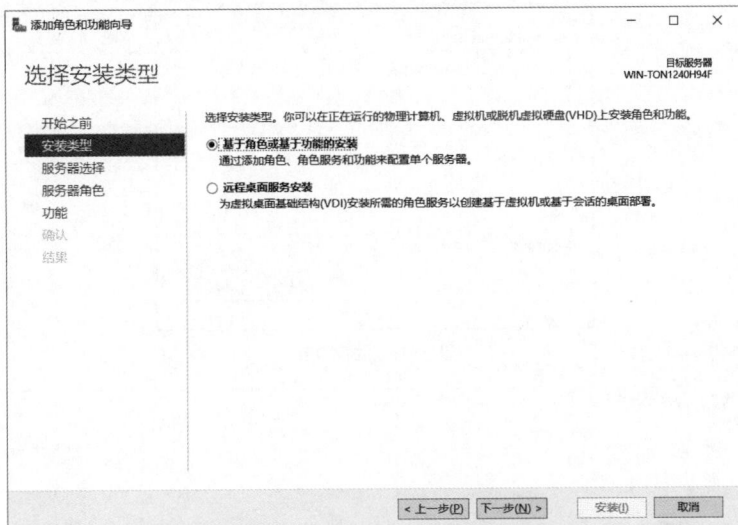

图 5-7　添加角色和功能向导

（3）单击"下一步"按钮，选择"从服务器池中选择服务器"单选项，安装程序会自动检测并显示这台计算机采用静态 IP 地址设置的网络连接。单击"下一步"按钮，在"服务器角色"中勾选"Web 服务器（IIS）"选项，如图 5-8 所示。

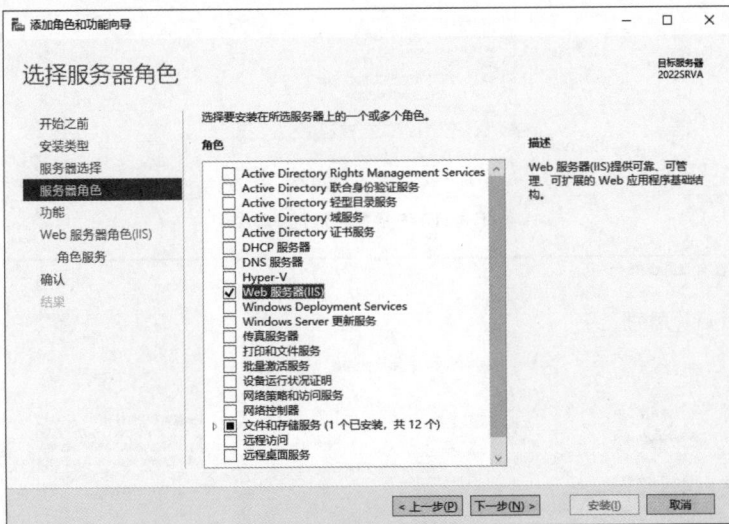

图 5-8　选择服务器角色

（4）勾选"Web 服务器（IIS）"选项后会自动弹出"添加 Web 服务器（IIS）所需的功能？"界面，如图 5-9 所示，在其中单击"添加功能"按钮。

（5）单击"下一步"按钮，选择需要添加的功能，如无特殊需求，此处保持默认设置即可，如图 5-10 所示。

（6）单击"下一步"按钮，来到"选择角色服务"界面，勾选所需要的 Web 服务器里的角色服务，如图 5-11 所示。此处保持默认设置即可，安装完成后可以更改。

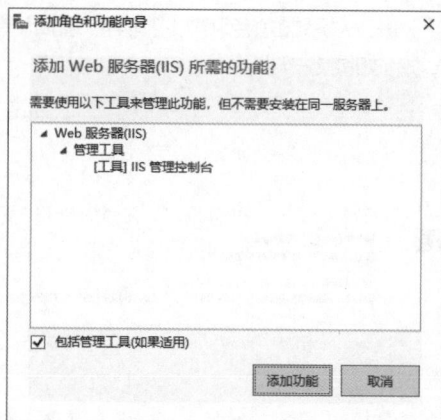

图 5-9　添加功能

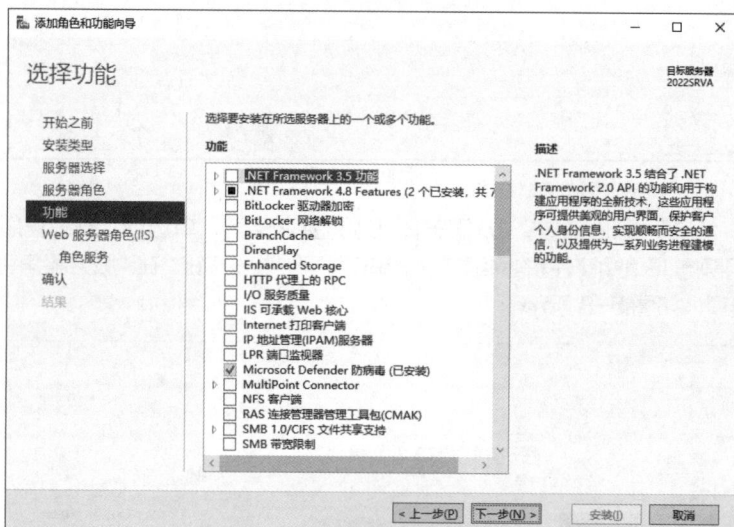

图 5-10　选择需要添加的功能

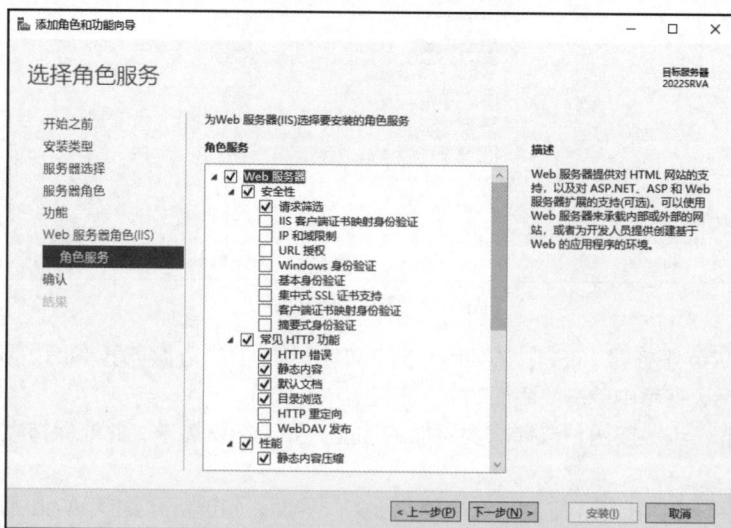

图 5-11　选择 Web 服务器中的角色服务

（7）勾选"FTP 服务器"选项（其余保持默认即可，安装完成后可以更改），如图 5-12 所示。单击"下一步"按钮，然后单击"安装"按钮。

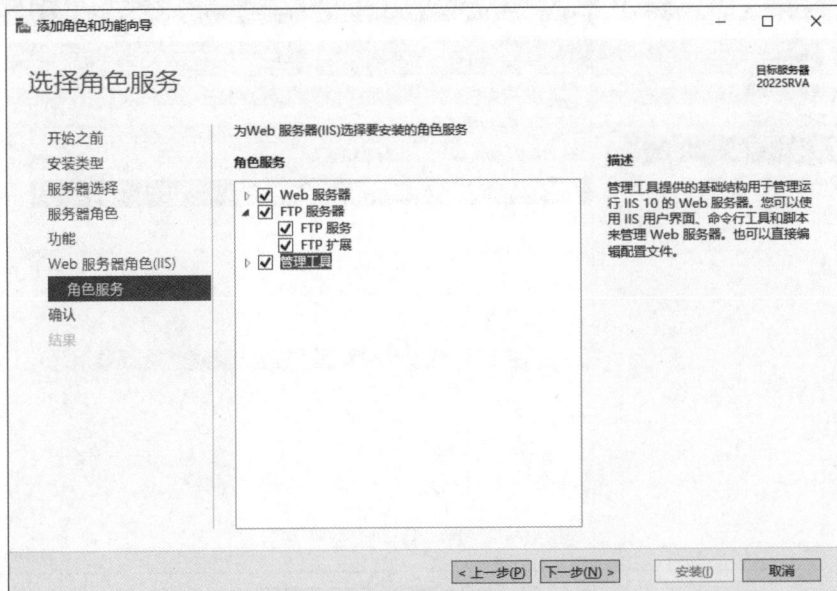

图 5-12　选择 FTP 服务器中的角色服务

（8）等待安装完成后，单击"关闭"按钮，如图 5-13 所示。

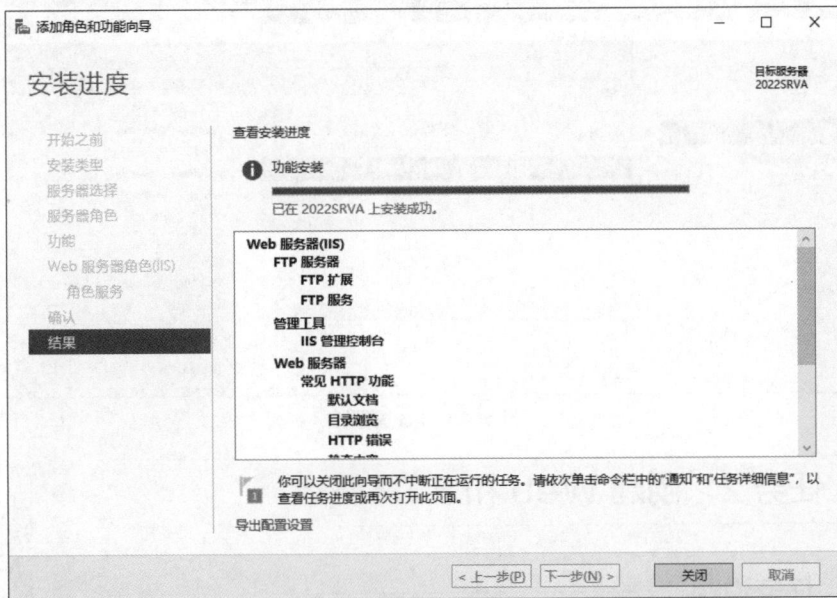

图 5-13　完成安装

（9）回到"服务器管理器"，可以看到左侧多了一项"IIS"，单击"IIS"后，拖动图 5-14 右侧的进度条，可以看到"服务"中有 FTPSVC、W3SVC。

（10）单击"工具"→"Internet Information Services（IIS）管理器"即可开始对 Web 和 FTP 服务进行配置与管理，如图 5-15 所示。

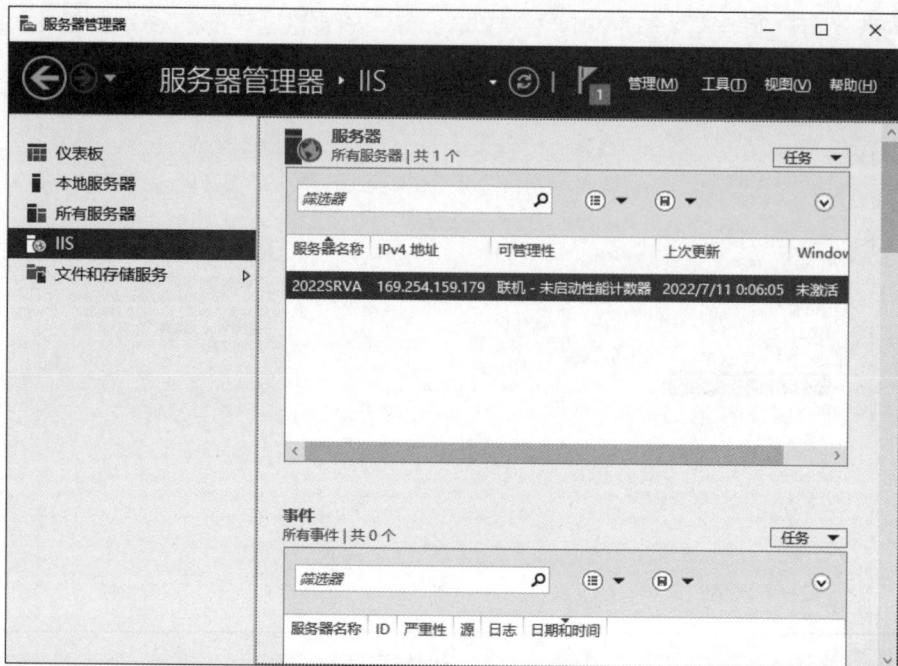

图 5-14 角色和功能：FTP 服务器

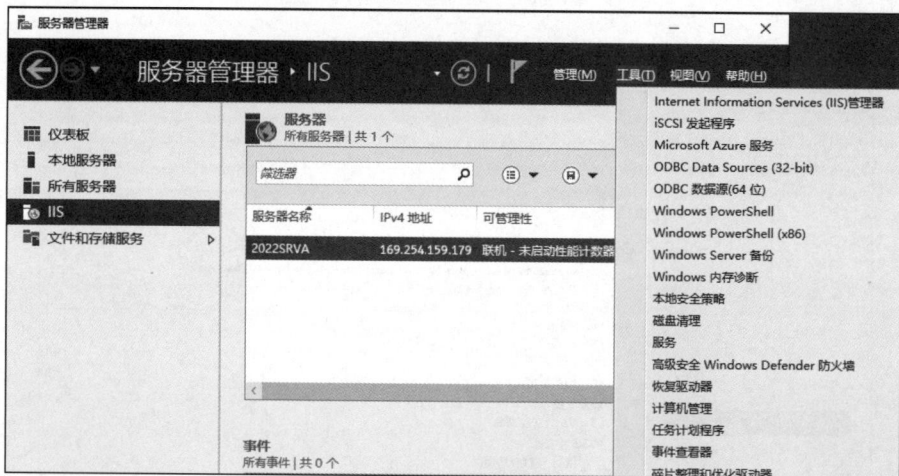

图 5-15 IIS 管理器

5.3 任务 2：创建 Web 和 FTP 站点

5.3.1 任务说明

Web 站点也称为网站（Website），是指在 Internet 上，根据一定的规则，使用 HTML 等编程语言开发制作的用于展示特定内容的相关资源的集合，这些资源可能包括文本、图片、音频、视频、脚本程序、应用程序接口（API）、数据库等信息。

在使用浏览器浏览 Web 站点时，浏览者会在浏览器的地址栏里输入站点地址，这个地址叫作统一资源定位符（Uniform Resource Locator，URL）。就像每家每户都有唯一的门牌地址一样，每个

任务 2　创建 Web 和 FTP 站点

Web 资源也都有唯一的 URL 地址。使用 URL 可以将整个 Internet 上的资源用统一的格式来进行定位。URL 的一般格式为"HTTP://主机名:端口号/路径/文件名"。

例如"http://www.abcoa.com/oa/login.html",这个 URL 表示在"www.abcoa.com"这台 Web 服务器的网站主目录下的"oa"子目录下的网页文件"login.html"。www.abcoa.com 域名将被 DNS 服务器解析为正确的服务器 IP 地址。

在本任务中,我们事先用静态 HTML 语言编写了一个只有一个 HTML 页面(oa.html)的简单网站(abcoa.com),网站文件夹存放在已经安装了 IIS 的 Windows Server 2022 服务器的硬盘中(C:\abcoa.com),现要在任务 1 完成的基础上配置 IIS 并创建此 Web 站点,把服务器 IP 地址(10.1.1.8)和端口(80)同该网站绑定起来,最后实现让 Web 服务器能够正常解析该 OA 网站的网页(oa.html)。

同时,我们将 FTP 服务器的文件目录存放在 Windows Server 2022 服务器的硬盘中(C:\FTP),然后在任务 1 完成的基础上开始创建此 FTP 站点(基于系统性能考虑,实际部署中不建议存放在系统分区),将服务器 IP 地址(10.1.1.8/100)和端口(21)绑定到 FTP 站点,并指定只有通过用户名为"ftpuser"的身份验证的用户才能访问此 FTP 站点。

5.3.2 任务实施过程

(1)在服务器管理器里打开 IIS 管理器,单击"连接至 localhost",即可进入 IIS 的本地站点管理,如图 5-16 所示。

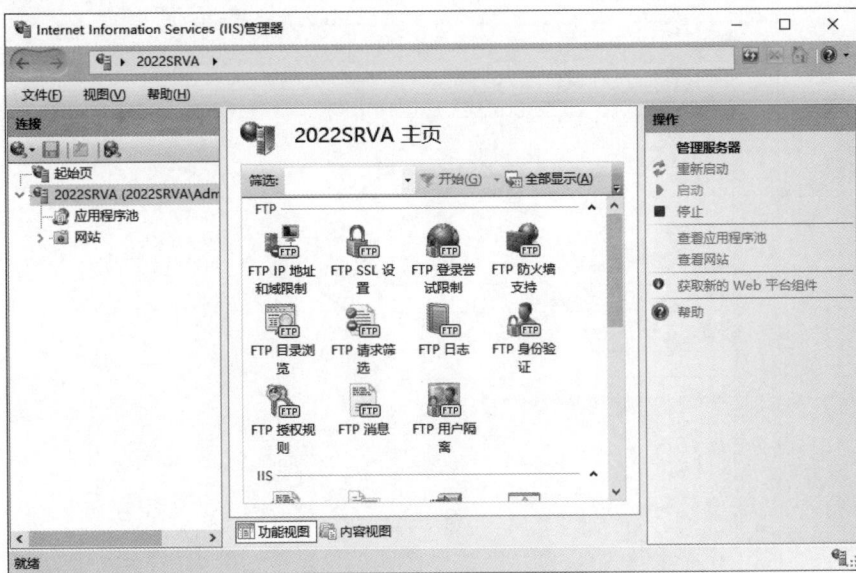

图 5-16　IIS 的本地站点管理

(2)展开左侧的网站列表,右击默认网站(Default Web Site),在弹出的快捷菜单中选择"管理网站"→"停止"命令,如图 5-17 所示。

(3)选中左侧"网站",单击右侧"添加网站",在弹出的"添加网站"对话框中设置"网站名称""物理路径",以及"绑定"中的"类型""IP 地址""端口",如图 5-18 所示。需要注意的是,网站名称是指用于在 IIS 里与其他网站区分开来的名称(不是指网站的域名),物理路径是指网站文件存储的物理路径(如 C:\abcoa.com),绑定类型为 HTTP,绑定 IP 地址必须是当前服务器上的有效 IP 地址,无特殊情况绑定端口一般为默认的 80,主机名为空。单击"确定"按钮结束当前配置。

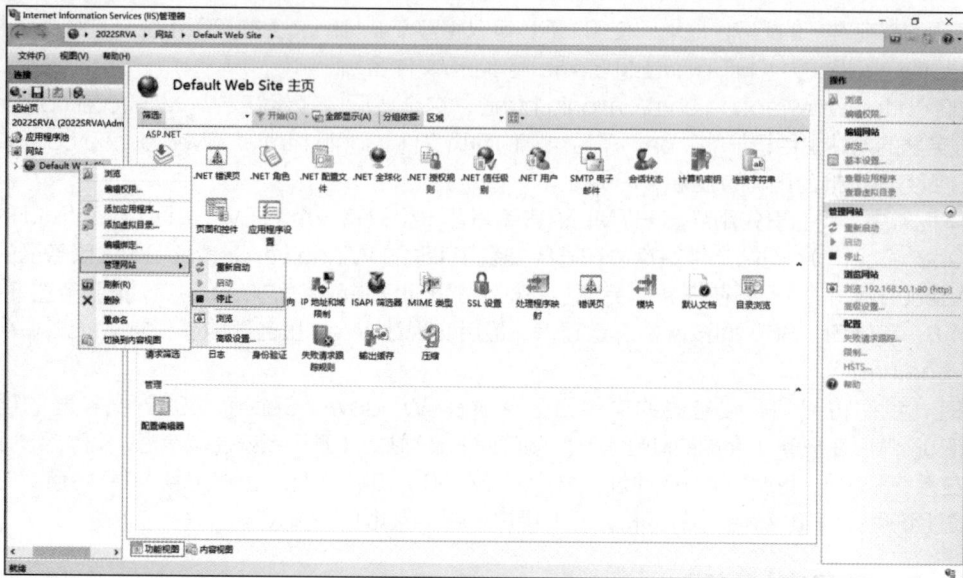

图 5-17　停止默认网站

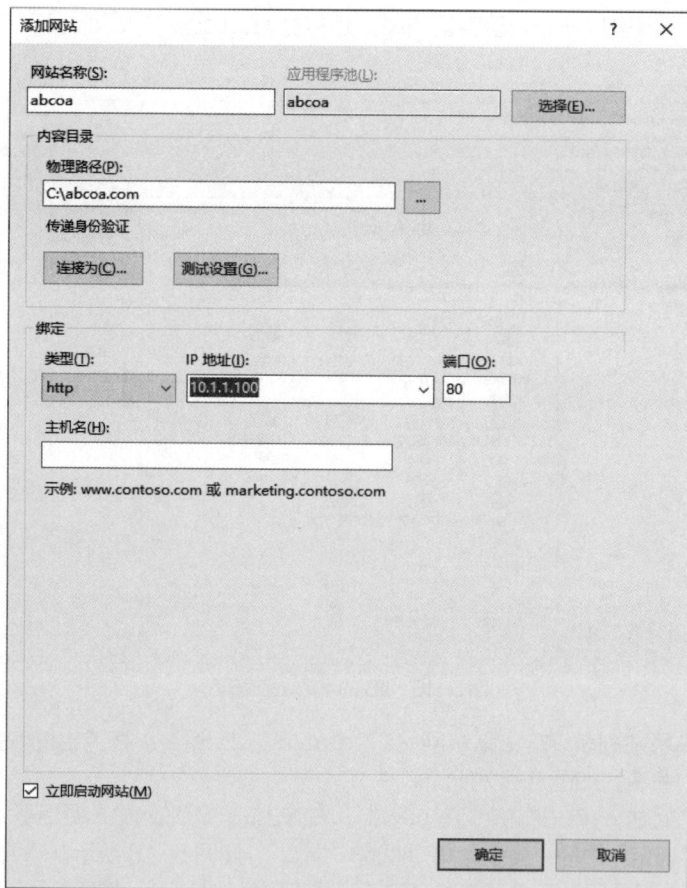

图 5-18　添加网站

（4）在 IIS 管理器中选中"abcoa"，双击"默认文档"，如图 5-19 所示。

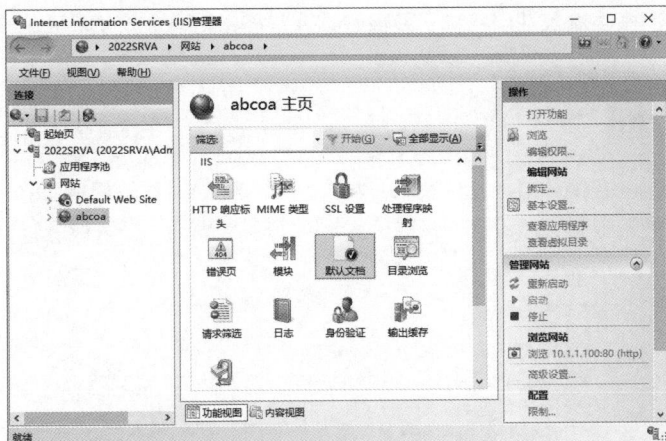

图 5-19　设置默认文档

（5）如图 5-20 所示，单击"添加"命令，弹出对话框，根据实际需求，在"名称"文本框中输入存在本地服务器上的网站首页文件名（如 oa.html）。当前配置的文件为打开 Web 站点的网站首页文件。单击"确定"按钮。

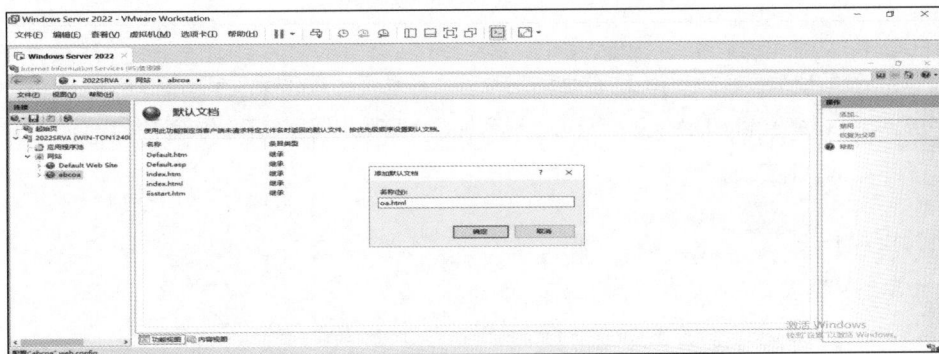

图 5-20　添加默认文档

（6）在 IIS 管理器中单击右侧的"浏览网站"，或者打开浏览器在地址栏输入"http://10.1.1.100"，即可在本机正常浏览该网站，如图 5-21 所示。

（7）选择本服务器，单击鼠标右键，选择"添加 FTP 站点"，如图 5-22 所示。

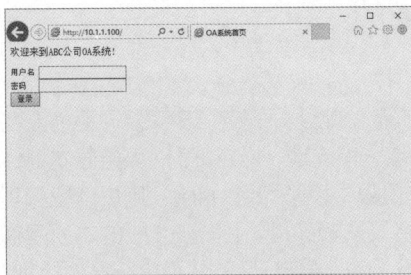

图 5-21　成功打开网站

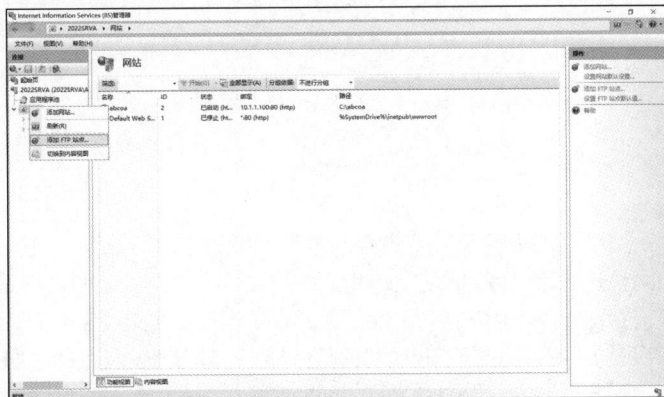

图 5-22　添加 FTP 站点

（8）在弹出的对话框中输入站点名称，设置好物理路径，如图 5-23 所示。单击"下一步"按钮。

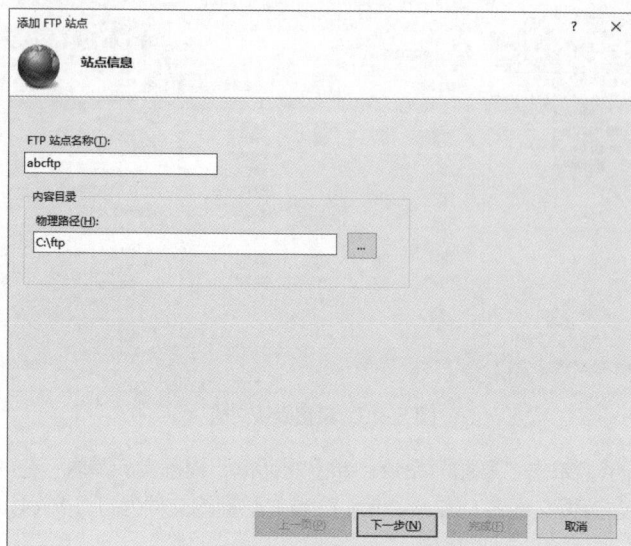

图 5-23　添加 FTP 站点信息

（9）设置 FTP 站点绑定的 IP 地址、端口（端口号 21 不建议修改），如图 5-24 所示。需要注意的是，FTP 的数据传输是明文传输的，如果需要在安全性要求较高的环境下使用 FTP，就可以借助安全套接字层（Secure Socket Layer，SSL）或者加密 VPN 来保证 FTP 传输不被窃听。

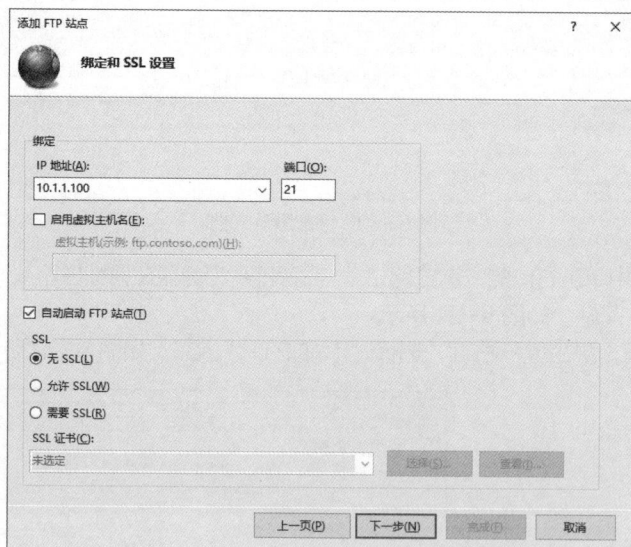

图 5-24　FTP 站点绑定和 SSL 设置

（10）设置 FTP 站点的身份验证和授权信息，如图 5-25 所示。此处，假定 ABC 公司拒绝匿名访问，并指定只有用户名为"ftpuser"的用户才能访问 FTP 站点（相应地，应在 FTP 服务器本地计算机管理中添加用户"ftpuser"，并在 FTP 目录文件夹 NTFS 权限中授予"ftpuser"用户读取和写入权限）。如果需要客户端能够匿名访问，勾选身份验证的"匿名"选项即可。由于 FTP 的本质是客户端对 FTP 服务器磁盘空间的读取或写入，因此出于安全性考虑，有必要对 FTP 站点进行身份验证。在 Windows Server 2022 平台下的 FTP 服务器身份验证主要分为以下两种。

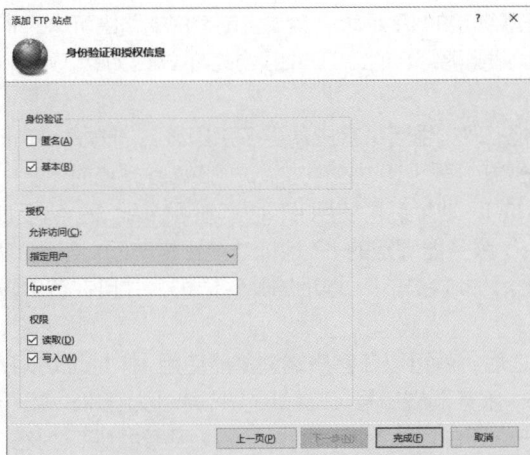

图 5-25　设置身份验证和授权信息

① 内置身份验证：内置身份验证是指使用 Windows 的用户权限管理来进行 FTP 用户身份验证。当客户端尝试连接 FTP 服务器时，服务器会对用户身份进行本地身份验证或者域身份验证，要求用户输入合法的用户名、密码，此时，用户输入的用户名、密码对应的必须是在 FTP 服务器本地 FTP 目录下有合法权限的用户；如果 FTP 目录下没有相应用户的操作权限，就会导致访问失败。

② 自定义：FTP 服务器本身也配置单独的 FTP 身份验证，由 FTP 服务器来控制用户的读取和写入权限。

在某些可信度较高的环境下（如校园网、企业网、部门内网），可以开放一种特殊的权限：匿名用户（Anonymous）访问。如果开启了匿名用户访问，任意用户访问 FTP 服务器时都会使用默认的匿名用户身份与 FTP 服务器建立连接，即不需要输入用户名、密码，按默认匿名用户的身份来访问 FTP 服务器。默认情况下匿名用户访问处于开启状态，建议手动关闭。

（11）单击"完成"按钮，则 FTP 站点建立完成，如图 5-26 所示。

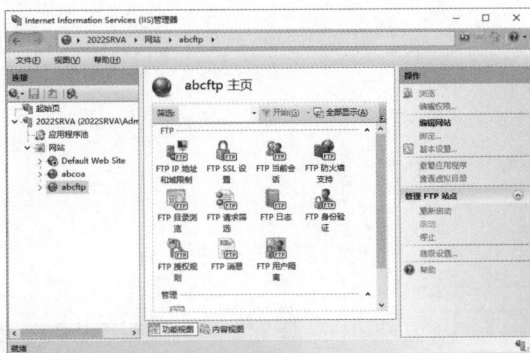

图 5-26　FTP 站点建立完成

5.4　任务 3：配置客户端访问 Web 和 FTP 站点

5.4.1　任务说明

Web 服务器配置完成之后，就可以在客户端浏览器使用 IP 地址访问 Web 站点了，相应的 URL 为"http://IP 地址:Web 服务器端口号"。此处的 IP 地址为在 IIS

任务 3　配置客户端访问 Web 和 FTP 站点

管理器里设置的 Web 服务器绑定的 IP 地址，且是当前客户端路由可达的 IP 地址；Web 服务器端口为在 IIS 管理器里设置的 Web 服务器绑定的端口，如果绑定的端口为默认端口 80，在 URL 里就可以省略":Web 服务器端口号"。

由于 IP 地址不便于记忆，现实生活中客户端更多采用域名的方式来访问 Web 站点，相应的 URL 为"http://域名:Web 服务器端口号"。通过这种方式访问 Web 站点时，客户端首先将域名发送至 DNS 服务器进行解析，成功解析成 IP 地址后再使用 IP 地址访问 Web 站点。因此，此处的域名在客户端上必须能够被成功解析为 Web 服务器绑定的 IP 地址才能正常访问。常用的域名解析方式为配置 DNS 服务器，在 DNS 服务器上添加域名与 IP 地址的映射记录，并且在客户端的 TCP/IP 里配置正确的 DNS 服务器地址。

FTP 服务器配置完成之后，就可以在客户端浏览器使用 IP 地址访问 FTP 站点了，相应的完整 URL 为"ftp://IP 地址:Web 服务器端口号"。此处的 IP 地址为在 IIS 管理器里设置的 FTP 服务器绑定的 IP 地址，且是当前客户端路由可达的 IP 地址；Web 服务器端口为在 IIS 管理器里设置的 FTP 服务器绑定的端口，如果绑定的端口为默认端口 21，在 URL 里就可以省略端口号。

也可以采用域名的方式来访问 FTP 站点。此时，客户端访问 FTP 站点的完整 URL 为"ftp://域名:Web 服务器端口号"。通过这种方式访问 FTP 站点时，客户端首先将域名发送至 DNS 服务器进行解析，成功解析成 IP 地址后再使用 IP 地址访问 FTP 站点。所以，此处的域名在客户端上必须能够被成功解析为 FTP 服务器绑定的 IP 地址才能正常访问。同时，还需要配置 DNS 服务器，在 DNS 服务器上添加 FTP 域名与 FTP 服务器 IP 地址的映射记录，并且在客户端的 TCP/IP 里配置正确的 DNS 服务器地址。

本任务将在任务 2 完成的基础上，开启一台安装 Windows 10 操作系统的计算机 PCA 作为客户端，将其 IP 地址配置为与 Web 服务器在同一网段（10.1.1.10/8），然后分别尝试使用 IP 地址和域名来访问 FTP 站点。客户端软件我们采用 Windows 10 操作系统内置的文件资源管理器。事实上读者也可以选择使用 Web 浏览器、命令提示符窗口或者其他专用 FTP 客户端软件（如 FileZilla、FlashFTP、CuteFTP 等）来完成此任务。

5.4.2 任务实施过程

（1）配置客户端 IP 地址等，并测试客户端与 Web 服务器的连通性，如图 5-27 和图 5-28 所示。

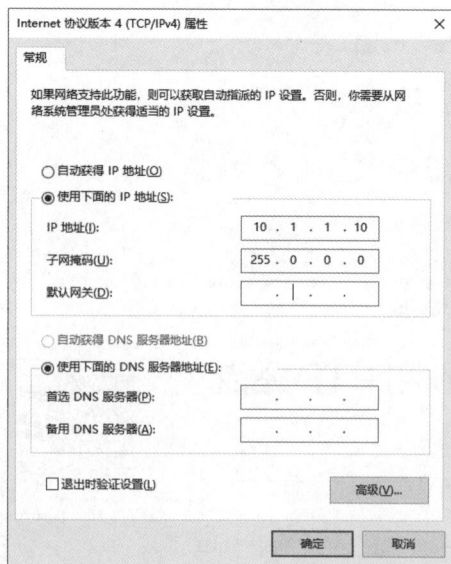

图 5-27 配置客户端 IP 地址等

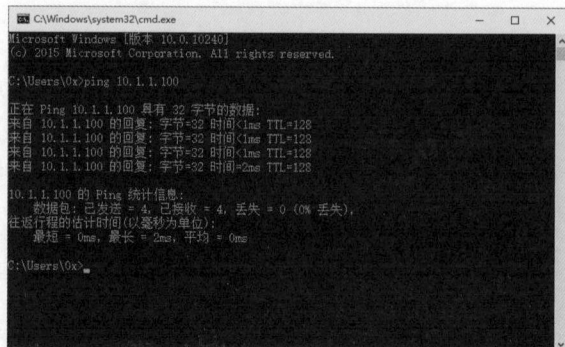

图 5-28 使用 ping 命令测试客户端与 Web 服务器的连通性

（2）使用 IP 地址访问 Web 站点，效果如图 5-29 所示。服务器端绑定的端口为 80，客户端在访问时 URL 中可以省略端口号。

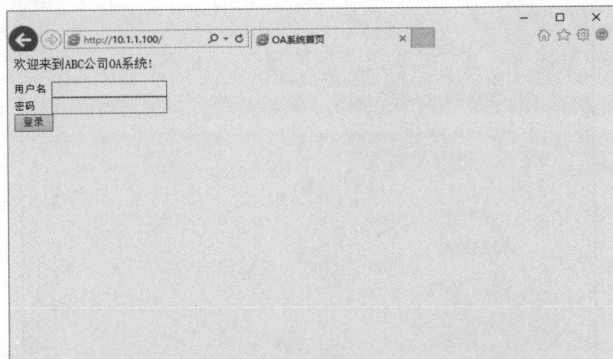

图 5-29　客户端浏览器成功打开 Web 站点

（3）如果服务器端绑定的端口为非 80 端口，例如 8089 端口，如图 5-30 所示，客户端在访问时 URL 中就必须包括对应的端口号，如图 5-31 所示。

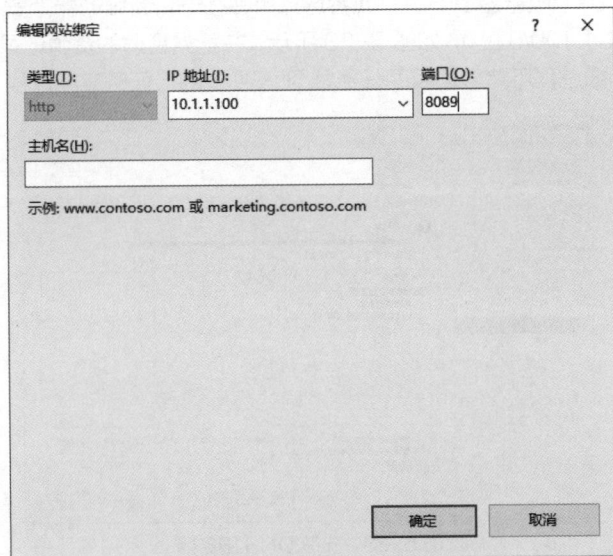

图 5-30　Web 站点绑定端口为 8089

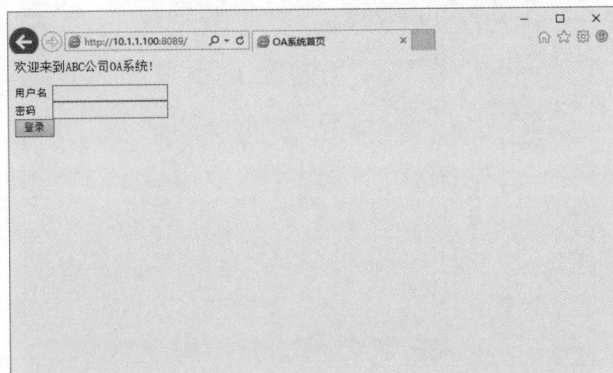

图 5-31　客户端使用带端口号的 URL 成功访问 Web 站点

注意，如果此时在浏览器地址栏没有输入端口号，就不能打开网页，如图 5-32 所示。

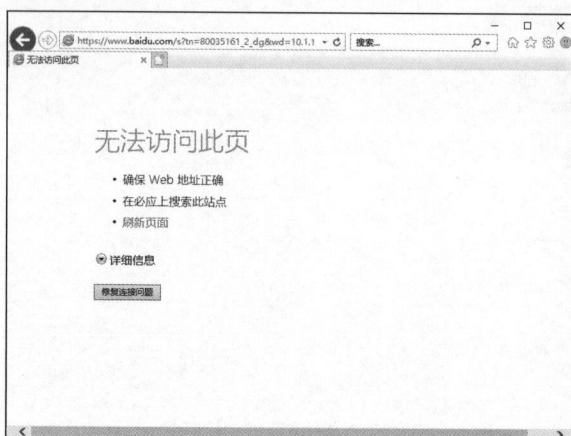

图 5-32　客户端使用不带端口号的 URL 无法访问 Web 站点

（4）客户端使用域名来访问 Web 站点。首先，需要在网段内安装一台 DNS 服务器，根据实际的负载情况可以选择在 Web 服务器上安装，或者选择单独在一台新服务器上安装（本例中我们选择安装在 Web 服务器 10.1.1.100/8 上），如图 5-33 所示，并配置合适的资源记录，如图 5-34 所示。安装配置过程不赘述，详细过程可参考项目四任务 1 到任务 3 的"任务实施过程"内容。

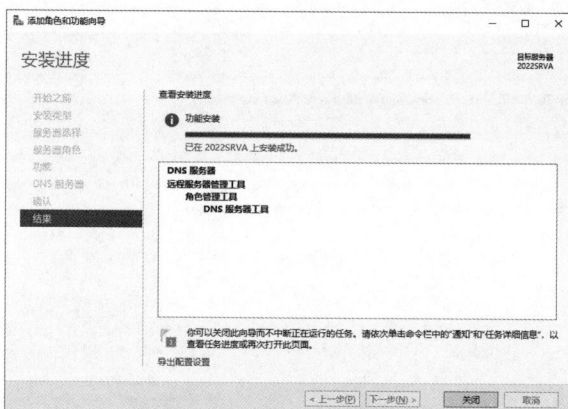

图 5-33　安装 DNS 服务器

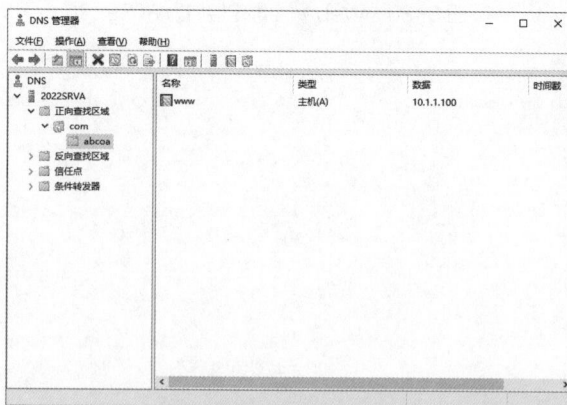

图 5-34　添加主机记录

（5）在客户端上更改 TCP/IP 设置，添加 DNS 服务器地址，并测试域名解析结果，如图 5-35 和图 5-36 所示。

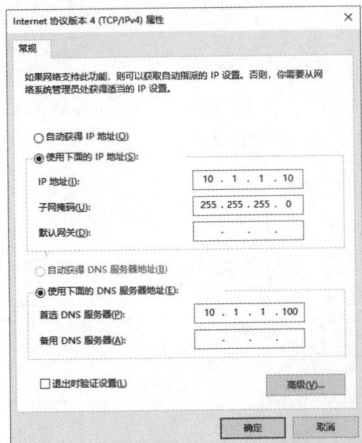

图 5-35　配置客户端 DNS 服务器地址

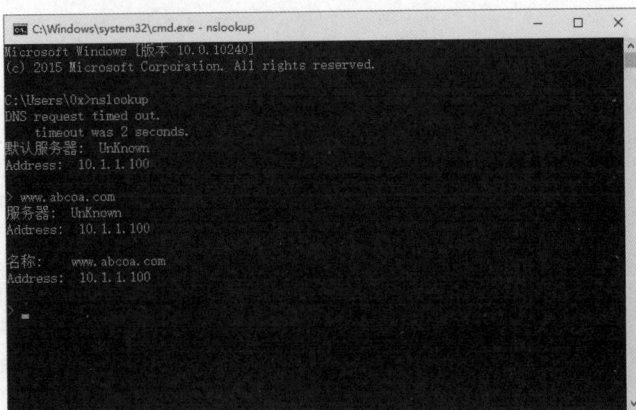

图 5-36　在客户端上测试域名解析结果

（6）在客户端浏览器上尝试使用域名 URL 来访问 Web 站点，效果如图 5-37 所示。

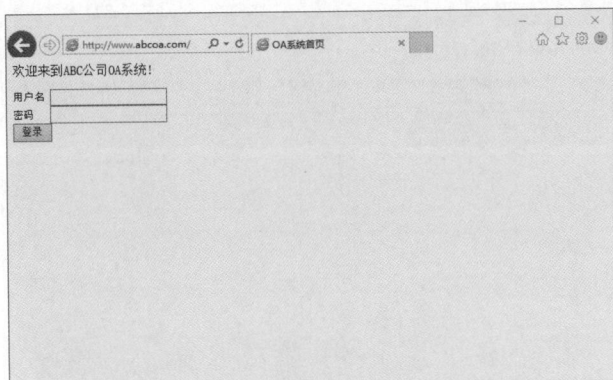

图 5-37　客户端浏览器通过域名成功访问 Web 站点

（7）配置客户端 IP 地址等，并测试其与 FTP 服务器的连通性，如图 5-38 和图 5-39 所示。

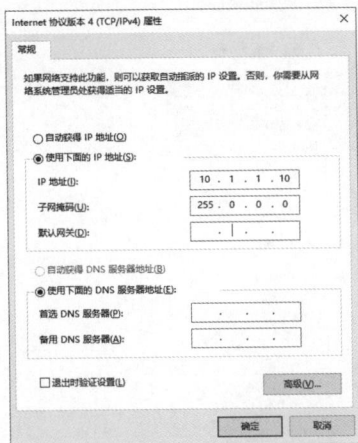

图 5-38　配置客户端 IP 地址等

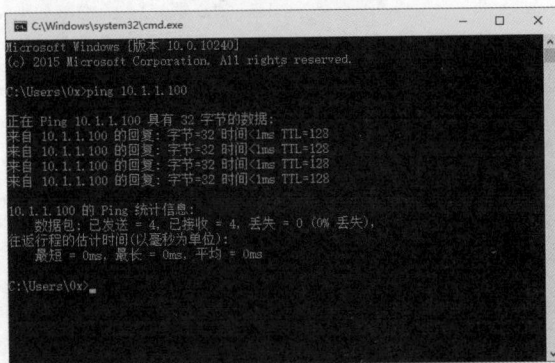

图 5-39　使用 ping 命令测试客户端与 FTP 服务器的连通性

（8）在浏览器中使用 IP 地址 URL（ftp://10.1.1.100）访问 FTP 站点，输入正确的用户名
"ftpuser"以及对应的密码（如果服务器开启匿名登录就无须登录），如图 5-40 所示。

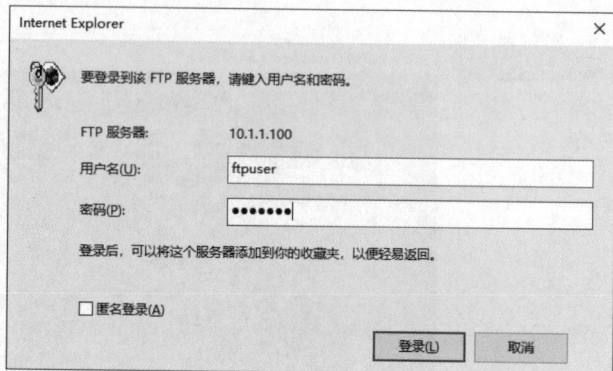

图 5-40　在客户端浏览器中输入 FTP 用户名及密码

成功登录 FTP 服务器后，查看服务器里的文件目录，可以选择需要的文件下载到本地（直接复制），也可以选择本地文件进行上传（直接粘贴），如图 5-41 所示。

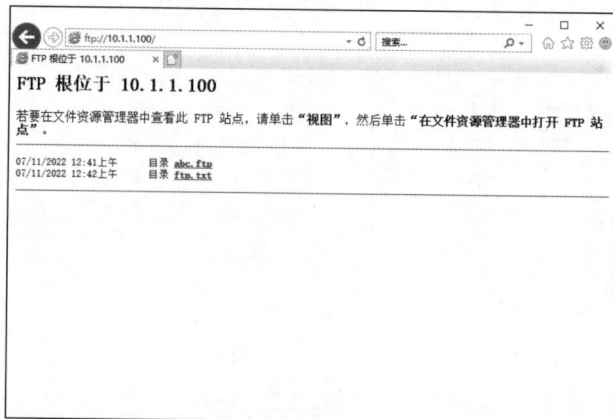

图 5-41　成功打开 FTP 站点

（9）与此同时，可用服务器端的 ISS 管理器里的"FTP 当前会话"功能监视当前会话，如图 5-42
所示。

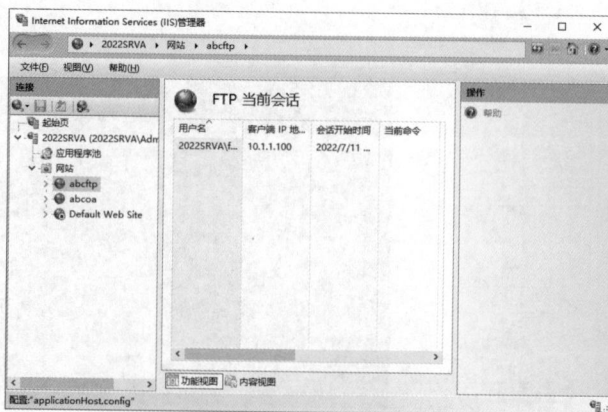

图 5-42　FTP 当前会话

（10）如果客户端需要使用域名来访问 FTP 站点，首先需要在网段内安装一台 DNS 服务器，根据实际的负载情况可以选择在 FTP 服务器上安装，或者选择单独在一台新服务器上安装（本例中我们选择安装在 FTP 服务器 10.1.1.100/8 上），如图 5-43 所示，并配置合适的资源记录（将 abcftp.com 映射到 10.1.1.100），如图 5-44 所示。安装配置详细过程可参考项目四任务 1 至任务 3 的"任务实施过程"。

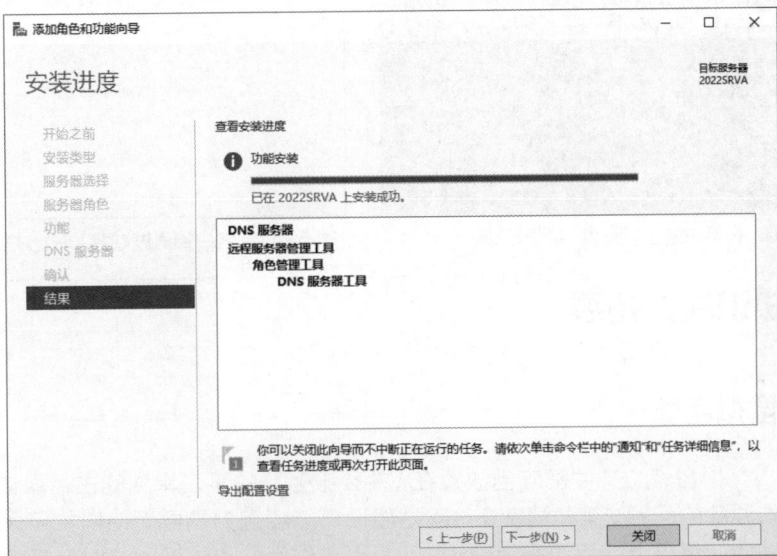

图 5-43　安装 DNS 服务器

（11）在客户端上更改 TCP/IP 设置，添加 DNS 服务器地址，并测试域名 abcftp.com 解析结果，如图 5-45 和图 5-46 所示。

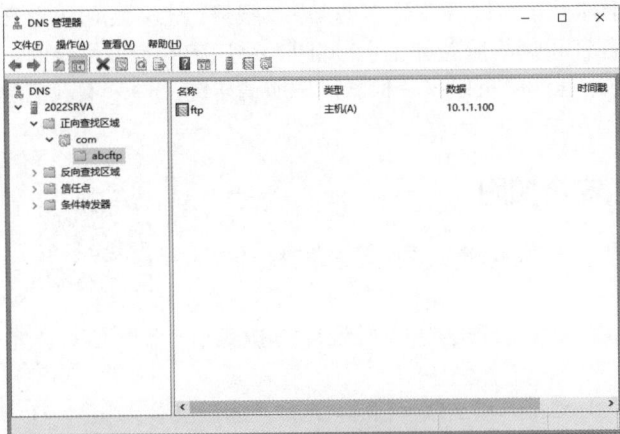

图 5-44　在正向查找区域内添加主机记录

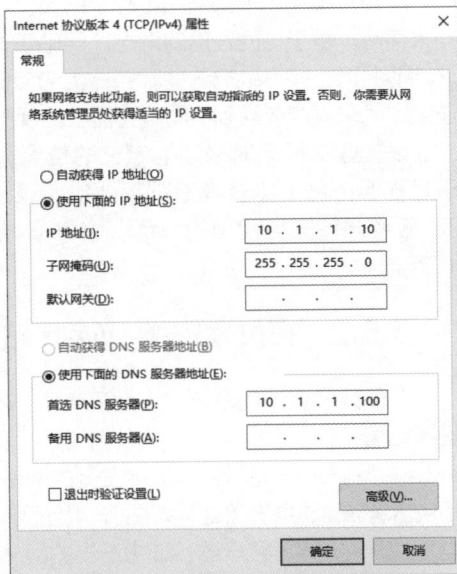

图 5-45　配置客户端 DNS 服务器地址

（12）在客户端尝试使用域名 URL（ftp://ftp.abcftp.com）来访问 FTP 站点，效果如图 5-47 所示。

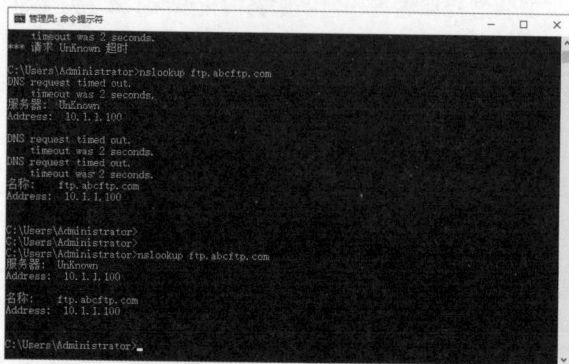

图 5-46　在客户端上测试域名解析结果

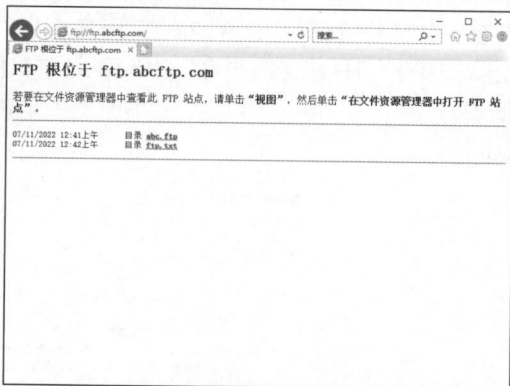

图 5-47　客户端通过域名 URL 成功访问 FTP 站点

///// 5.5　知识能力拓展

5.5.1　虚拟目录

一般来说，Web 站点的文件都应当放置在 Web 服务器的某个单独的主目录内，以免引起不同网站访问请求混乱的问题。某些情况下，网站建设可能会因为需要而使用主目录以外的其他目录，甚至使用其他计算机上的目录来让 Internet 用户作为站点访问，这时就需要使用"虚拟目录"。处理虚拟目录时，IIS 会把它作为主目录的普通子目录来对待；而对终端用户来说，访问时并不会察觉到虚拟目录与站点中其他任何目录有什么区别，可以像访问其他目录一样来访问虚拟目录。

比如，某在线视频网站下除了网页文件外还有大量的视频文件，这些视频文件需要巨大的磁盘空间来存储。基于访问速度的考虑，网站管理人员将这些视频文件分布存储在多个不同的服务器上。在这种情况下，就可以把这些服务器上的存储视频的目录配置成网站主目录下的虚拟目录，而用户直接通过主目录就能访问到不同服务器上的视频资源。

设置虚拟目录时必须指定它的位置，虚拟目录可以存在于本地 Web 服务器上，也可以存在于远程服务器上（多数情况下虚拟目录都存在于远程服务器上）。此时，用户访问虚拟目录时，IIS 服务器将充当代理的角色，它将通过与远程计算机联系并检索用户所请求的文件来实现信息服务。

5.5.2　拓展案例 1：Web 站点安全加固

在任务 3 完成的基础上，为了增强 Web 站点的安全性，实施如下步骤对 IIS 进行加固。

（1）打开 IIS 管理器，选中左侧的网站"abcoa"，双击"身份验证"，根据实际需求编辑 IIS 身份验证，如图 5-48 所示。

（2）打开 IIS 管理器，选中左侧的网站"abcoa"，单击鼠标右键，选择"编辑权限"命令，在弹出的对话框中选择"安全"选项卡，可编辑网站目录的 NTFS 权限。这里根据实际需求设置合适的权限，如图 5-49 所示。

（3）日志是排查网站安全事件、记录网站访问历史的重要工具。打开 IIS 管理器，选中左侧的网站"abcoa"，双击"日志"，可启用、配置 IIS 日志记录，如图 5-50 和图 5-51 所示。

拓展案例 1　Web
站点安全加固

图 5-48 编辑 IIS 身份验证

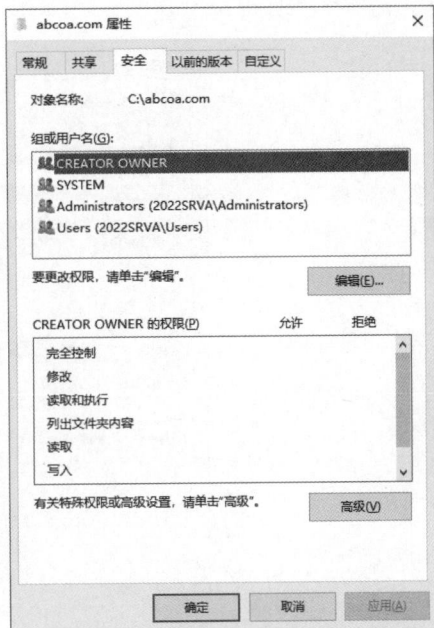

图 5-49 设置网站目录 NTFS 权限

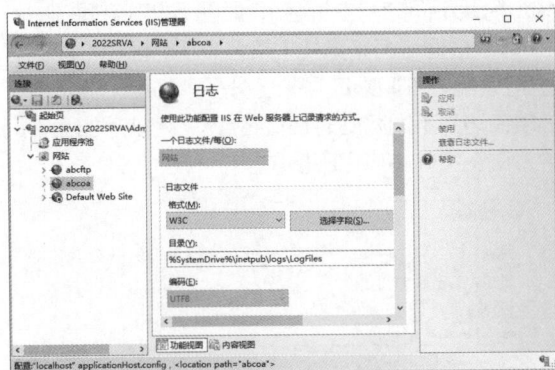

图 5-50 编辑 IIS 日志基本信息

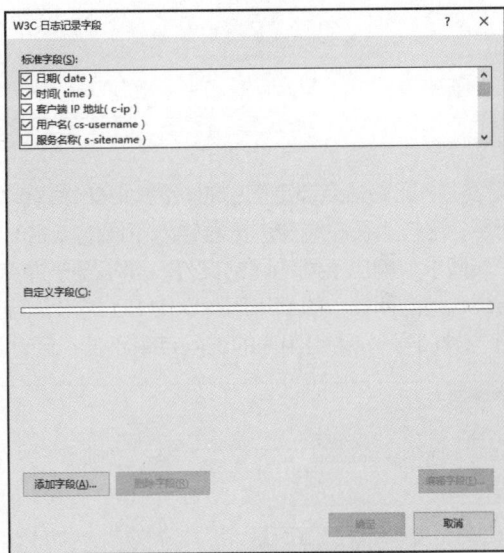

图 5-51 筛选 IIS 日志记录字段

5.5.3 拓展案例 2：创建多个 Web 站点

ABC 公司的网络管理部门开发了一个面向内部员工的论坛网站 abcbbs.com。为了节约开支，网络管理部门想把这个网站也部署到那台已经开启了 Web 服务的 Windows Server 2022 服务器（10.1.1.100/8）上，并且使之与之前的 OA 系统能够互不干扰地同时运行，客户端能够正常浏览。实施步骤如下。

（1）把网站文件复制到服务器后，打开 IIS 管理器，在左侧"网站"上单击鼠标右键，选择"添加网站"命令，打开"添加网站"对话框，如图 5-52 所示。

拓展案例 2 创建
多个 Web 站点

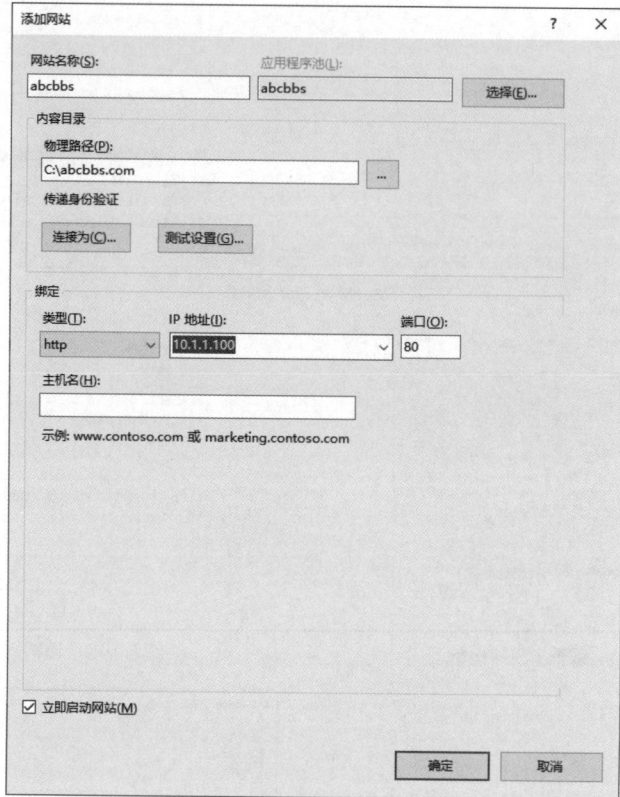

图 5-52　添加网站

（2）配置站点绑定信息时，为 abcbbs 与 abcoa 配置不同的"主机名"，如图 5-53 和图 5-54 所示，这样当客户端在浏览器输入不同的域名时，IIS 可以根据域名来查找主机名，从而区分不同的客户端请求、响应不同的网站文件，而不至于冲突（也可以配置不同端口号来区分多个站点。但是由于客户端访问网站一般都采用默认的 80 端口，若客户端在访问不同网站时在域名或 IP 地址后加上不同的":端口号"，会给用户的访问带来不便，因此这种方法在实际中应用不多）。

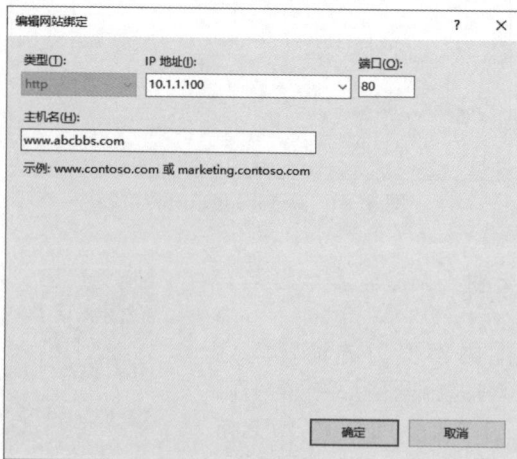

图 5-53　编辑网站绑定（1）

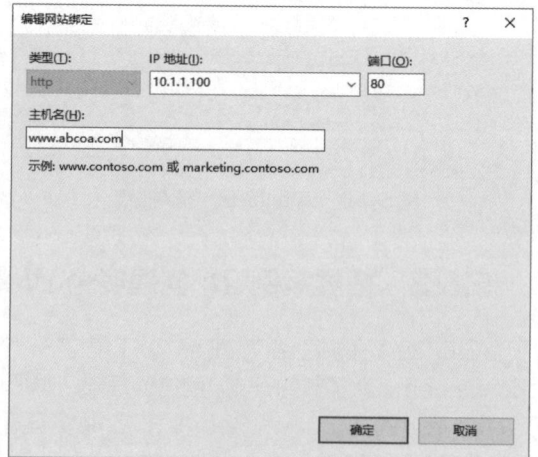

图 5-54　编辑网站绑定（2）

（3）在 DNS 服务器上添加新网站 abcbbs.com 对应的 DNS 记录，如图 5-55 所示。

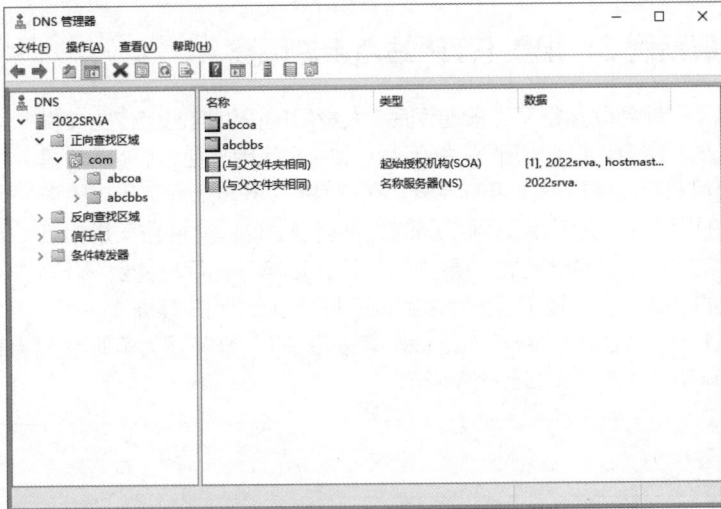

图 5-55　添加 DNS 记录

（4）在客户端浏览器访问这两个不同的网站，效果分别如图 5-56 和图 5-57 所示。

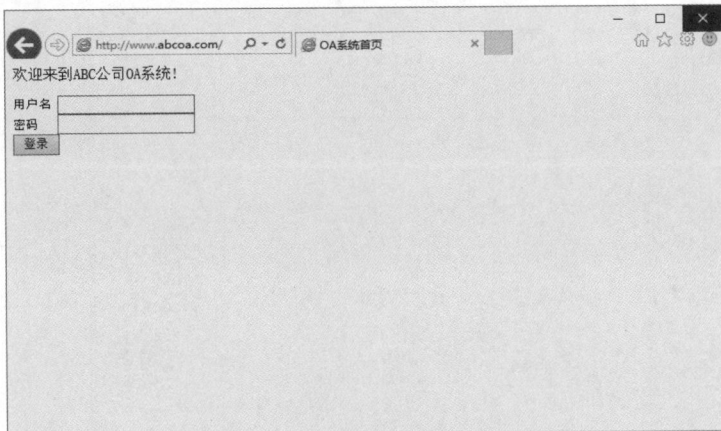

图 5-56　客户端成功访问网站 abcoa

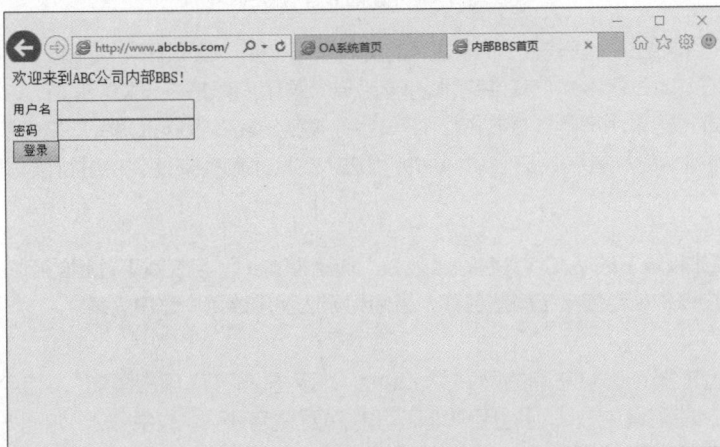

图 5-57　客户端成功访问网站 abcbbs

5.5.4 拓展案例3：配置 FTP 站点用户隔离

ABC 公司的 FTP 服务器运行了一段时间后，大量用户投诉自己上传的文件总是被其他用户误删、修改。该如何配置才能让大家共同使用一台 FTP 服务器而又不会相互影响呢？答案就是配置用户隔离。在 FTP 服务器上配置用户隔离后，用户使用不同的用户名登录后会看到不同的文件目录，这些文件目录是相互隔离的。一个用户的操作只作用于他的目录内部，不会影响其他用户的目录下的文件。

拓展案例3 配置 FTP 站点用户隔离

在任务 3 完成的基础上，实施如下步骤来实现 FTP 站点的用户隔离。

（1）如果有两个用户"zhangsan"和"lisi"需要在 FTP 服务器上实现用户隔离，就首先在"计算机管理"中创建这两个账户，如图 5-58 所示。

图 5-58　创建 FTP 账户

（2）创建 FTP 目录结构。首先在 FTP 站点的主目录下（如"C:\FTP"）创建一个名为"localUser"的子文件夹，然后在"localUser"文件夹下创建若干个跟用户账户——对应的个人文件夹。如果需要允许用户使用匿名方式登录用户隔离模式的 FTP 站点，就必须在"localUser"文件夹下面创建一个名为"Public"的文件夹，这样匿名用户登录以后即可进入"Public"文件夹中进行读写操作，如图 5-59所示。

> **注意** FTP 站点主目录下的子文件夹名称必须为"localUser"，且在其下创建的用户文件夹必须跟相关的用户账户使用完全相同的名称，否则将无法使用该用户账户登录。

（3）打开 IIS 管理器，选中左侧的网站"abcftp"，双击"FTP 用户隔离"，启用 FTP 用户隔离，单击右侧的"应用"使配置生效（配置用户隔离可能需要重启 IIS 才能生效），如图 5-60 所示。

（4）如果在客户端分别使用"zhangsan"和"lisi"两个 FTP 账户登录后查看到的目录是不一样的，就表明正常实现了用户隔离，如图 5-61 和图 5-62 所示。

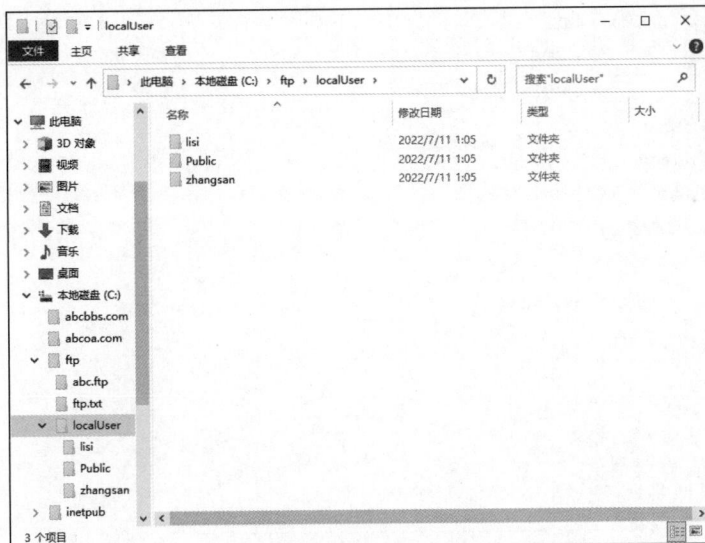

图 5-59 创建 FTP 目录结构

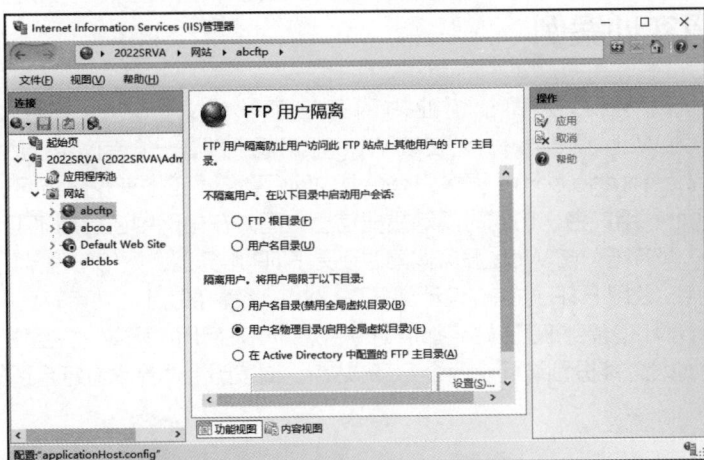

图 5-60 启用 FTP 用户隔离

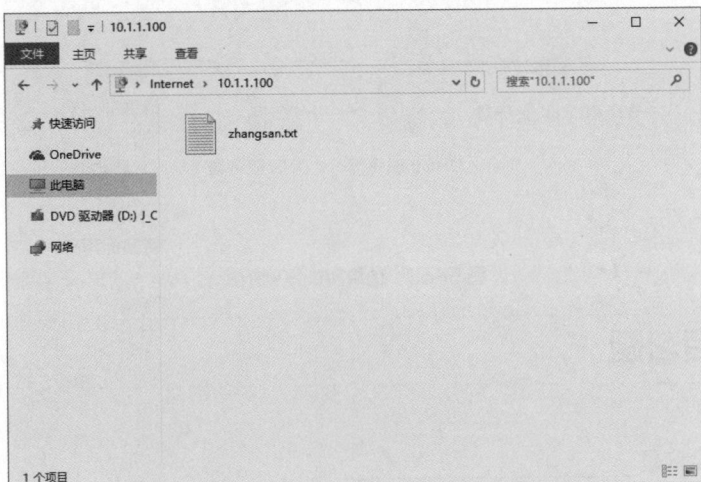

图 5-61 用户 "zhangsan" 登录后看到的目录

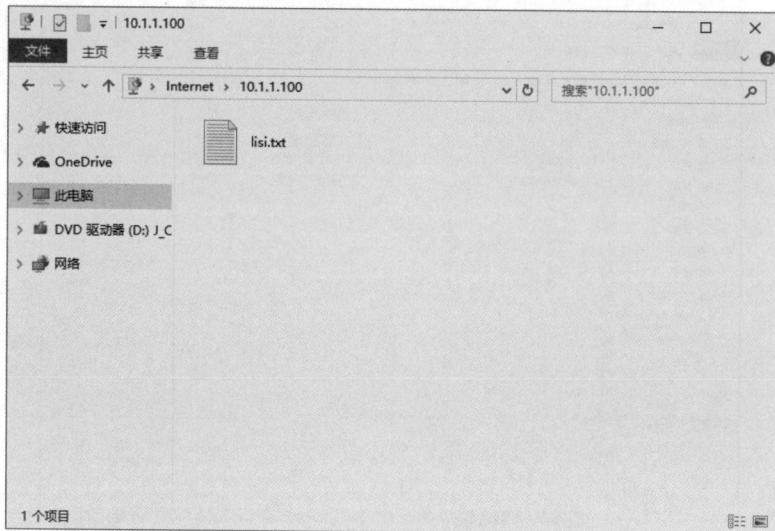

图 5-62　用户"lisi"登录后看到的目录

5.6　仿真实训案例

　　如图 5-63 所示，ABC 公司在企业内网开启了一台 Windows Server 2022 服务器（10.1.1.200/8）作为 Web 服务器，计划在该 Web 服务器上部署一个专门用于后勤部进行在线库存处理的网站 www.abcstorage.com（要求只有企业内网后勤部员工才有权限访问），并开启日志，每天记录客户端 IP 地址、用户名、访问时间等重要信息。同时在内网中还启用了 DNS（10.1.1.2）、DHCP（10.1.1.1）服务器，该 Web 服务器同时还是 FTP 服务器。网络管理部门计划在该 FTP 服务器上部署 3 个站点：公用 FTP 站点、设计部 FTP 站点、销售部 FTP 站点，其中，公用 FTP 站点允许匿名访问；设计部和销售部 FTP 站点都拒绝匿名访问，开启用户隔离，并且限制只有设计部和销售部网段的内部 IP 地址才能分别访问这两个 FTP 站点。请按照上述需求进行合适的配置。

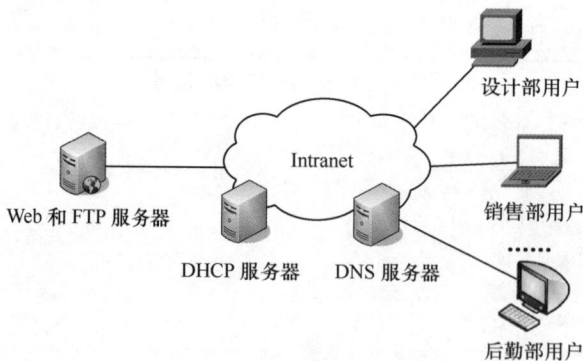

图 5-63　仿真实训案例拓扑

5.7　课后习题

一、填空题

1. HTTP 的全称是_____。

2. FTP 的全称是_____。

3. FTP 服务默认控制端口为 _____，默认数据端口为 _____。

4. IIS 的全称是_____。

二、简答题

1. 在 5.4.2 节的步骤中，要是 IIS 身份验证权限与网站文件存储的 NTFS 权限不一致，那么哪个权限会生效？

2. 完成 5.4.2 节的步骤后，两个 Web 站点都绑定到 80 端口，都绑定到不同的主机名，要是客户端尝试使用 IP 地址来访问 Web 服务器（http://10.1.1.100），那么此时在客户端浏览器会看到哪个网站呢？

3. 要是某个 Web 站点有两个不同域名，希望通过这两个域名都能访问到这个 Web 站点，那么在 IIS 和 DNS 里要做哪些配置呢？

4. 在客户端访问 FTP 站点时，如何配置数据传输模式为被动模式？

项目六

证书服务器的配置与管理

06

拓展阅读

案例场景

最近，ABC 公司的财务部升级了财务系统，将所有财务业务系统都部署到了一个专用的 Web 服务器（IP 地址：10.1.1.100/8）上。为了保证财务数据传输的安全性，ABC 公司的网络管理部门计划部署证书服务器来保护财务部的专用 Web 服务器，并且给财务部员工分发数字证书来鉴别员工身份。证书服务器网络拓扑如图 6-1 所示。

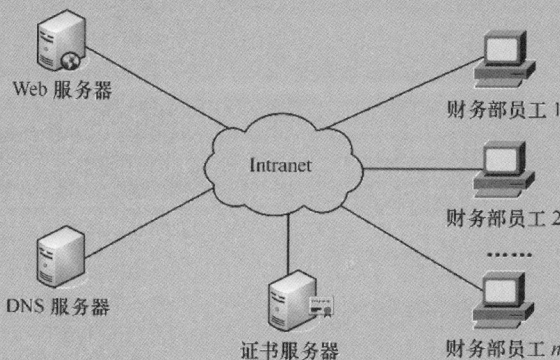

图 6-1　证书服务器网络拓扑

在本项目中，将通过完成以下任务内容来学习证书服务器的配置与管理。

序号	任务内容	知识储备
任务 1	证书服务器的安装	数据安全技术基础、数字证书工作原理
任务 2	架设安全 Web 站点	HTTP 与 HTTPS 的区别与联系
任务 3	数字证书的管理	数字证书的导入与导出

6.1　知识引入

知识引入

6.1.1　数据安全技术基础

众所周知，随着网络的发展和普及，各行各业的传统业务都逐步迁移到网络；同时，各种基于网络的新业务、新应用层出不穷，随之而来的安全问题也越来越严重。为了保证数据的安全性，需要解决 4 个主要安全问题：数据机密性、数据完整性、身份验证、不可抵赖性，如图 6-2 所示。

数据机密性：数据传输过程是否被窃听、拦截？

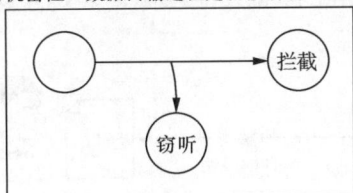

数据完整性：数据是否被篡改？

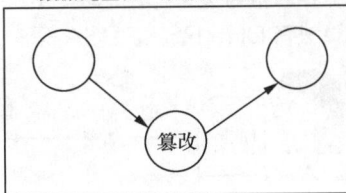

身份验证：对方身份是否合法？是否伪造？

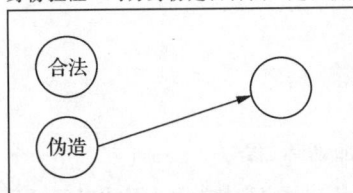

不可抵赖性：是否发出／收到信息？

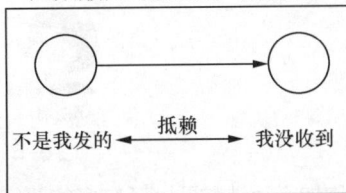

图6-2　4个主要安全问题

1. 数据机密性

数据机密性是指防止数据由于被非法窃听、拦截，而导致信息泄露。数据机密性问题主要通过对数据进行加密来解决。数据加密是指对原来明文的数据使用加密算法进行处理，将其变为另外一种不可读的密文数据。当合法接收者收到加密数据后，进行数据解密，将密文转换成明文。在对数据进行加密/解密的过程中使用的加/解密参数称为密钥，如图6-3所示。

数据机密性

图6-3　数据加/解密过程

根据工作方式的不同，加密算法可以分为对称加密算法和非对称加密算法两种。

如图6-4所示，在对称加密算法中，通信双方共享同一个保密参数作为加/解密的密钥，这个密钥可以是事先约定直接获得的，也可以是通过某种算法计算出来的。一般情况下，这个密钥是严格私有保密的。目前有不少对称加密算法标准，如DES、3DES、RC4、AES等。由于对称加密算法执行效率较高，因此其一般适用于加/解密数据量较大的场合。

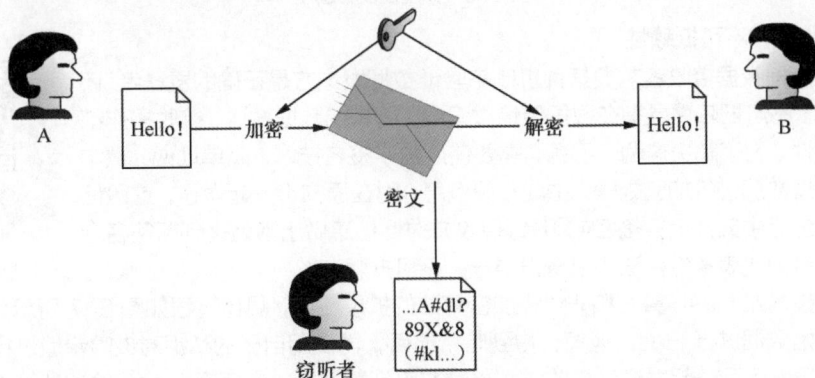

图6-4　对称加/解密过程

如图6-5所示，在非对称加密算法中，为每个用户分配一对密钥：一个私有密钥（私钥）和一个公开密钥（公钥）。私钥是保密的，由用户自己保存；公钥是公开的，本身不构成严格的保密性。这两个密钥之间没有相互推导关系。用这两个密钥之一加密的数据只有另外一个密钥才能解密。目前主流的非对称加密算法有 DH、RSA、DSA 等。

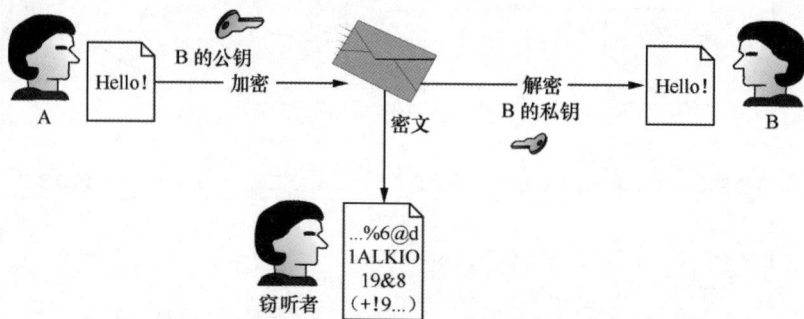

图 6-5　非对称加/解密过程

由于非对称加密算法需要消耗较多的系统资源，吞吐量相对较小，因此其不适用于大量数据的加密，一般只用于关键数据的传输。例如，可以配合对称加密算法来传输数据，通信双方先使用非对称加密算法来加/解密加密算法的对称密钥，然后使用对称密钥来加/解密后面的普通数据。

2. 数据完整性

数据完整性是指防止数据在传输过程中被非法篡改。为了解决数据完整性问题，需要对数据进行完整性校验，通常使用哈希（Hash）算法。Hash 算法对不同长度的数据进行 Hash 运算，得出一段固定长度的结果，该结果称为"哈希"。如果原数据稍有变化，就会导致最后计算结果的哈希值不同。所以，可以通过对比原始哈希值和所接收数据的哈希值是否一致来判断数据在传输过程中是否被篡改。

数据完整性

Hash 算法的完整性校验过程如图 6-6 所示。Hash 算法具有单向性，无法根据哈希值推导出原始数据。常用的 Hash 算法有 MD5、SHA1、SHA256 等。

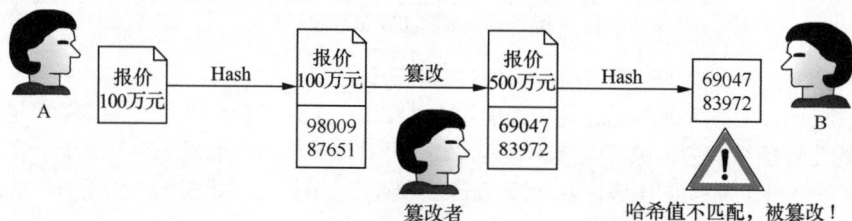

图 6-6　完整性校验过程

3. 身份验证和不可抵赖性

身份验证是指数据接收者需要某种机制来验证数据发送方是正确的发送者，还是伪造身份者。不可抵赖性是指在数据传输过程中，所有的数据发送、接收操作都具有不可否认性。为了解决这两个问题，需要使用数字签名技术。简单地说，数字签名技术对待发数据进行加密处理，生成一段信息，附在原文上一起发送。这段信息类似于现实生活中文件上的签名或印章，接收方对此信息做出验证来判断签名合法性。验证通过则代表身份合法，且身份唯一，不可抵赖。

身份验证和不可抵赖

数字签名技术是 Hash 算法和非对称加密算法的扩展应用，具体过程如图 6-7 所示。发送方首先将待发送的原始数据进行 Hash 运算，得到哈希值后，再使用自己的私钥对该哈希值进行加密，把得到的密文附在原文后面一起发送给接收方。接收方收到数据后，也使用 Hash 算法计算出原文的哈希值，然后对发送方发过来的密文使用发送方的公钥进行解密，把解密后的值与哈希值进行对比，如果完全相等，就可证实数据确为发送方发送，且未被篡改。需要注意的是，数字签名是用发送方的私钥加密的，如果是为了保证数据机密性而做数据加密，就需要用接收方的公钥加密。

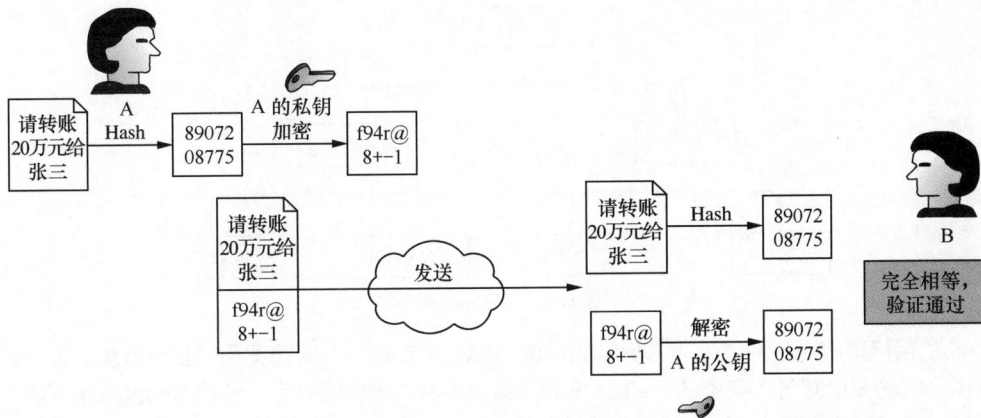

图 6-7　数字签名过程

6.1.2　公共密钥体系 PKI

　　使用非对称加密可以解决数据机密性、身份验证、不可抵赖性 3 个安全问题，但是在实际应用中，还有一个问题需要解决：如何保证公钥的安全性？在加密过程中需要使用接收方的公钥加密，在数字签名中需要使用发送方的公钥解密，如何保证公钥不是伪造的呢？如何把公钥安全地分发给其他人呢？解决方法是使用数字证书。

　　数字证书相当于电子化的身份证明，里面有一些能够确定身份的信息资料。它将公钥与身份信息绑定在一起，由一个可信的第三方证书颁发机构对绑定后的数据进行数字签名，以此来证实身份的可靠性。数字证书里包括下列内容：证书所有人的姓名、证书所有人的公钥、证书颁发机构名称、证书颁发机构的数字签名、证书序列号、证书有效期等信息。在 Windows 操作系统中，打开 IE，单击"工具"按钮，在"Internet 选项"菜单里找到"内容"选项卡，单击"证书"按钮，将会看到 Windows 操作系统中的一些数字证书，单击某个数字证书的"详细信息"选项卡可以看到该数字证书的详细信息，如图 6-8 所示。

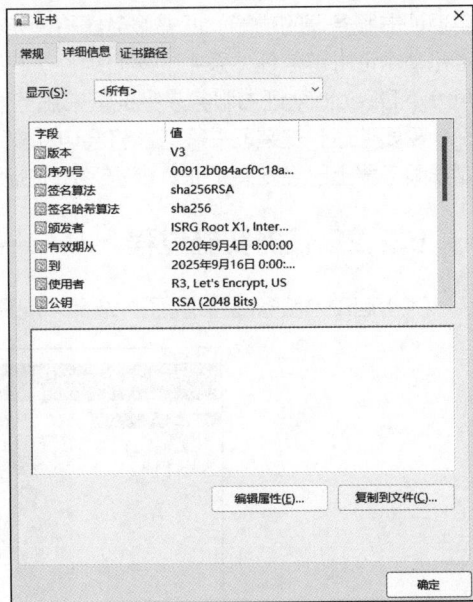

　　数字证书是由一个可信的第三方权威机构——证书认证机构（Certification Authority，CA）颁发给使用者的。它的作用包括发放证书、规定证书有效期、证书的作废等。如图 6-9 所示，CA 按照层级结构工作，这个层级叫证书链。最高的一级称为根 CA，以下各级依次为二级 CA、三级 CA……CA 的层级工作模式为下级

图 6-8　数字证书详细信息

隶属上级，在不同层级注册的用户，只要具有某个同样的上级 CA，则相互之间就能完成身份验证。

　　CA 是公钥基础设施（Public Key Infrastructure，PKI）的信任基础。PKI 为所有网络应用提供加密和数字签名等密码服务及所必需的密钥和证书管理体系。简单来说，PKI 就是利用公钥理论和技术建立的提供安全服务的基础设施。PKI 的基础技术包括加密、数字签名、数据完整性机制、数字信封、双重数字签名等。

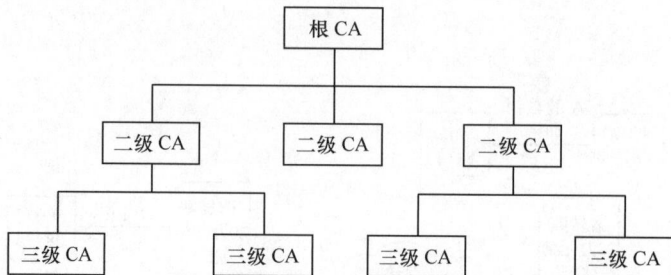

图 6-9　CA 层级结构

　　PKI 的目标是要充分利用公钥密码学的理论基础，建立起一种普遍适用的基础设施，为各种网络应用提供全面的安全服务。完整的 PKI 系统必须具有 CA、数字证书库、密钥备份及恢复系统、证书作废系统、应用程序接口（API）等基本构成部分。

6.2　任务 1：安装证书服务器

任务 1　安装证书服务器

6.2.1　任务说明

　　本任务将在 Windows Server 2022 平台下的组件中安装配置证书服务器。在 Windows Server 2022 平台下的组件中，主要使用 Active Directory 证书服务来实现证书服务器的功能。证书服务器将是整个网络中证书验证、颁发、作废、吊销的管理机构，同时也是整个证书链信任体系中的核心组件。在本任务中，我们将通过在服务器（10.1.1.100/8）上配置 Active Directory 证书服务来完成证书服务器的安装。

　　需要注意，安装证书服务器将会自动安装 IIS，并添加证书注册 Web 站点到 IIS。为了避免冲突，如果服务器上已经安装了 IIS，在安装证书服务器之前建议先将 IIS 组件删除。

6.2.2　任务实施过程

　　（1）启动"服务器管理器"，选择"配置此本地服务器"，如图 6-10 所示。

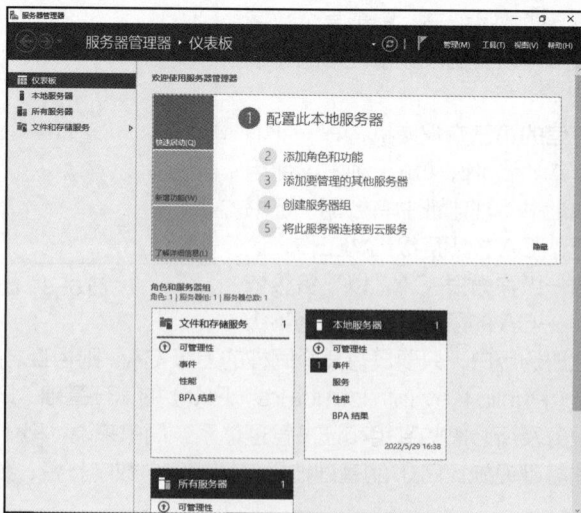

图 6-10　配置此本地服务器

（2）单击"添加角色和功能"，进入"添加角色和功能向导"，单击"下一步"按钮，选择"基于角色或基于功能的安装"单选项，如图 6-11 所示。

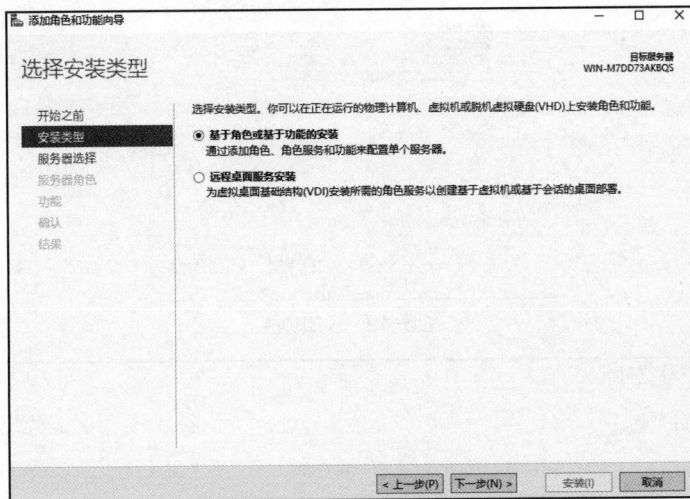

图 6-11　添加角色和功能向导

（3）单击"下一步"按钮，选择"从服务器池中选择服务器"单选项，安装程序会自动检测并显示这台计算机采用静态 IP 地址设置的网络连接。单击"下一步"按钮，在"服务器角色"中选择"Active Directory 证书服务"，如图 6-12 所示。

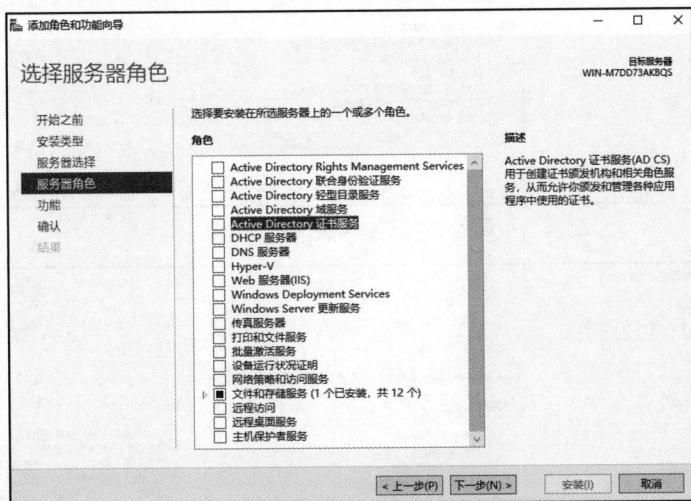

图 6-12　选择服务器角色

（4）选择"Active Directory 证书服务"后会自动弹出"添加 Active Directory 证书服务所需的功能？"界面，如图 6-13 所示。单击"添加功能"按钮。

（5）单击"下一步"按钮，在弹出的界面中选择需要添加的功能，如无特殊需求，此处保持默认设置即可，如图 6-14 所示。

（6）单击"下一步"按钮，来到"为 Active Directory 证书服务选择要安装的角色服务"界面，勾选证书服务器所需要的两个基本角色服务和"证书颁发机构""证书颁发机构 Web 注册"，如图 6-15 所示。单击"下一步"按钮，然后单击"安装"按钮。

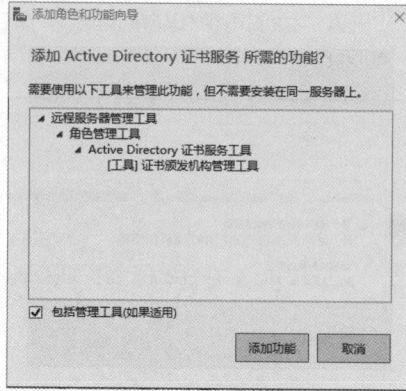

图 6-13　添加功能

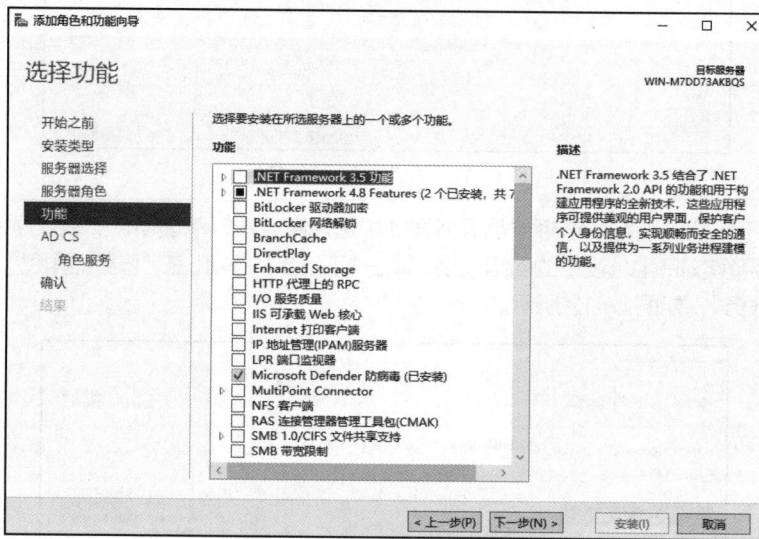

图 6-14　选择需要添加的功能

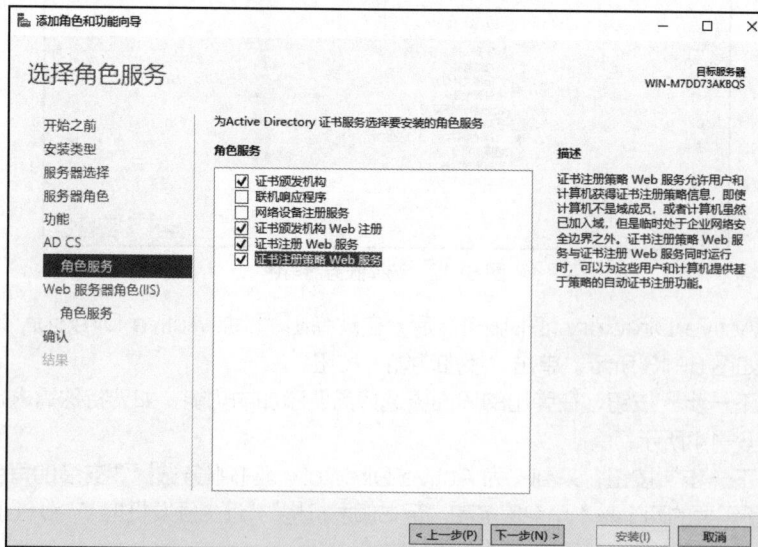

图 6-15　选择角色服务

（7）单击"关闭"按钮完成安装，如图 6-16 所示。

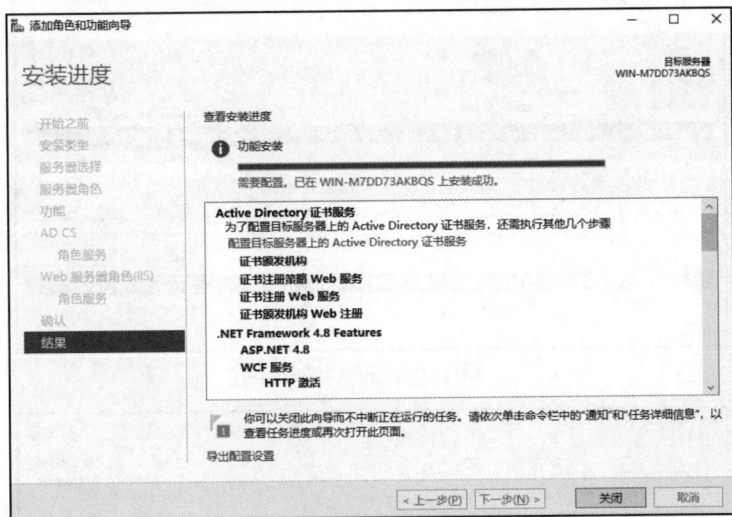

图 6-16　完成安装

（8）回到"服务器管理器"，可以看到左侧多了一项"AD CS"，如图 6-17 所示。但是服务器管理器提示需要完成更多 Active Directory 证书服务配置，单击"更多"继续配置。

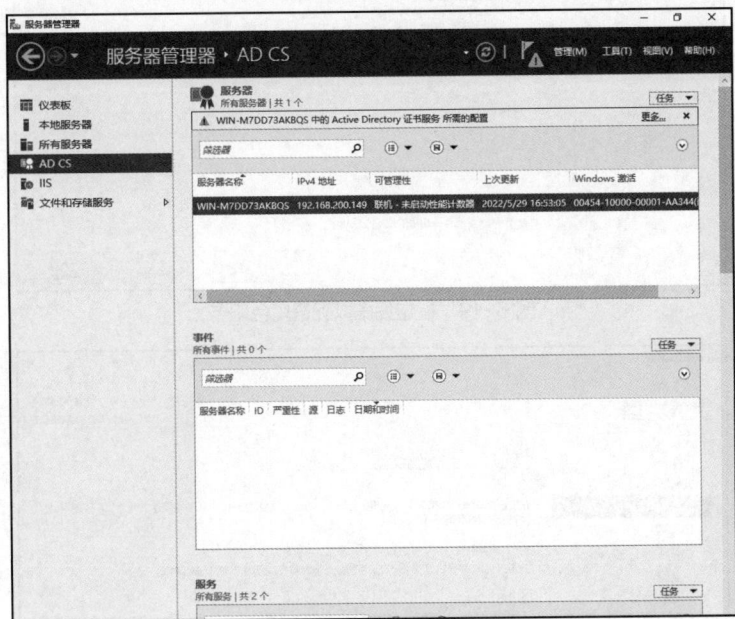

图 6-17　AD CS

（9）单击"配置目标服务器上的 Active Directory 证书服务"超链接继续配置，如图 6-18 所示。

（10）配置 AD CS 的指定凭据，如无特殊需求，此处保持默认设置即可，如图 6-19 所示。单击"下一步"按钮。

（11）指定 CA 的设置类型，选择"企业 CA"需要在企业内部部署 Active Directory 活动目录环境，如果只在工作组环境下使用选择"独立 CA"即可。此处选择"独立 CA"单选项，如图 6-20 所示。单击"下一步"按钮。

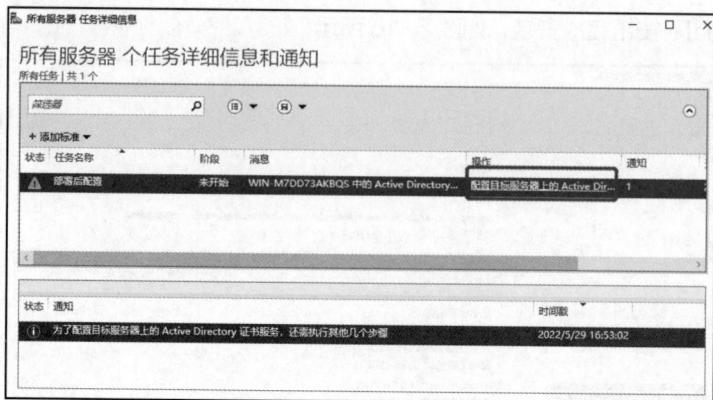

图 6-18　任务详细信息

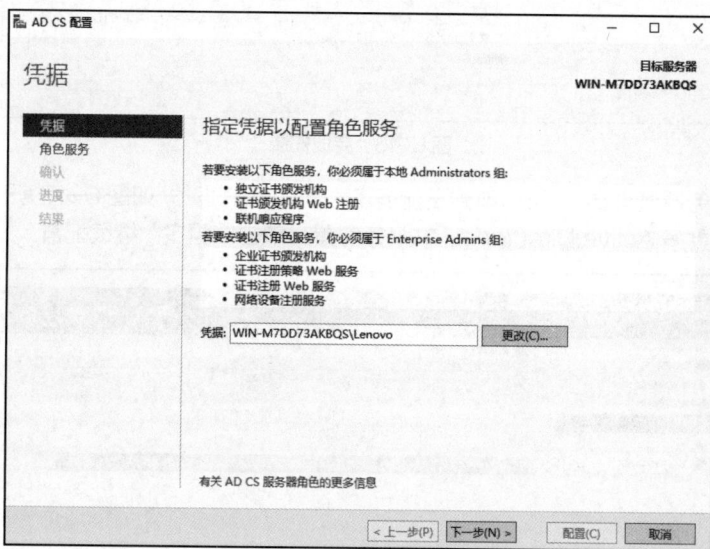

图 6-19　指定凭据以配置角色服务

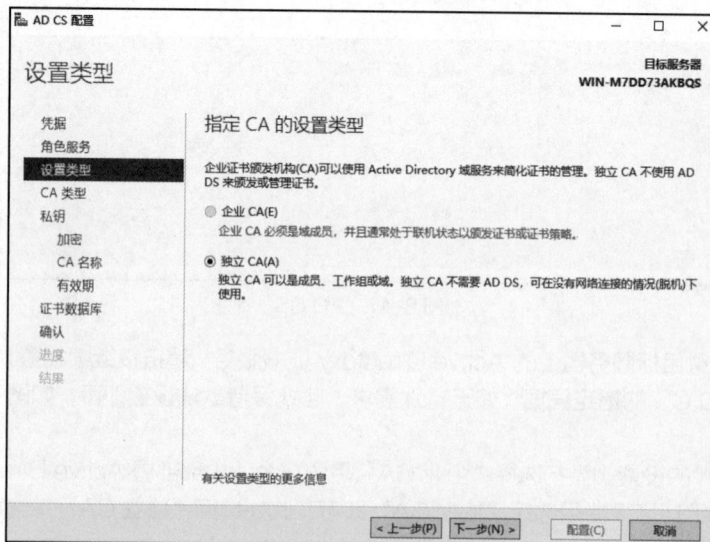

图 6-20　指定 CA 的设置类型

（12）指定 CA 类型，如果是企业内部第一台 CA，就选择"根 CA"；如果企业内部已有根 CA，新建某二级部门的 CA 需要与之连接建立信任关系，就选择"从属 CA"。此处选择"根 CA"单选项，如图 6-21 所示。单击"下一步"按钮。

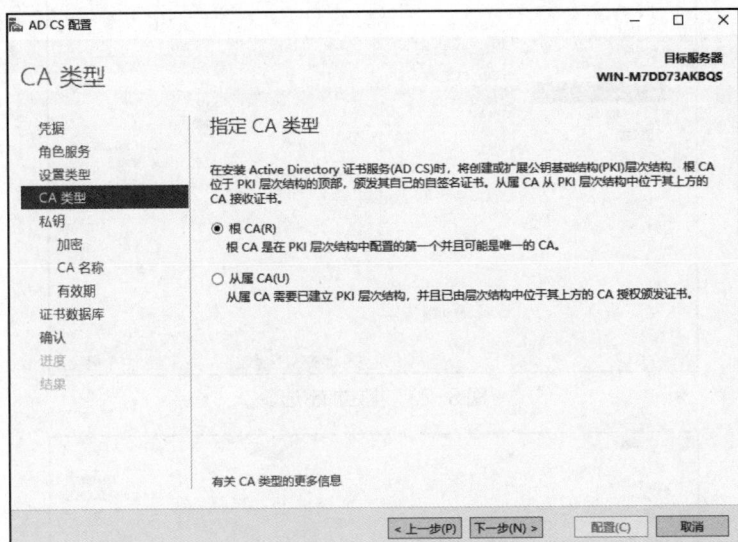

图 6-21　指定 CA 类型

（13）指定私钥类型，选择新建私钥或者使用已有私钥，如无特殊需求，此处保持默认设置即可，如图 6-22 所示。单击"下一步"按钮。

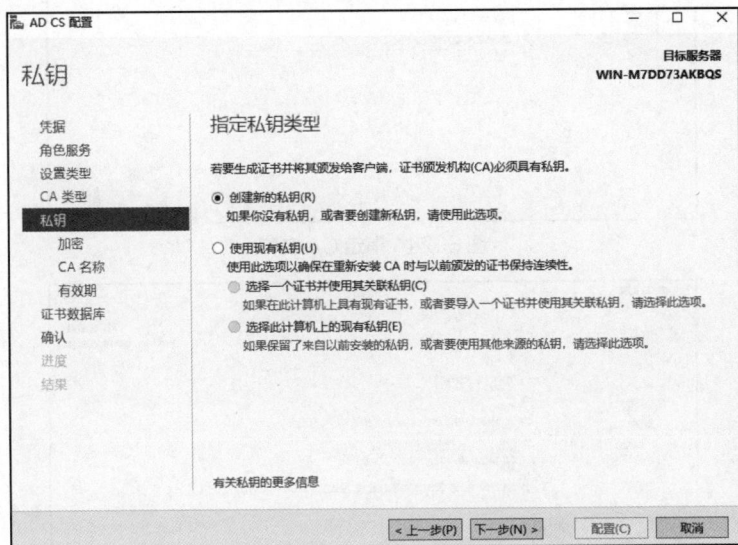

图 6-22　指定私钥类型

（14）指定加密选项，配置证书加密、签名算法。如无特殊需求，此处保持默认设置即可，如图 6-23 所示。单击"下一步"按钮。

（15）指定 CA 名称，配置 CA 的公用名称等，此处保持默认设置，如图 6-24 所示。单击"下一步"按钮。

（16）指定有效期，此处选择默认的 5 年，如图 6-25 所示。单击"下一步"按钮。

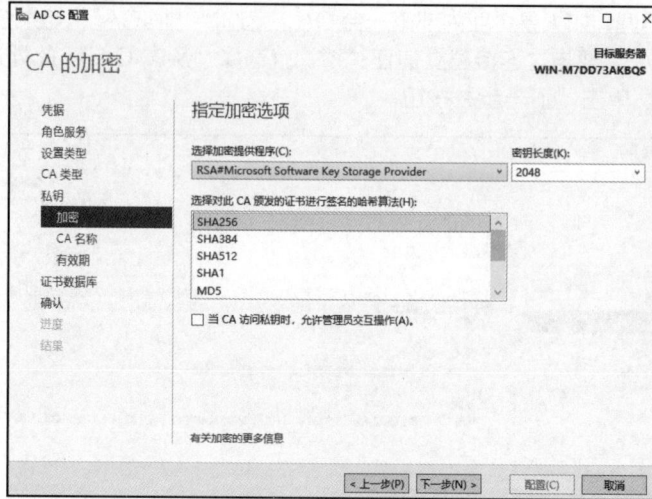

图 6-23 指定加密选项

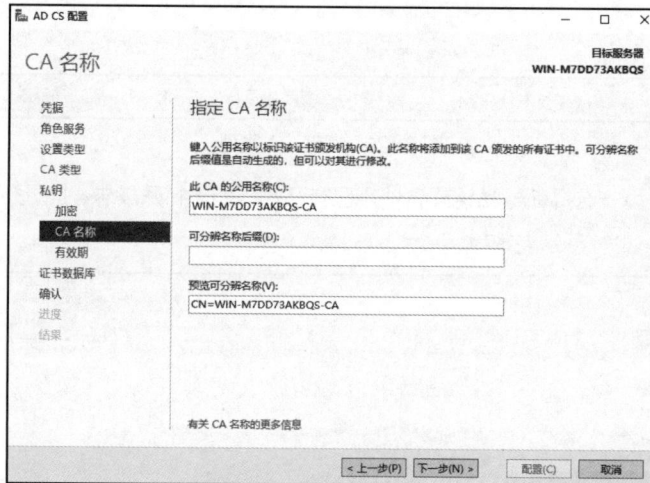

图 6-24 指定 CA 名称

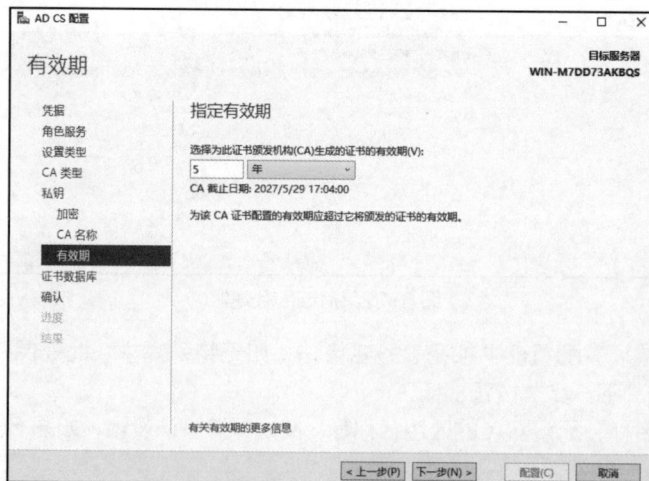

图 6-25 指定有效期

（17）指定证书数据库的存放位置和证书数据库日志的存放位置，此处选择默认路径，如图6-26所示。单击"下一步"按钮。

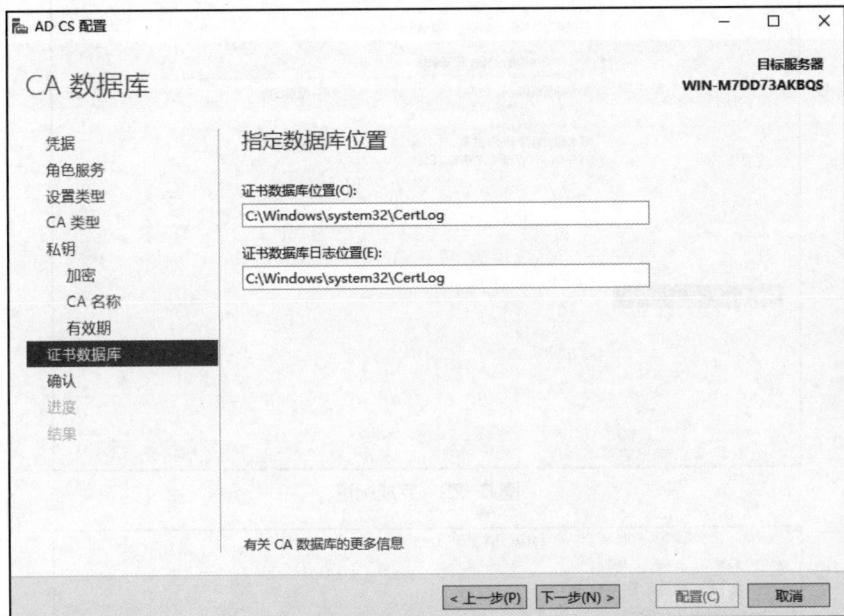

图6-26　指定数据库位置

（18）单击"配置"按钮开始配置刚才设置的参数，如图6-27所示。

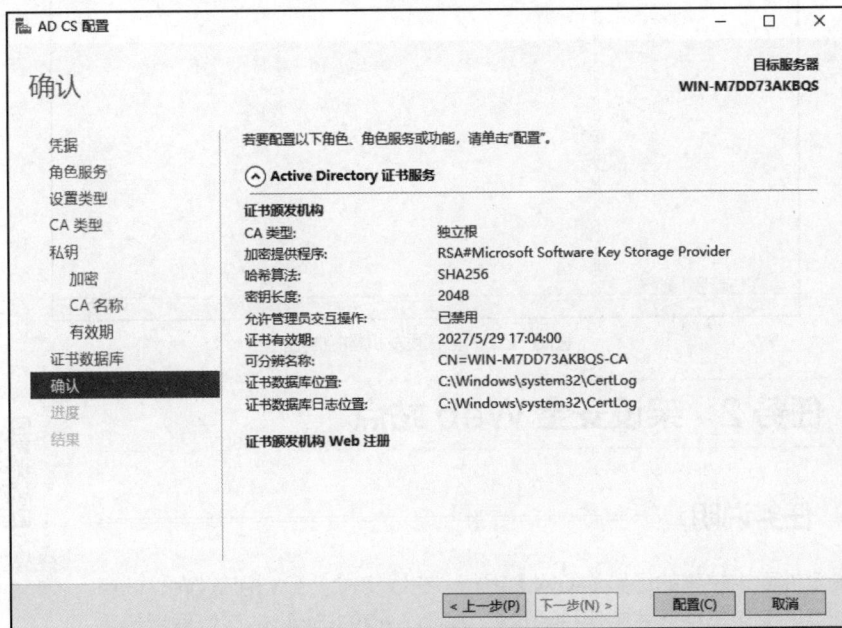

图6-27　开始配置

（19）单击"关闭"按钮完成配置，如图6-28所示。

（20）回到"服务器管理器"，在"工具"菜单中选择"证书颁发机构"，打开证书颁发机构控制台，如图6-29所示。证书服务器安装完成。

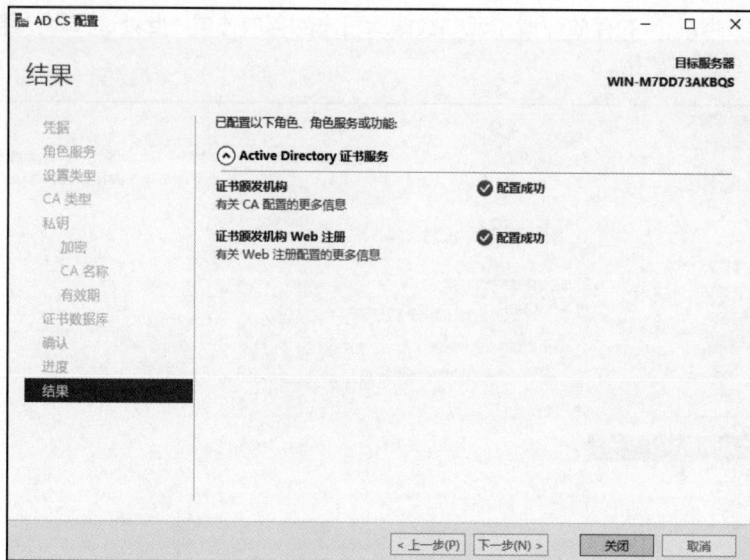

图 6-28　完成配置

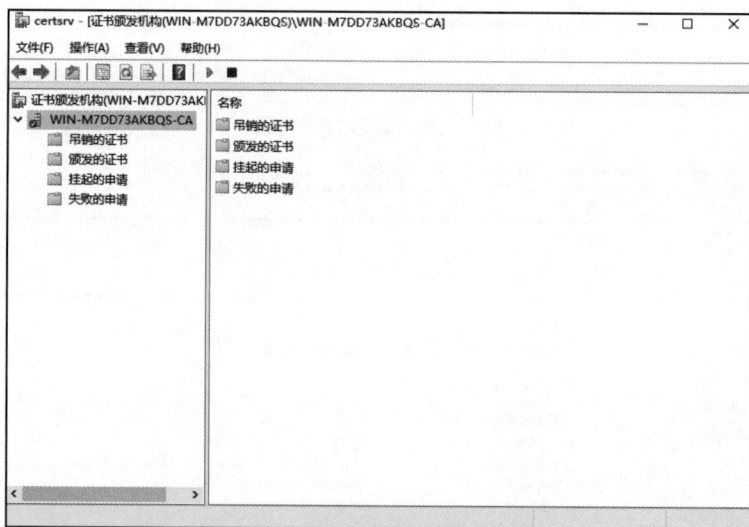

图 6-29　证书颁发机构控制台

6.3　任务 2：架设安全 Web 站点

6.3.1　任务说明

任务 2　架设安全
Web 站点

　　在一些安全性要求较高的场景（如网上银行、在线支付）下，相应 Web 站点及其访问者都需要采用某种方式来保护对这些 Web 站点的访问。站点管理者希望能够对访问者进行身份验证，所有数据传输不可抵赖；访问者希望与这些 Web 站点之间传输的数据具有机密性，可防篡改，同时能够鉴别合法的 Web 站点与仿冒站点（如钓鱼网站）。在 HTTP 中，由于所有数据都采用明文传输，而且 HTTP 连接是无状态的，因此 HTTP 无法满足数据加密、身份验证等需求。此时应使用基于 SSL 的 HTTPS 来保证 Web 站点和客户端之间的通信安全。

SSL 是为网络通信提供安全保障及数据完整性的一种安全协议，被广泛地用于 Web 浏览器与服务器之间的身份认证和加密数据传输。SSL 协议位于 TCP/IP 与各种应用层协议之间，为数据通信提供安全支持。SSL 协议可分为两层：SSL 记录协议（SSL Record Protocol），它建立在可靠的 TCP 之上，为高层协议提供数据封装、压缩、加密等基本功能的支持；SSL 握手协议（SSL Handshake Protocol），它建立在 SSL 记录协议之上，用于在实际的数据传输开始前，通信双方进行身份认证、协商加密算法、交换加密密钥等。

HTTPS 是以安全为目标的 HTTP 通道，简单讲是 HTTP 的安全版。即在 HTTP 中加入 SSL，HTTPS 的安全基础是 SSL，因此加密的详细内容就需要 SSL。HTTP 和 HTTPS 使用的是完全不同的连接方式，默认使用的端口也不一样，前者是 80，后者是 443。

如果需要客户端能够鉴别所访问的网站是否合法，Web 服务器就需要向某可信 CA 申请服务器证书并安装，还需在 Web 服务器 IIS 里打开 Web 站点的 HTTPS 功能，借助 HTTPS 与带有 CA 签名的服务器证书来证明自己的站点身份合法。

如果 Web 站点需要验证客户端是授权合法用户，除了上述步骤外还需要客户端向某可信 CA 申请客户端访问证书并安装，客户端在访问安全 Web 站点时，先要选择自己的客户端证书，通过服务器验证后才可继续访问 Web 站点。

在完成任务 1 的基础上，这里我们事先用静态 HTML 语言编写一个只有一个主页面（finance.html）的简单网站（abcfinance.com），将网站文件夹存放到已经安装了 IIS 的 Windows Server 2022 服务器上的硬盘中（C:\abcfinance.com），然后开始配置此安全 Web 站点。在本任务中，我们先为 Web 服务器（10.1.1.100/8）申请服务器证书，并将该证书同安全 Web 站点绑定，然后启用 SSL 连接，最后为客户端计算机申请客户端访问证书，使用 HTTPS 来实现客户端与安全 Web 站点之间的双向验证。

6.3.2 子任务 1：为 Web 服务器申请证书

如果需要客户端能够鉴别所访问的网站是否合法，Web 服务器就需要向可信 CA 申请服务器证书并安装、绑定到 Web 站点，客户端计算机同该可信 CA 建立信任关系后，由于 Web 站点的服务器证书是由可信 CA 数字签名并验证的，因此客户端与服务器之间建立起了信任证书链关系，即客户端认为该 Web 站点是可信的。本任务具体实施过程如下。

（1）打开 IIS 管理器，在本地服务器的主页里找到"服务器证书"选项，如图 6-30 所示，双击打开。

（2）单击右侧的"创建证书申请"，如图 6-31 所示。

（3）填写证书申请的详细信息。注意，这里的通用名称一定要与需要保护的 Web 站点名称一致，即"abcfinance.com"，如图 6-32 所示。单击"下一步"按钮。

（4）选择加密服务提供程序和位长，即选择加密算法、密钥长度。此处如无特殊需求，保持默认设置即可，如图 6-33 所示。单击"下一步"按钮。

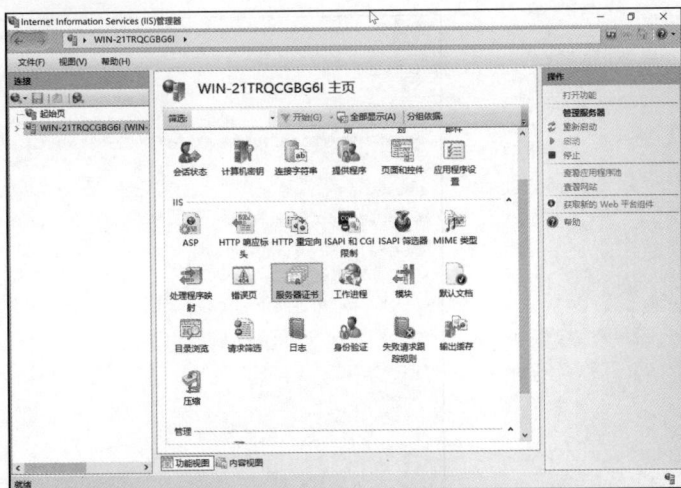

图 6-30 IIS 管理器

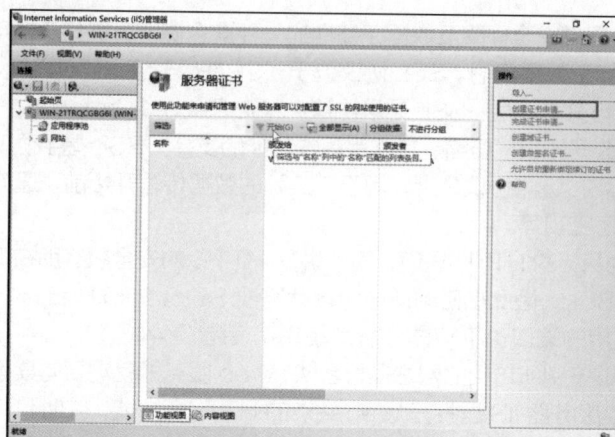

图 6-31　创建证书申请

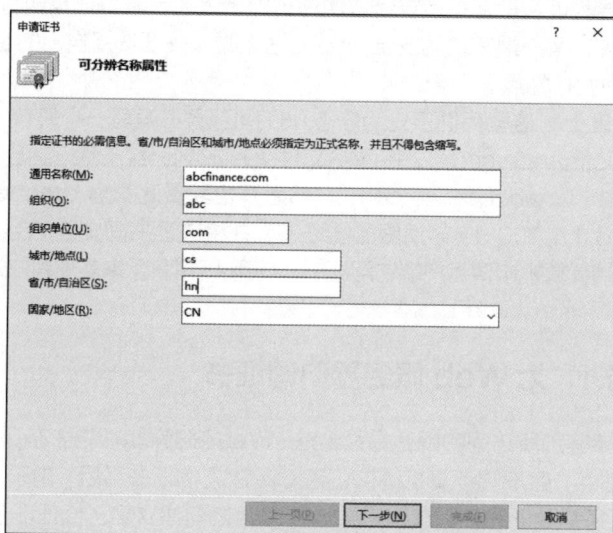

图 6-32　填写证书申请的详细信息

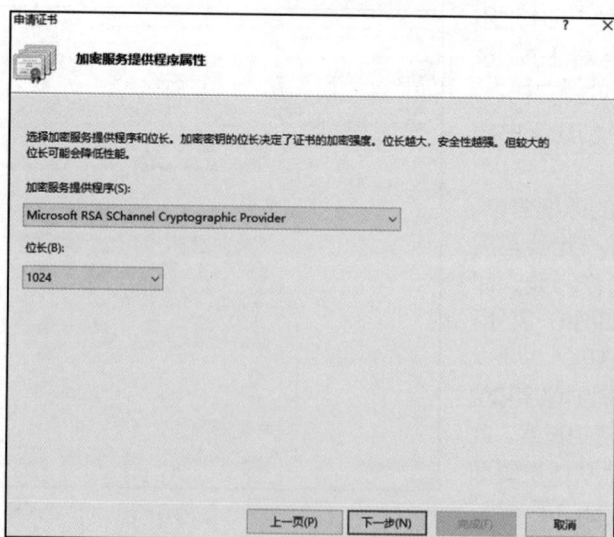

图 6-33　选择加密服务提供程序和位长

（5）选择将申请证书信息以文本文件保存到本地，此处保存为桌面的"abcfinance.txt"文件，如图 6-34 所示。单击"完成"按钮。

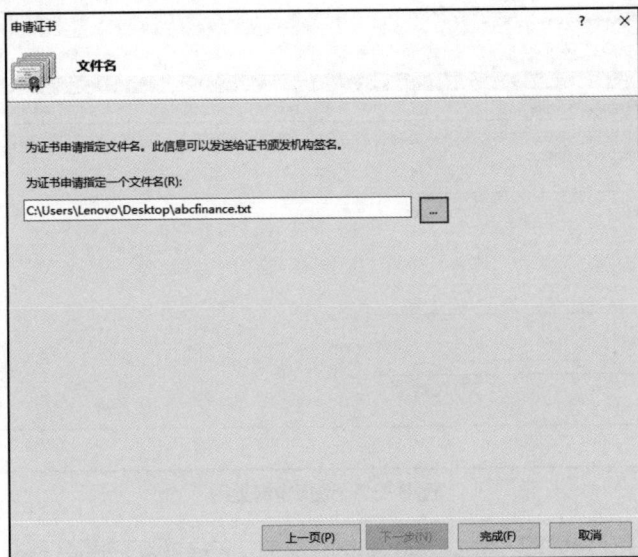

图 6-34　将申请证书信息保存到本地

（6）打开 IE，在地址栏输入"http://10.1.1.100/certsrv"，打开企业内网证书服务器在线申请网站，单击"申请证书"超链接，如图 6-35 所示。

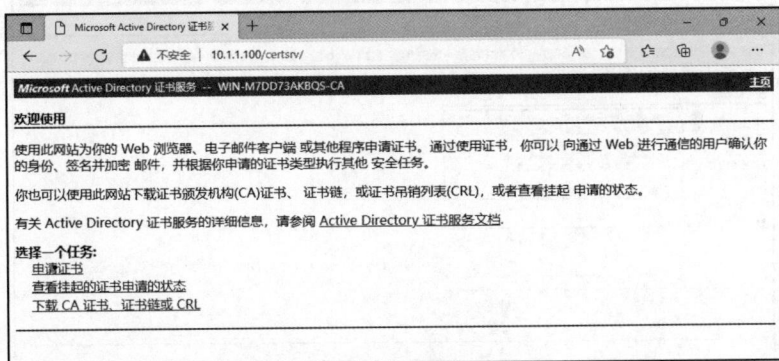

图 6-35　单击"申请证书"超链接

（7）单击"高级证书申请"超链接，如图 6-36 所示。

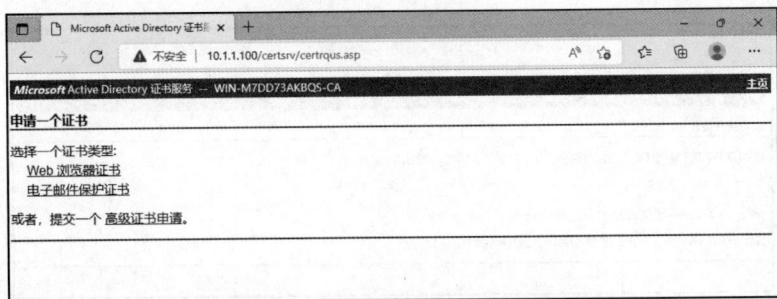

图 6-36　单击"高级证书申请"超链接

（8）单击"使用 base64 编码的 CMC 或 PKCS #10 文件提交一个证书申请，或使用 base64 编码的 PKCS #7 文件续订证书申请"超链接，结果如图 6-37 所示。

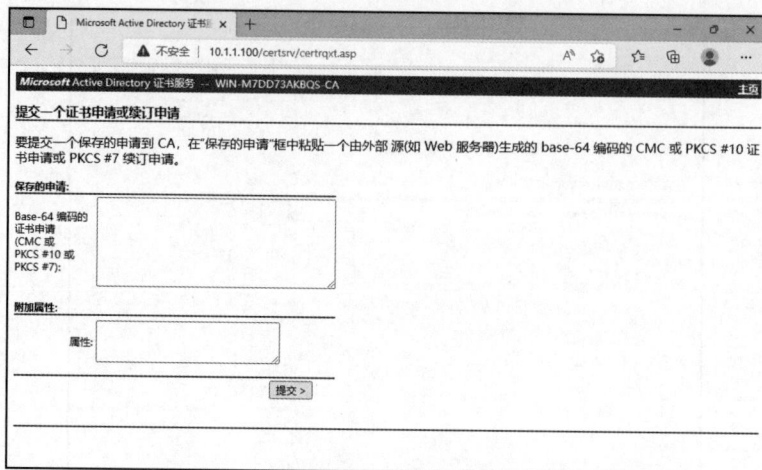

图 6-37　选择申请类别

（9）打开刚刚保存在桌面的"abcfinance.txt"文件，将里面的内容全部复制到文本框内，然后单击"提交"按钮，如图 6-38 所示。

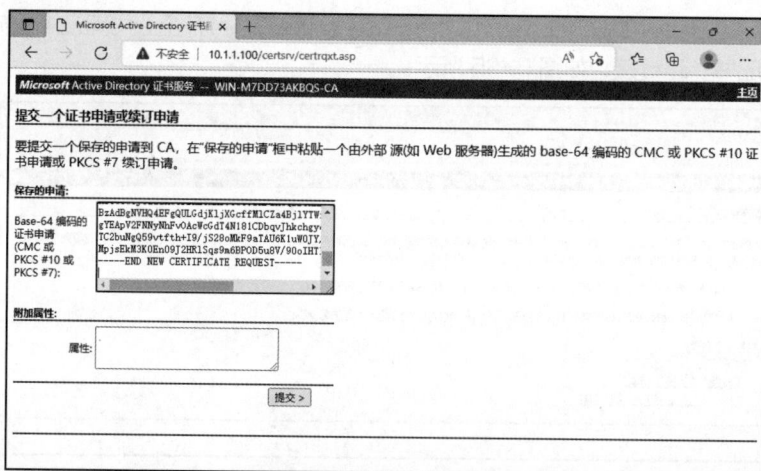

图 6-38　提交证书申请

（10）提交完成后，网站会提示证书申请正处于"挂起"状态，如图 6-39 所示。

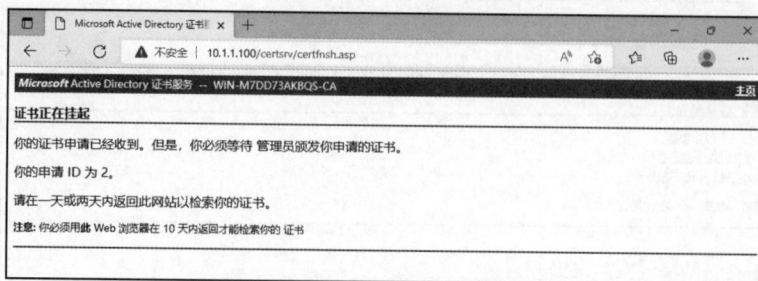

图 6-39　证书正在挂起

（11）打开安装了证书服务器的"证书颁发机构"工具，单击左侧的"挂起的申请"，可以看到刚刚提交的高级证书申请，如图 6-40 所示。在其上单击鼠标右键，选择"颁发"命令。

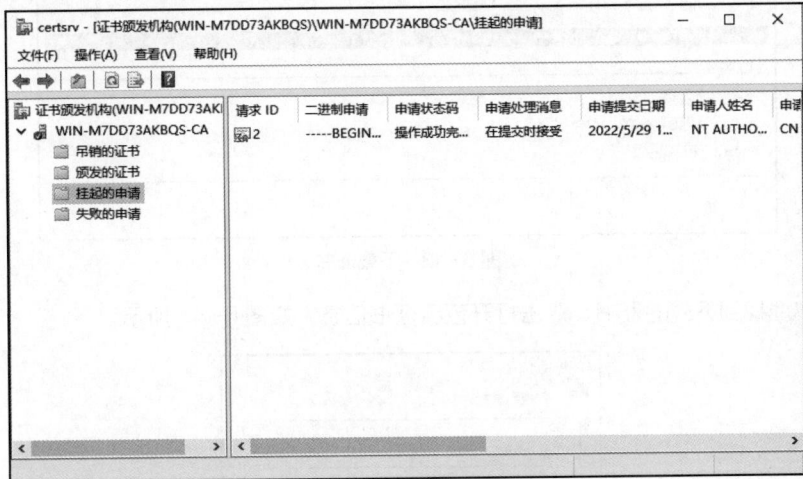

图 6-40 挂起的申请

（12）单击左侧的"颁发的证书"，可以看到刚刚颁发的证书，如图 6-41 所示。

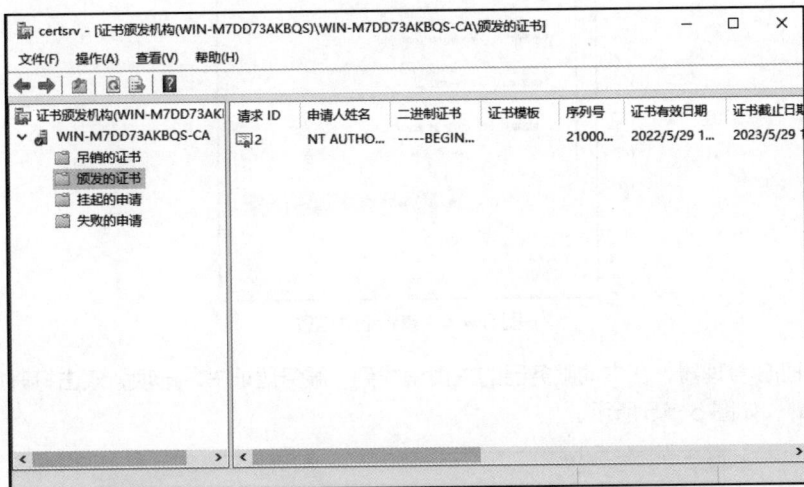

图 6-41 颁发的证书

（13）打开 IE，在地址栏输入"http://10.1.1.100/certsrv"，打开企业内网证书服务器在线申请网站，单击"查看挂起的证书申请的状态"超链接，如图 6-42 所示。

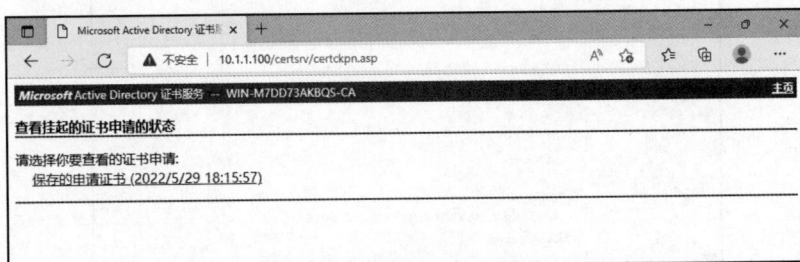

图 6-42 查看证书申请状态

（14）单击"下载证书"超链接，将刚刚通过申请的服务器证书下载到本地保存，如图6-43所示。

图6-43 下载证书

（15）在本地找到下载的证书，双击打开查看证书信息，如图6-44所示。

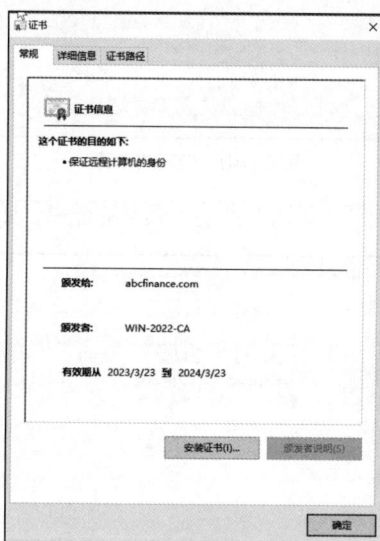

图6-44 查看证书信息

（16）打开IIS管理器，在本地服务器的主页里找到"服务器证书"选项，双击打开后单击右侧的"完成证书申请"，如图6-45所示。

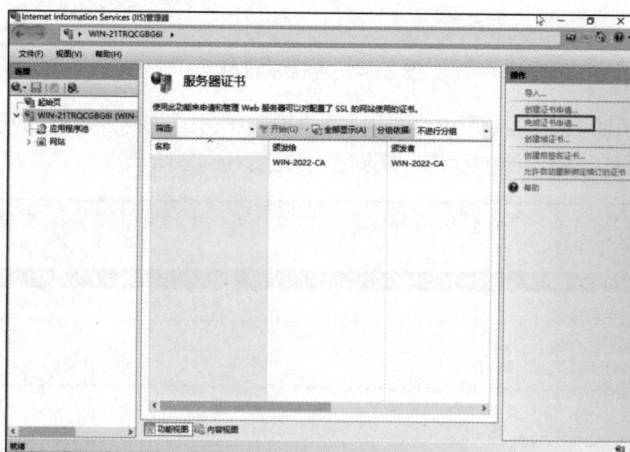

图6-45 完成证书申请

（17）选择证书存放位置，“好记名称”要与申请服务器证书时的通用名称一致，即“abcfinance.com”，选择证书存储为“Web 宿主”，单击“确定”按钮，服务器证书申请完成，如图 6-46 所示。

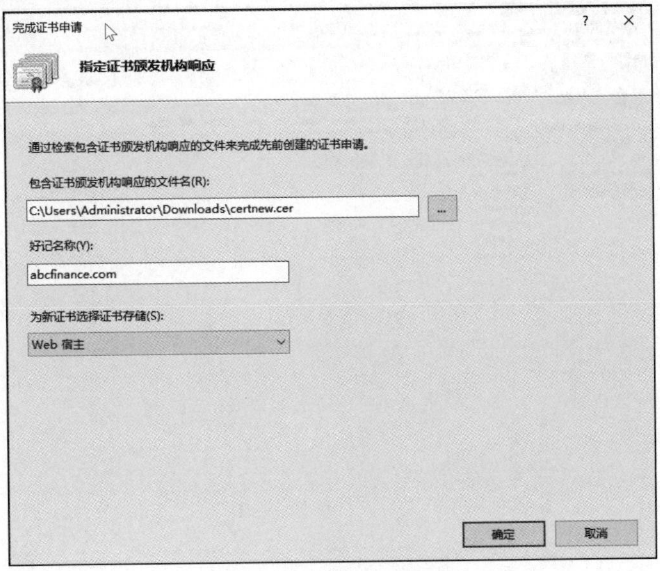

图 6-46　完成证书申请

6.3.3　子任务 2：为 Web 服务器绑定证书并启用 SSL

申请完成并安装服务器证书后，还需要在 Web 服务器上将客户端访问 Web 站点的方式由 HTTP 升级到 HTTPS，方法是开启 SSL 连接，把服务器证书同安全 Web 站点关联起来。本任务具体实施过程如下。

（1）打开 IIS 管理器，在“网站”菜单上单击鼠标右键，将我们预先做好的网站“abcfinance.com”添加进来，配置绑定类型为“https”，端口为“443”，IP 地址为服务器 IP 地址“10.1.1.100”，如图 6-47 所示。

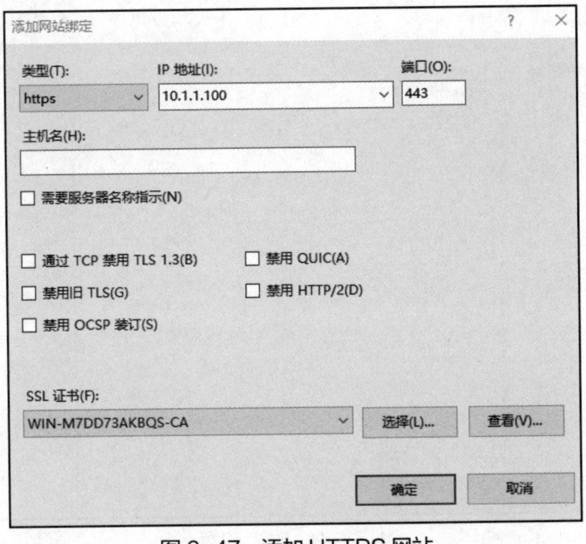

图 6-47　添加 HTTPS 网站

（2）在 IIS 管理器里配置好网站的默认文档（首页文件），把网页"finance.html"添加进来，如图 6-48 所示。

图6-48 添加 HTTPS 网站的默认文档

（3）在 IIS 管理器里双击网站名，找到"SSL 设置"，勾选"要求 SSL"选项，"客户证书"选择"忽略"单选项，如图 6-49 所示。配置完成后，将强制要求客户端只能使用 HTTPS 访问网站，Web 服务器使用证书证明自身身份合法。

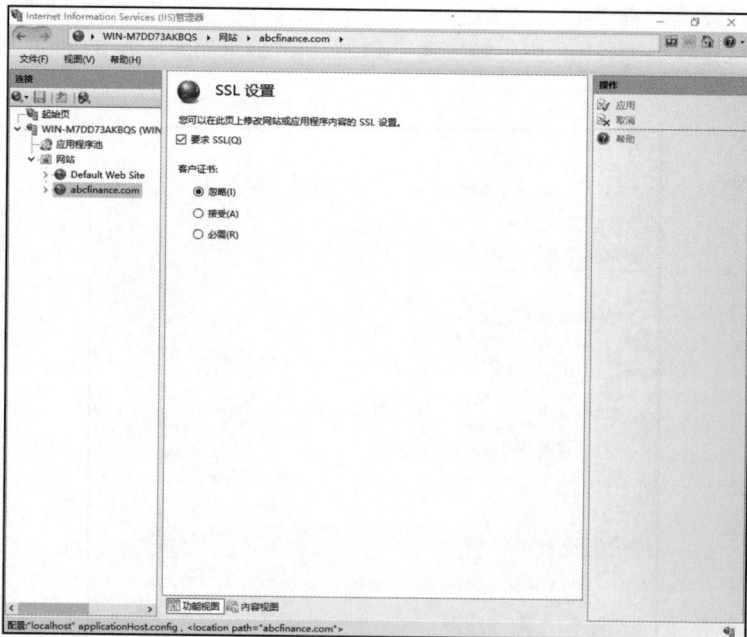

图6-49 SSL 设置

（4）同时，需要在 DNS 服务器上添加域名 "abcfinance.com" 与 Web 服务器的正确映射记录，具体配置过程可参照本书项目四，如图 6-50 所示。

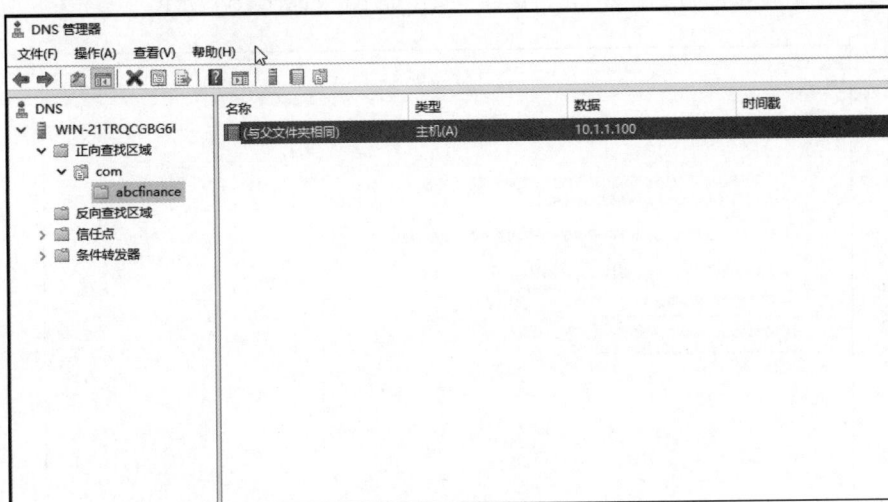

图 6-50 DNS 记录

（5）在客户端浏览器的地址栏中输入 "http:// abcfinance.com"，尝试打开安全 Web 网站，网站无法打开，因为在 IIS 的网站 SSL 配置里设置了 "要求 SSL"。所以此时只能通过 HTTPS 来访问安全站点，如图 6-51 所示。

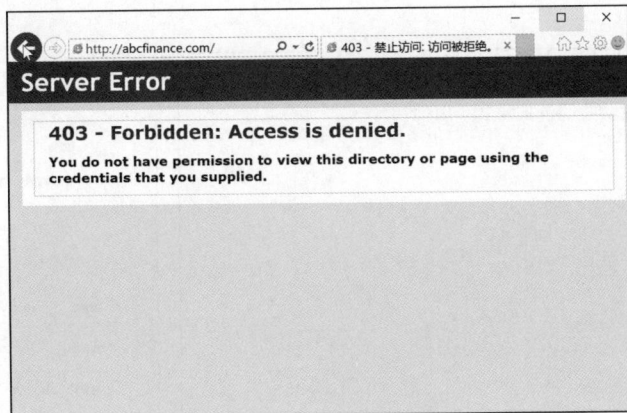

图 6-51 访问安全站点

（6）在客户端浏览器的地址栏中输入 "https://abcfinance.com"，出现安全警报，如图 6-52 所示。单击 "确定" 按钮。

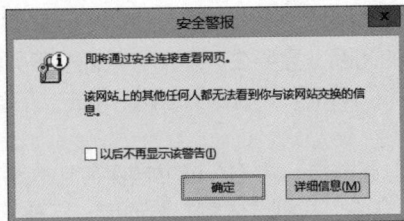

图 6-52 安全警报

（7）由于客户端并没有添加对颁发安全 Web 站点的 CA 的信任，因此浏览器提示 Web 站点的安全证书有问题。如果在图 6-53 所示页面中单击"继续浏览此网站（不推荐）"，可以看到尽管打开了 Web 站点，在地址栏仍会出现"证书错误"安全提示，如图 6-54 所示。

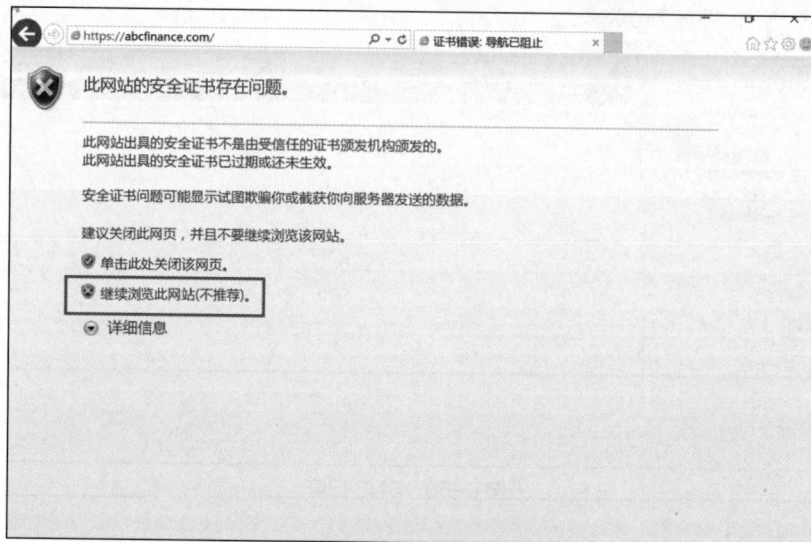

图 6-53　网站证书有误警报

双击"证书错误"安全提示，可以看到颁发 Web 服务器证书的 CA 未被客户端所信任，如图 6-55 所示。

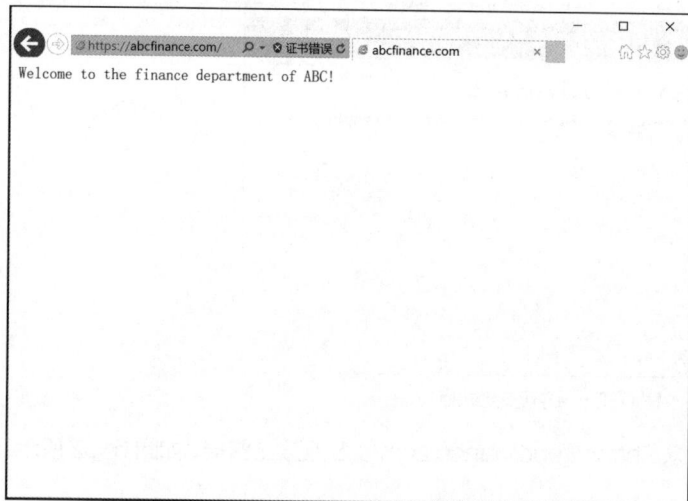

图 6-54　"证书错误"安全提示

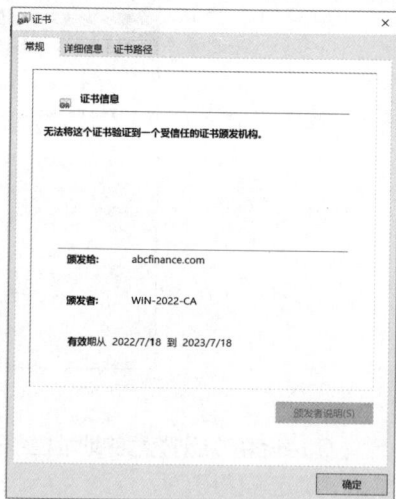

图 6-55　查看 Web 服务器证书

（8）为了解决"证书错误"的问题，需要在客户端导入证书服务器的根证书，实施的方法是打开证书服务器的证书申请 Web 站点（10.1.1.100/certsrv），单击"下载 CA 证书、证书链或 CRL"超链接，如图 6-56 所示。

（9）单击"下载 CA 证书链"超链接，将 CA 证书链保存到本地，如图 6-57 所示。

（10）打开浏览器的"工具"菜单，找到"内容"选项卡，打开"证书"对话框，切换到"受信任的根证书颁发机构"选项卡，导入刚刚下载的 CA 证书链，如图 6-58 至图 6-60 所示。

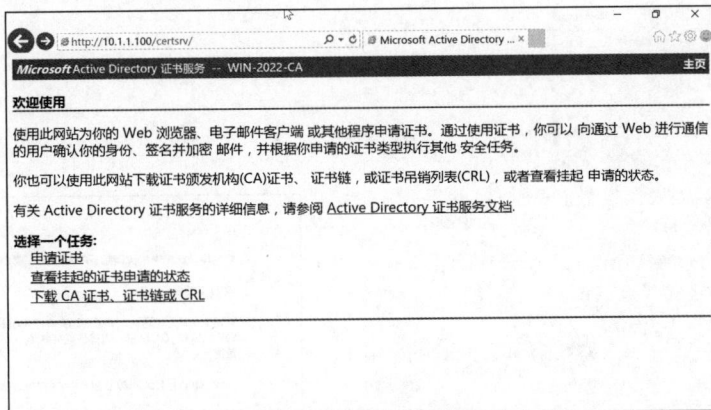

图 6-56　证书申请站点

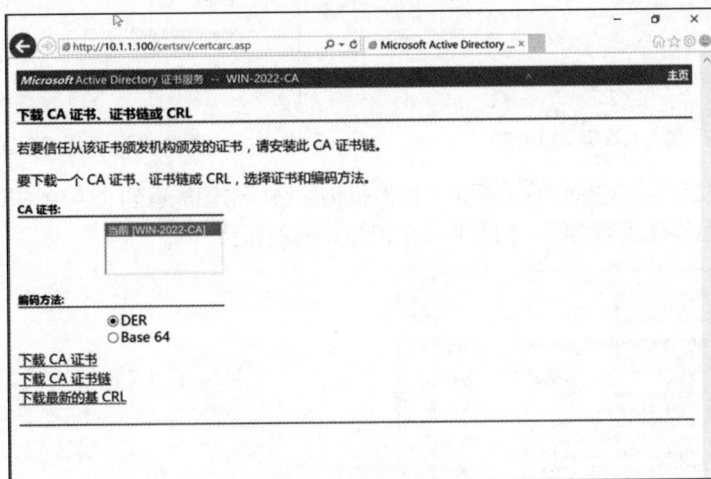

图 6-57　下载 CA 证书链

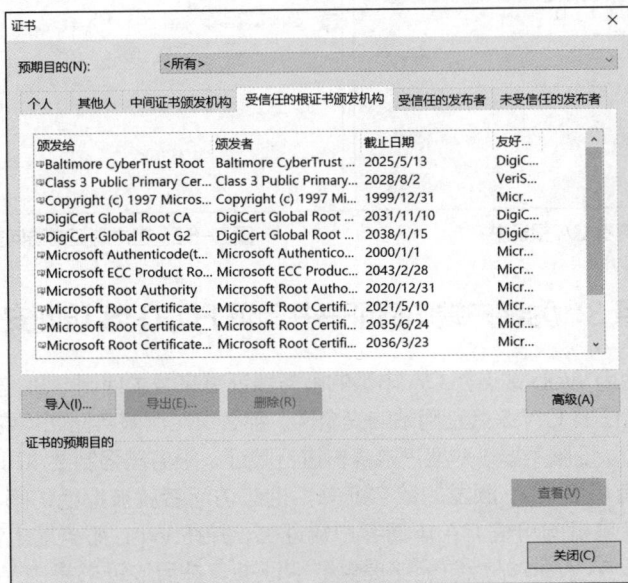

图 6-58　导入 CA 证书链（1）

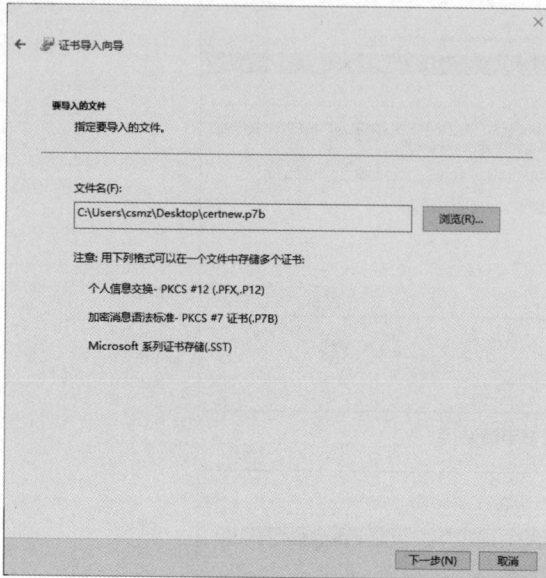

图 6-59　导入 CA 证书链（2）

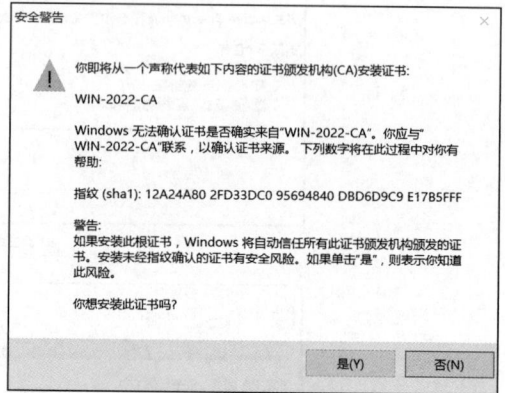

图 6-60　导入 CA 证书链（3）

（11）导入完成后，在"受信任的根证书颁发机构"选项卡里能看到 CA 的根证书，再次访问安全 Web 站点，即可实现正常访问，如图 6-61 和图 6-62 所示。

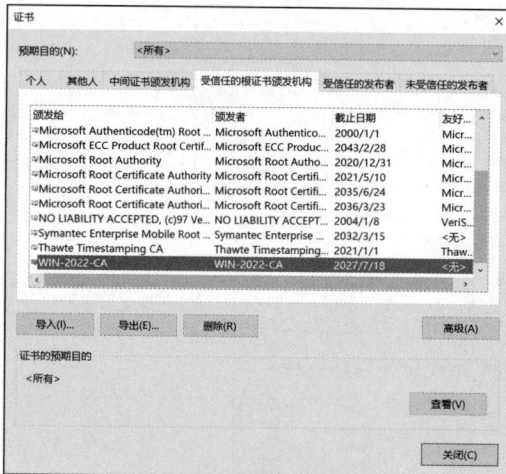

图 6-61　查看 CA 根证书

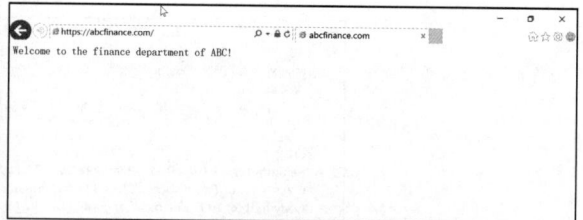

图 6-62　客户端正常访问安全 Web 站点

6.3.4　子任务 3：为客户端申请证书并验证 HTTPS 访问安全 Web 站点

在子任务 2 里，使用 Web 站点在 CA 申请的服务器证书来要求使用 SSL 连接安全访问 Web 站点，客户端可以通过信任根 CA 来鉴别网站的安全性。那么 Web 服务器如何判断客户端是合法用户呢？可以仍然使用 CA 认证服务器来对客户端身份进行验证，服务器强制要求每个访问者都提供有效的数字证书，如果没有可信 CA 颁发的数字证书，相应访问者就被拒绝访问。因此，在此子任务中，我们先为客户端计算机向可信 CA 申请客户端证书，并在 Web 服务器上开启要求客户端提供证书，客户端在访问安全 Web 站点时能够提供数字证书，并且该证书是由 Web 服务器所信任的 CA 颁发，则该 CA 的签名的客户端证书和服务器证书可以让服务器和客户端建立双向的信任关系。

在完成子任务 2 的基础上，此子任务具体实施过程如下。

（1）打开 IIS 管理器，双击需要配置的安全 Web 站点"abcfinance.com"，找到"SSL 设置"，勾选"要求 SSL"选项，客户证书选择"必需"单选项，单击右侧的"应用"，如图 6-63 所示。

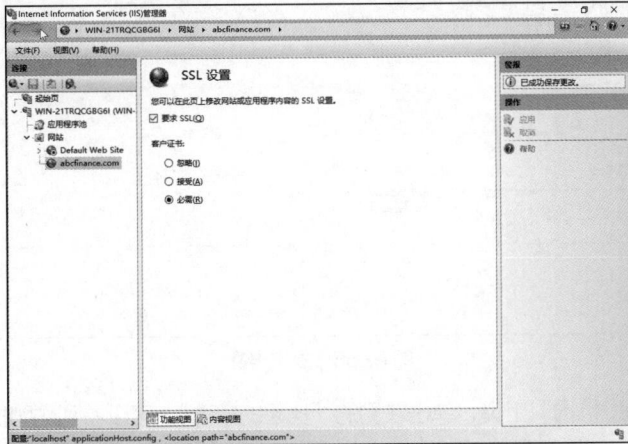

图 6-63　SSL 设置

（2）此时在客户端打开安全 Web 站点，显示拒绝访问，原因是没有安装客户端证书，如图 6-64 所示。

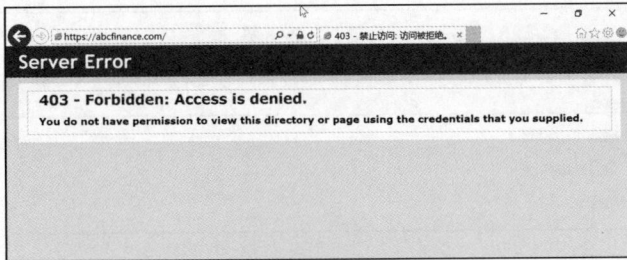

图 6-64　拒绝访问

（3）在客户端打开证书注册网站"10.1.1.100/certsrv"，开始申请"Web 浏览器证书"，输入正确的信息后单击"提交"按钮，如图 6-65 和图 6-66 所示。

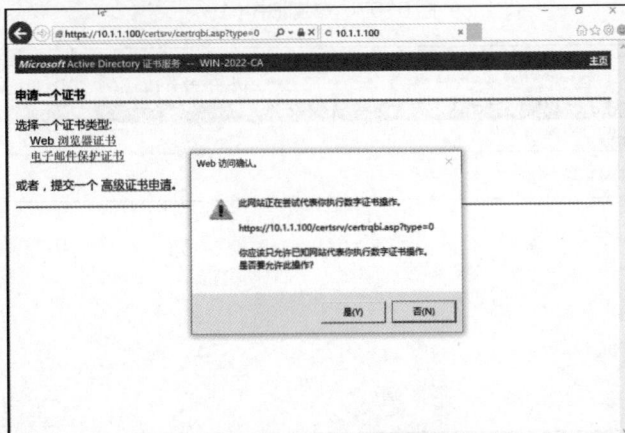

图 6-65　申请 Web 浏览器证书

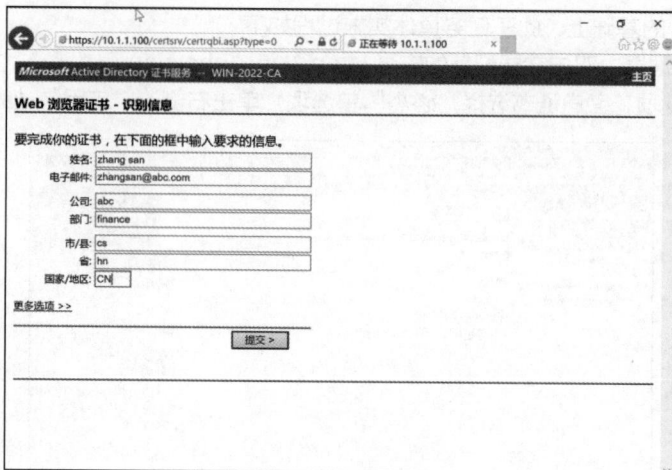

图 6-66　提交申请

（4）打开"证书颁发机构"工具，单击左侧的"挂起的申请"，可以看到刚刚提交的 Web 浏览器证书申请，单击鼠标右键，选择"颁发"命令。在客户端浏览器中打开证书注册网站"10.1.1.100/certsrv"，查看刚刚颁发的证书，单击"安装此证书"超链接下载安装，如图 6-67 和图 6-68 所示。安装完成后，客户端可以在浏览器的"工具"菜单→"内容"选项卡→"证书"项目中的"个人"选项卡中查看 Web 浏览器证书，如图 6-69 所示。证书安装过程类似于子任务 1 实施过程，此处不赘述。

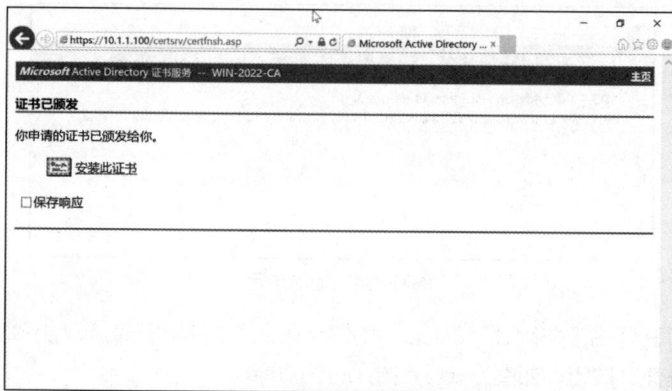

图 6-67　安装证书（1）

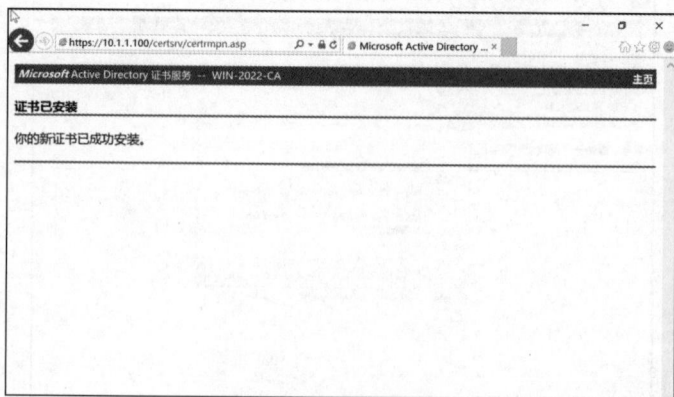

图 6-68　安装证书（2）

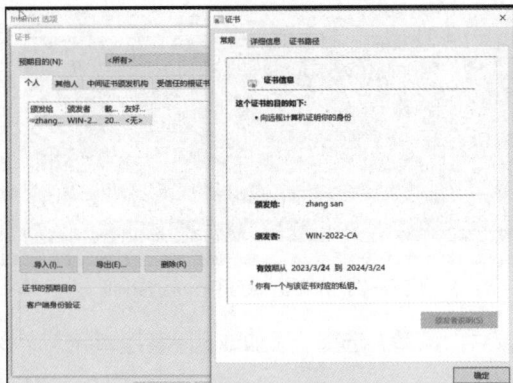

图 6-69　查看已安装的证书

（5）再次尝试访问安全 Web 站点，实现正常访问，如图 6-70 所示。

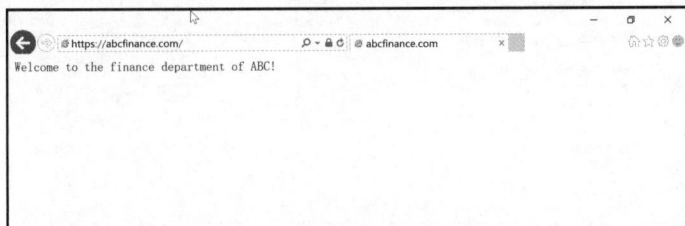

图 6-70　正常访问安全 Web 站点

6.4　任务 3：管理数字证书

6.4.1　任务说明

任务 3　管理数字
证书

　　使用数字证书可以很好地解决数据传输安全和身份验证问题。为了防止安装了数字证书的服务器或客户端因为操作系统故障导致数字证书丢失，可以把数字证书导出备份到其他安全的设备上，在系统故障恢复后将备份证书重新导入系统。在子任务 1 中，我们将使用证书导出工具将本机安装的数字证书备份到其他安全的存储设备上。

　　在某些特殊情况下，如计算机由于被盗可能导致证书私钥泄露，此时 CA 可以对失效的证书进行吊销，将不安全的数字证书吊销并更新到证书吊销列表（Certificate Revocation List，CRL）。在子任务 2 中，我们将尝试吊销一个服务器数字证书，并通过 CRL 更新到客户端，这样客户端将无法使用该数字证书继续访问安全的 Web 站点，站点重新判别为不安全。

　　由于 CA 是整个 PKI 体系中的核心组件，存储了服务器证书、私钥、证书数据库等关键信息，因此需要及时备份这些信息，当异常发生后可以还原已经备份的信息使 CA 快速恢复正常。在子任务 3 中，我们尝试使用证书备份还原工具对 CA 进行备份和还原，用以应对可能存在的异常风险。

6.4.2　子任务 1：证书的导出备份和导入还原

　　在本任务中，我们将在控制台使用证书管理模块来对储存在本地的数字证书（包括公钥和私钥）进行导出备份和导入还原操作。

　　（1）在 Windows Server 2022 服务器中打开"Windows PowerShell"，输入"mmc"并按 Enter 键，如图 6-71 所示，系统将打开控制台。

图 6-71　Windows PowerShell

（2）在控制台中单击"文件"菜单，选择"添加或删除管理单元"命令，选中"证书"，单击"添加"按钮，如图 6-72 所示。

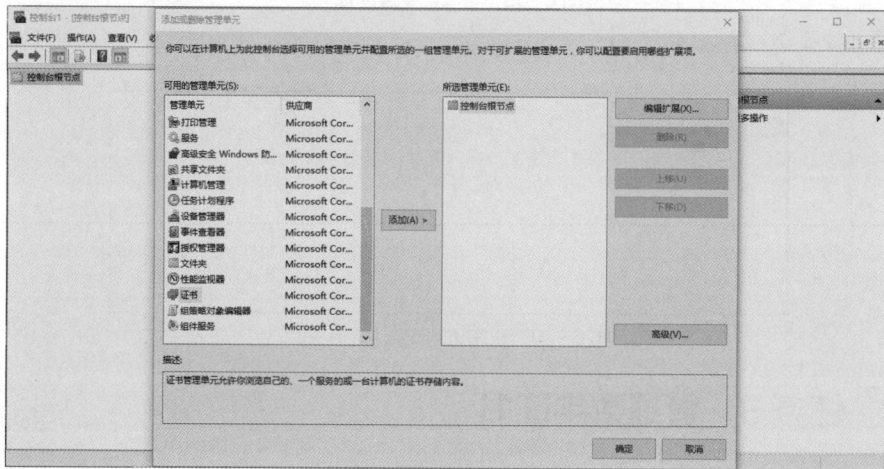

图 6-72　添加管理单元

（3）如果需要导出计算机服务器的数字证书，就在弹出的对话框中选择"计算机账户"单选项；如果需要导出当前用户的数字证书，就在弹出的对话框中选择"我的用户账户"单选项；如果需要导出某项服务（如 Active Directory 服务）的数字证书，就在弹出的对话框中选择"服务账户"单选项。此处选中"我的用户账户"单选项，如图 6-73 所示。然后单击"完成"按钮开始添加。

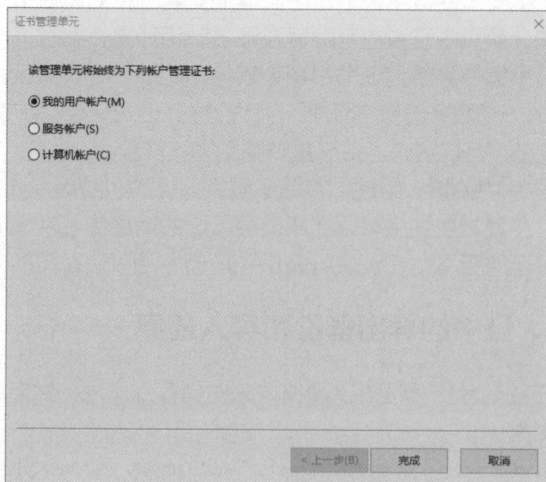

图 6-73　证书管理单元

（4）添加完成后，单击"确定"按钮。在左侧导航窗格展开"Web 宿主"，单击"证书"，如图 6-74 所示。

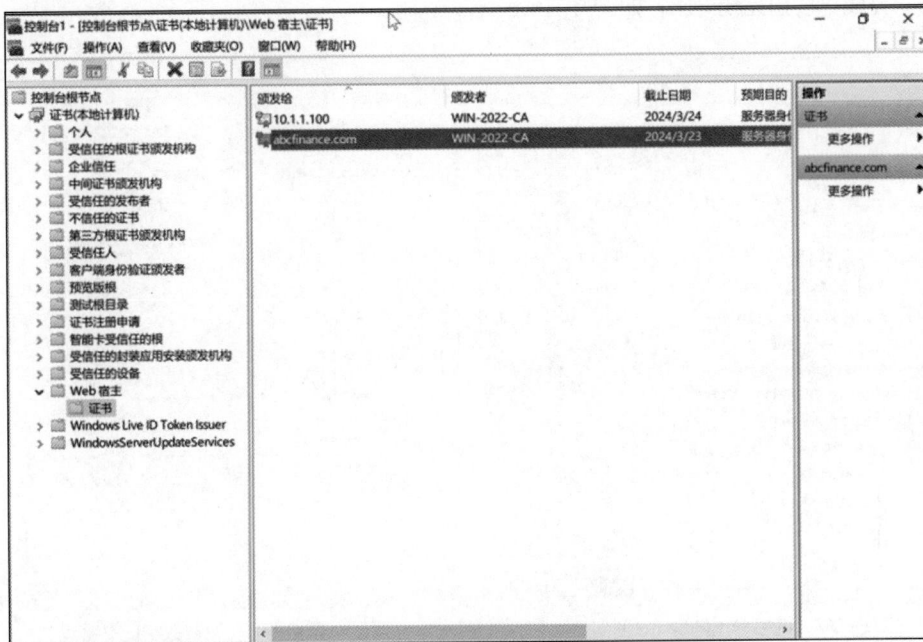

图 6-74　本地计算机证书管理

（5）选择需要导出的数字证书，如颁发给"abcfinance.com"的证书，选中后在上面单击鼠标右键，选择"所有任务"中的"导出"命令，按照弹出的证书导出向导进行配置，如图 6-75 所示。单击"下一步"按钮。

（6）选择是否导出私钥，如图 6-76 所示。如果在申请数字证书时选择了"禁止私钥导出"，就会导致"是，导出私钥"单选项为灰色，无法选中。此处选中"是，导出私钥"单选项，单击"下一步"按钮。在弹出的对话框中继续单击"下一步"按钮，如图 6-77 所示。

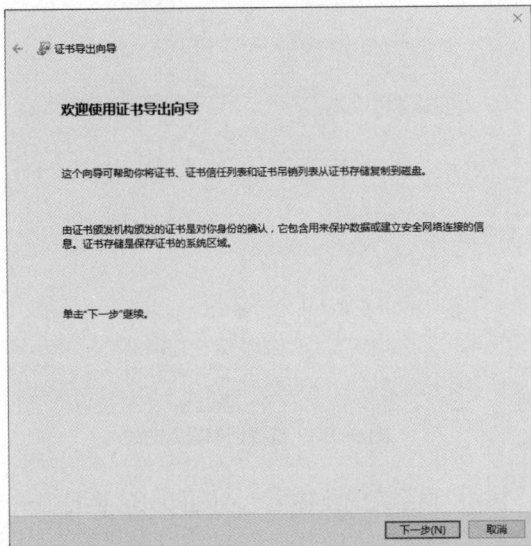

图 6-75　证书导出向导（1）

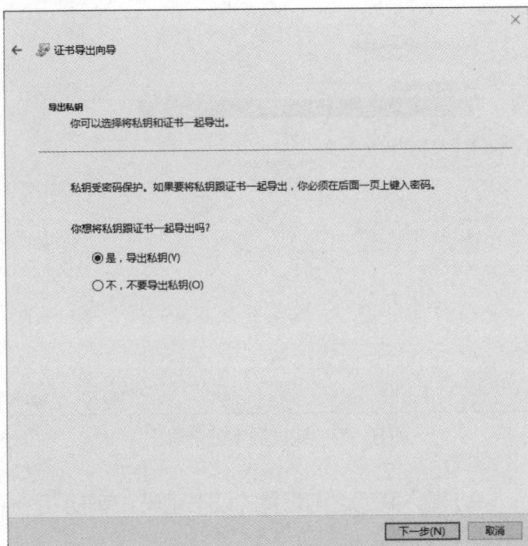

图 6-76　证书导出向导（2）

（7）为了保证数字证书的安全，需要为数字证书设置密码，如图 6-78 所示，此密码的作用是防止数字证书被未授权用户盗用。单击"下一步"按钮，在弹出的对话框中设置证书导出路径和名称，之后单击"完成"按钮完成导出，如图 6-79 所示。

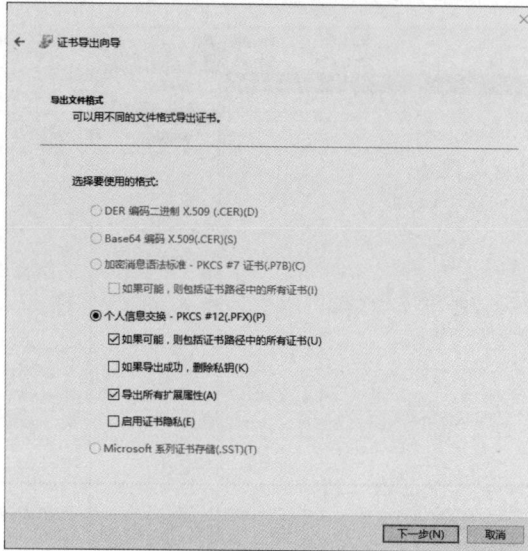

图 6-77　证书导出向导（3）　　　　　图 6-78　设置数字证书密码

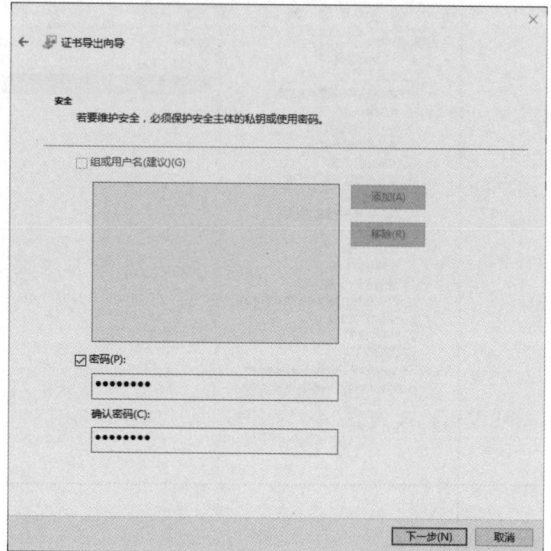

（8）数字证书的导入。找到数字证书文件，双击打开"证书导入向导"对话框，选择添加到当前用户的证书列表或者本地计算机的证书列表，单击"下一步"按钮，如图 6-80 所示。在弹出的对话框中继续单击"下一步"按钮，如图 6-81 所示。

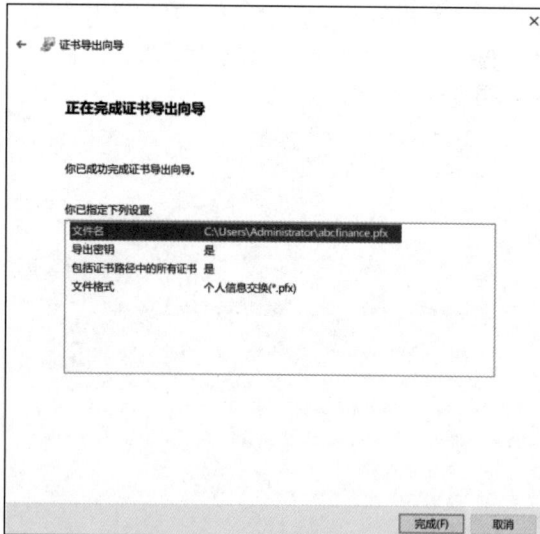

图 6-79　完成数字证书导出　　　　　图 6-80　选择证书导入对象

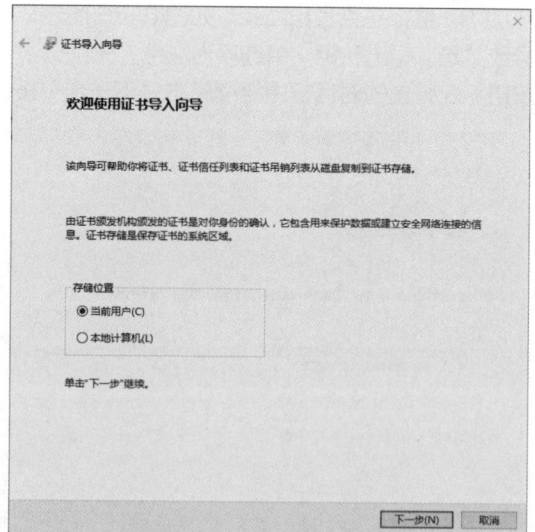

（9）输入我们之前设置的证书密码，单击"下一步"按钮，直至完成证书导入，如图 6-82 至图 6-84 所示。

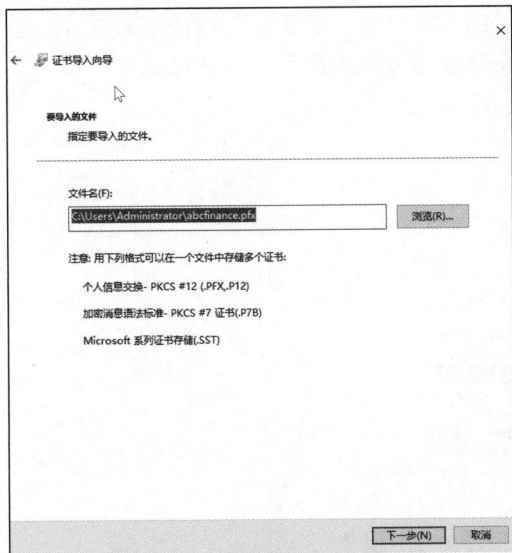

图 6-81 选择证书导入文件

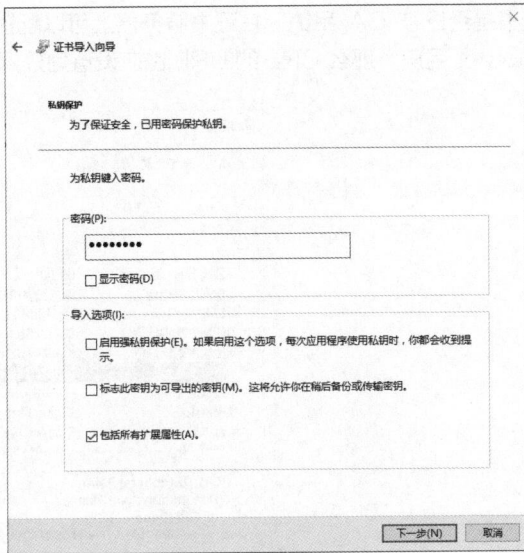

图 6-82 输入证书密码

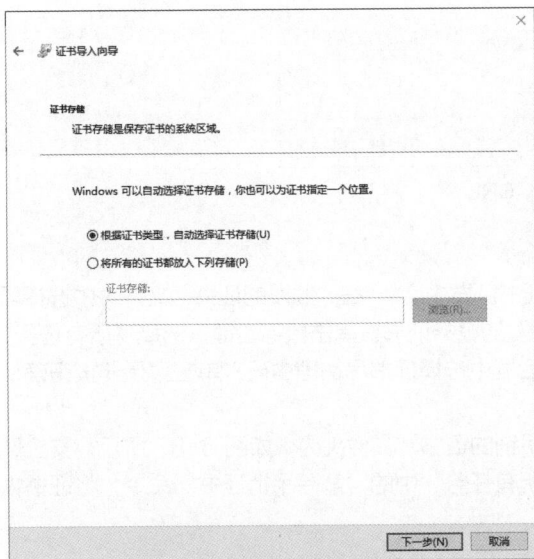

图 6-83 设置证书存储位置

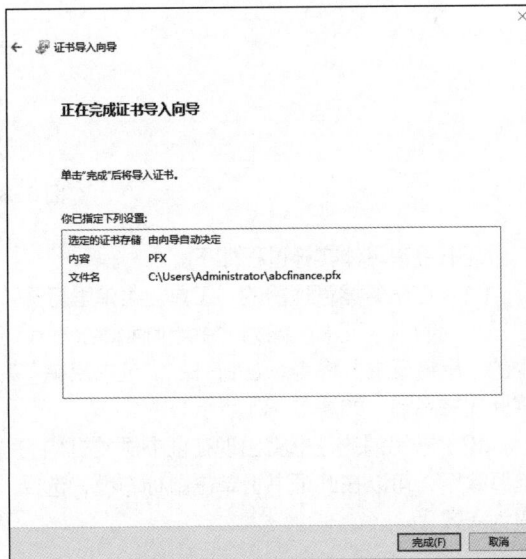

图 6-84 完成数字证书导入

6.4.3 子任务 2: 证书的吊销与 CRL

数字证书是存在有效期的,超过有效期将会被视为无效证书。如果数字证书没有超过有效期,但是出现了密钥泄露、证书更新等情况,CA 是否有办法提前作废证书呢?答案是肯定的。事实上,操作系统或者应用程序在检查证书是否有效时,除了检查有效期外,还需要检查 CA 上的 CRL,查看证书是否被提前吊销。如果发生安全事故,管理员就可以通过证书服务器主动吊销具有安全风险的数字证书,并将被吊销证书添加到 CRL 中。

查看任意数字证书的"详细信息",可以看到"CRL 分发点"字段。图 6-85 所示的"file:////WIN-21TRQCGBG6I/ CertEnroll/WIN-2022-CA.crl"就是 CRL 的 URL,用于其他程序来核查

证书是否已被 CA 吊销。在证书服务器上可以配置 CRL 的 URL，要是证书服务器部署在外网面向 Internet 用户，那么 CRL 的 URL 也应设置为外网用户能直接访问的基于 HTTP 的 URL。

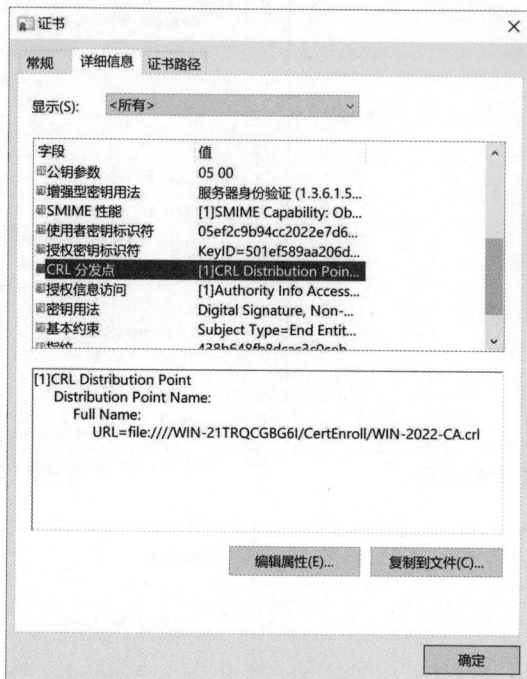

图 6-85　CRL

证书吊销具体实施过程如下。

（1）在服务器管理器的"工具"菜单里打开"证书颁发中心"，在"颁发的证书"文件夹中选择需要被吊销的数字证书，如为"abcfinance.com"颁发的服务证书。单击鼠标右键，选择"所有任务"中的"吊销证书"命令，在打开的"证书吊销"对话框中选择证书吊销理由码，单击"是"按钮确认将此证书吊销，如图 6-86 所示。

（2）被吊销的证书将出现在证书颁发机构的"吊销的证书"文件夹内，如图 6-87 所示。安全风险解除后，可以在此证书上单击鼠标右键，选择"所有任务"中的"解除吊销证书"命令，将证书恢复为有效。

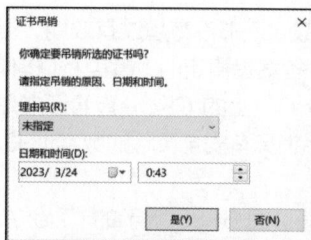

图 6-86　吊销证书

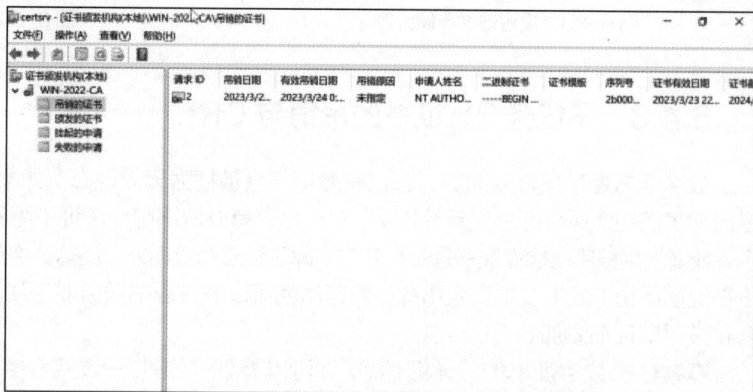

图 6-87　吊销的证书

（3）需要注意的是，CRL 默认更新周期为 1 周，所以证书被吊销后，客户端不会马上察觉到。如果需要立即生效，就可以更新 CRL。选中"吊销的证书"文件夹，单击鼠标右键，选择"属性"命令，在打开的对话框中勾选"发布增量 CRL"选项，单击"应用"按钮后，将马上发布 CRL 更新，如图 6-88 所示。

（4）此时通过浏览器访问安全 Web 站点"abcfinance.com"，浏览器将提示"此站点不安全"，如图 6-89 所示。

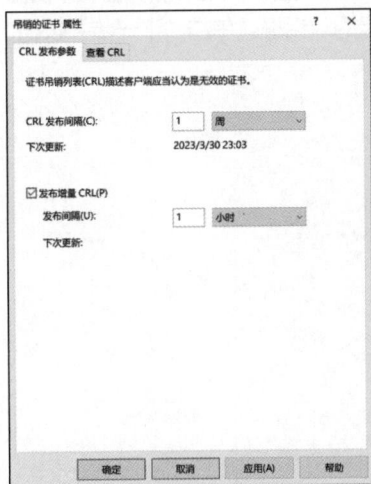

图 6-88　设置 CRL 发布参数

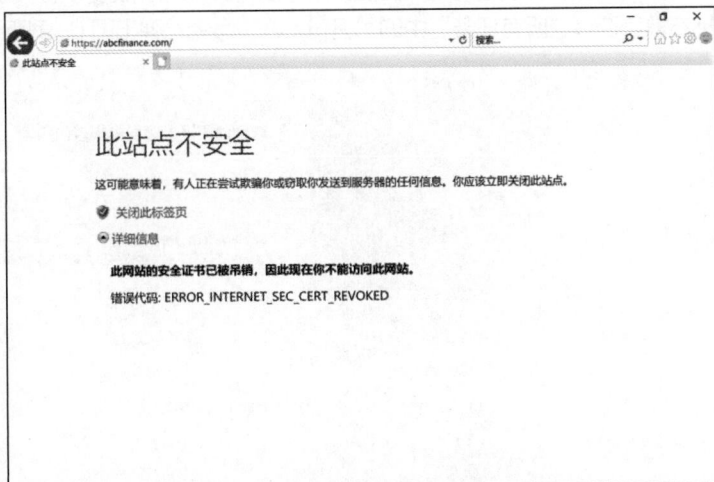

图 6-89　客户端访问证书失效的 Web 站点

（5）客户端可以通过 CRL 的 URL 来查看已被吊销的证书列表，如图 6-90 所示。

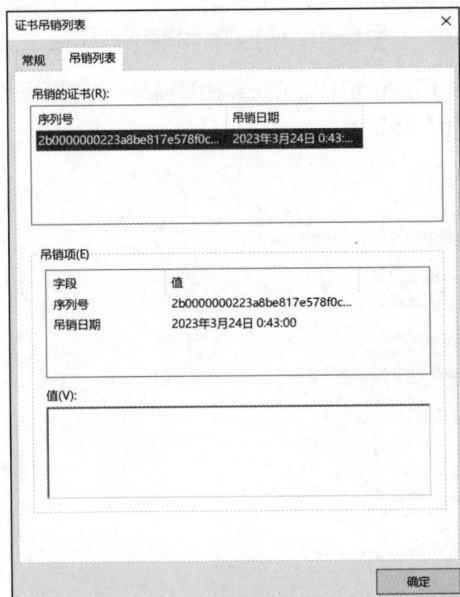

图 6-90　查看证书吊销列表

注意 有的客户端程序不会实时检查 CRL，需要手动更新 CRL。

6.4.4　子任务3：CA 的备份与还原

CA 存储了服务器证书、私钥、证书数据库等关键信息，需要及时备份这些信息，以使异常发生后可以还原已经备份的信息使 CA 快速恢复正常。证书颁发机构工具提供了方便的 CA 备份与还原方式，具体实施步骤如下。

（1）在服务器管理器的"工具"菜单里打开"证书颁发中心"，选中需要备份的证书服务器，单击鼠标右键，选择"所有任务"中的"备份CA"命令，弹出图6-91所示的对话框。单击"下一步"按钮。

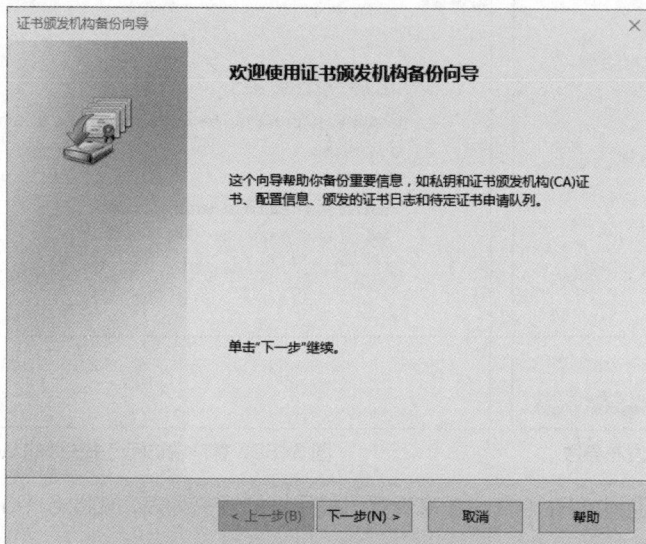

图6-91　证书颁发机构备份向导

（2）勾选需要备份的项目（增量备份在之前已备份的基础上才能使用）并设置备份文件存放路径，如图6-92所示。单击"下一步"按钮。

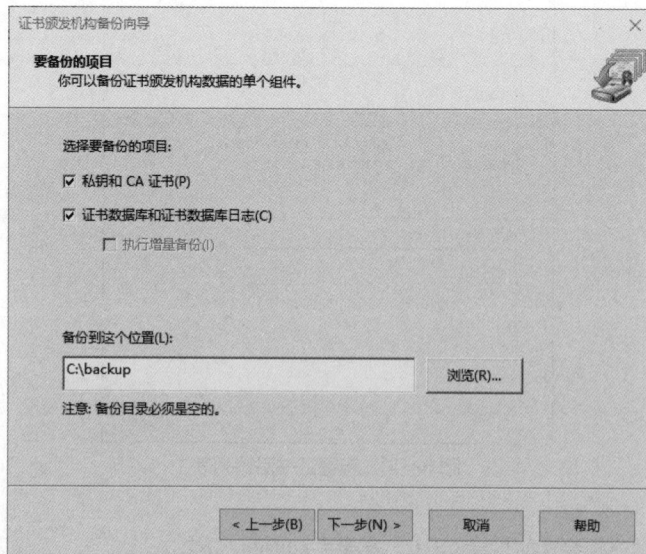

图6-92　选择要备份的项目并设置备份文件存放路径

（3）为保护备份文件的安全，设置加密密码。单击"下一步"按钮，之后单击"完成"按钮完成 CA 备份，如图 6-93 和图 6-94 所示。

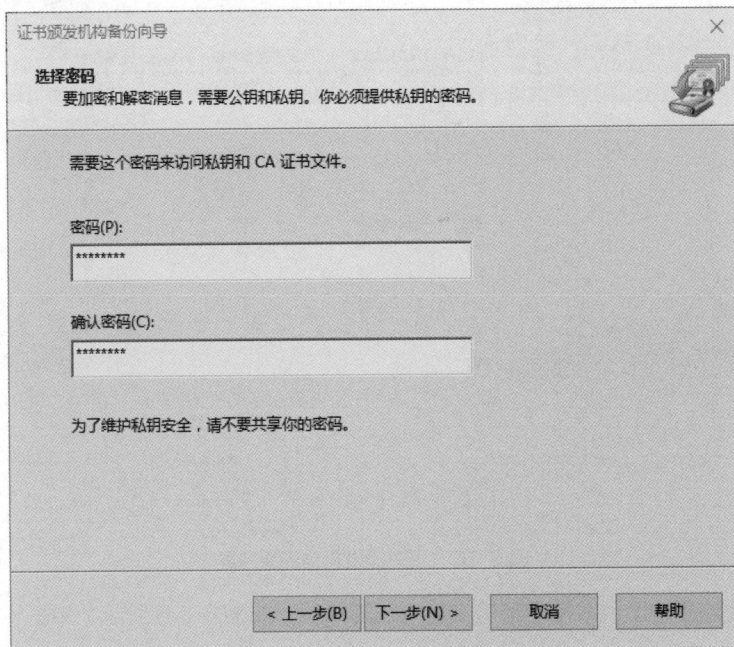

图 6-93　设置 CA 备份密码

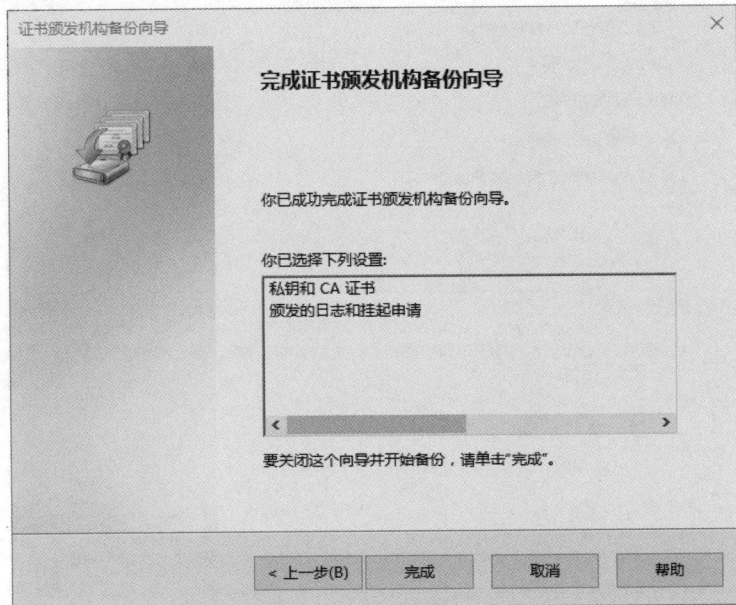

图 6-94　完成 CA 备份

（4）CA 还原过程：在服务器管理器的"工具"菜单里打开"证书颁发中心"，选中需要还原的证书服务器，单击鼠标右键，选择"所有任务"中的"还原 CA"命令，在弹出的对话框中单击"下一步"按钮（如果当前 CA 正在运行将会强制停止），如图 6-95 所示。

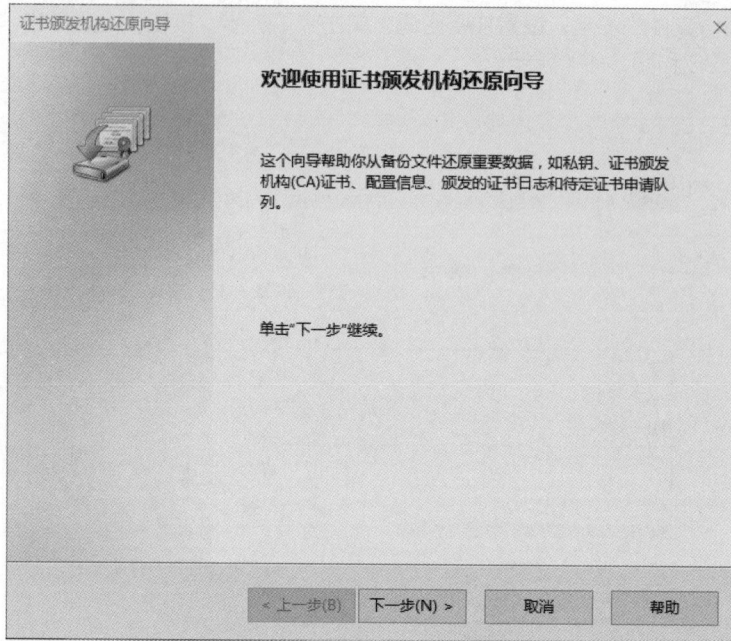

图6-95　证书颁发机构还原向导

（5）勾选需要还原的项目并指定备份文件所在的路径，如图 6-96 所示。单击"下一步"按钮。

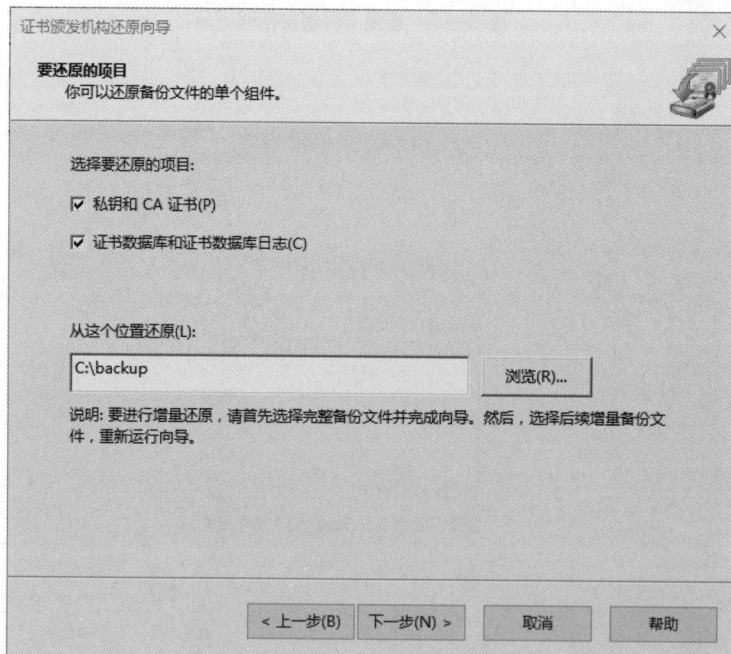

图6-96　选择要还原的项目并指定备份文件所在的路径

（6）输入之前设置的密码，单击"下一步"按钮，之后单击"完成"按钮，完成 CA 还原，如图 6-97 和图 6-98 所示。

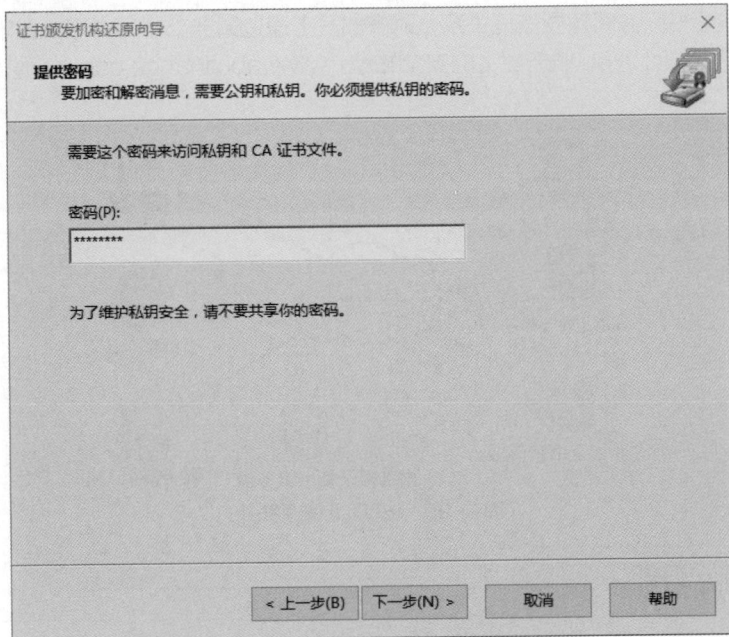

图 6-97　输入 CA 备份密码

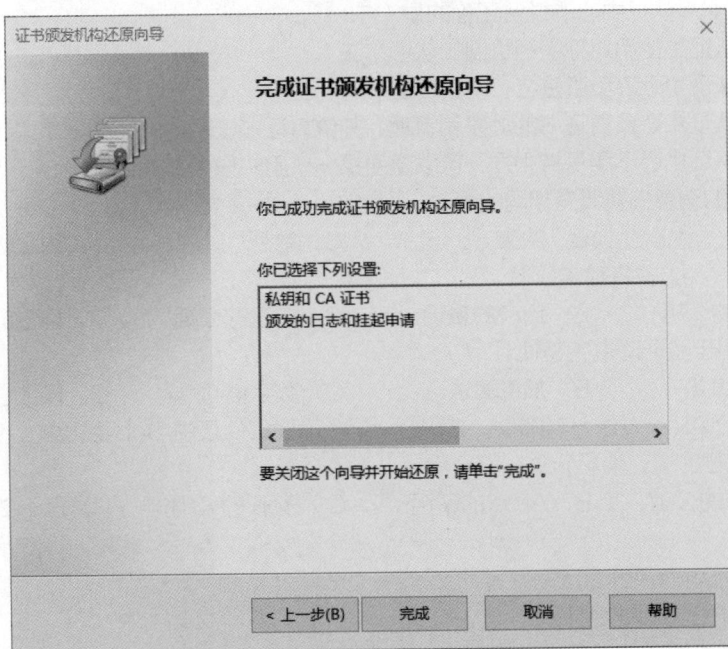

图 6-98　完成 CA 还原

6.5　仿真实训案例

　　如图 6-99 所示，ABC 公司在企业内网部署了 3 台 Windows Server 2022 服务器（10.1.1.201/8、10.1.1.202/8、10.1.1.203/8）分别作为 DNS 服务器、Web 服务器、企业根证书服务器。出于安全考虑，财务部单独申请了一台证书服务器（10.1.1.204/8）作为财务部子证书服务器，这台子证书服务器需要与企业根证书服务器建立信任关系，财务部员工通过财务部子证书服务器申请客户端浏览器证书，用于 HTTPS 访问 Web 服务器上的安全站点"www.abcfinance.com"，请按照上述需求进行合适的配置。

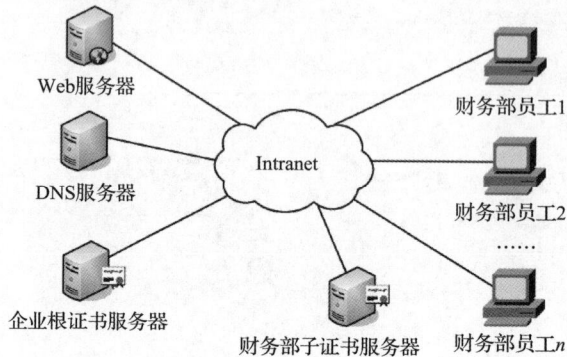

图 6-99　仿真实训案例拓扑

6.6 课后习题

一、选择题

1. 以下关于 CA 认证中心的说法正确的是（　　）。
   - A. CA 认证是使用对称密钥机制的认证方法
   - B. CA 认证中心只负责签名，不负责证书的产生
   - C. CA 认证中心负责证书的颁发和管理，并依靠证书证明用户的身份
   - D. CA 认证中心不用保持中立，可以随便找一个用户作为 CA 认证中心
2. 两个不同的消息摘要具有相同的值时，称为（　　）。
   - A. 攻击　　　　　　B. 冲突　　　　　　C. 散列　　　　　　D. 以上选项都不对
3. CA 用（　　）签名数字证书。
   - A. 用户的公钥　　　B. 用户的私钥　　　C. 自己的公钥　　　D. 自己的私钥
4. （　　）用于验证消息完整性。
   - A. 消息摘要　　　　B. 加密算法　　　　C. 数字信封　　　　D. 以上选项都不对
5. 若 Bob 给 Alice 发送一封邮件，并想让 Alice 确信邮件是由 Bob 发出的，则 Bob 应该选用（　　）对邮件加密。
   - A. Alice 的公钥　　B. Alice 的私钥　　C. Bob 的公钥　　　D. Bob 的私钥

二、简答题

1. 数字签名能够解决什么问题？
2. CA 认证中心的用处是什么？

项目七
Web Farm网络负载平衡

07

拓展阅读

案例场景

ABC 公司原来有一台 Web 服务器可以被正常访问，现在由于公司规模扩大、人员增多、访问量增加，公司内部的 Web 服务器总是出现死机的现象。为了满足公司对 Web 服务器的访问需求，现要求对 Web 服务器进行整改，请你给出合适的解决方案。

该网络拓扑如图 7-1 所示。

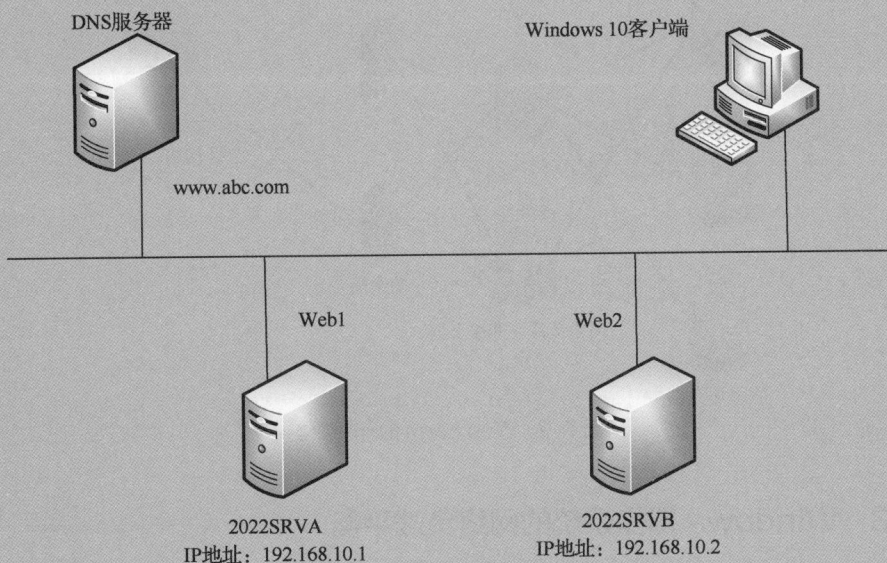

图 7-1 网络拓扑

在本项目中，通过完成以下任务内容来学习 Web Farm 网络负载平衡的配置。

序号	任务内容	知识储备
任务 1	安装网络负载平衡功能	Web Farm 的功能架构、负载平衡服务器的安装流程
任务 2	创建 Windows 网络负载平衡群集	服务器群集的功能及配置方法
任务 3	测试 NLB 与 Web Farm	群集功能的测试

7.1 知识引入

7.1.1 什么是 Web Farm

Web Farm 是指将多台 IIS Web 服务器组合在一起构成的群集。Web Farm 可以提供具备容错与网络负载平衡功能的高可用性网站，为用户提供不间断的、可靠的网站服务。Web Farm 的主要功能如下。

（1）当 Web Farm 接收到不同用户的连接网站请求时，这些请求会被分散发送给 Web Farm 中不同的 Web 服务器来处理，因此 Web Farm 可以提高访问效率。

（2）如果 Web Farm 中有 Web 服务器出现故障，此时就会由 Web Farm 中的其他 Web 服务器继续为用户提供服务，因此 Web Farm 具有容错功能。

7.1.2 Web Farm 的架构

在 Web Farm 的架构中，为了避免单点故障影响到 Web Farm 的正常运行，架构中的每一类设备（包括防火墙、网络负载平衡服务器、Web 服务器）都不止一台，如图 7-2 所示。

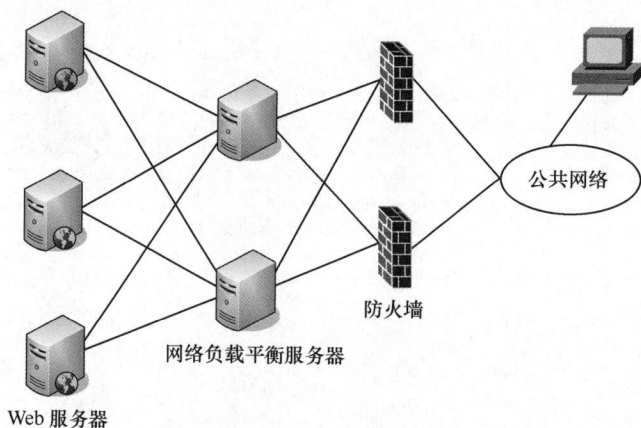

图 7-2　Web Farm 的一般架构

7.1.3 Windows 操作系统的网络负载平衡

Windows Server 2022 操作系统内置了网络负载平衡（Windows Network Load Balancing，Windows NLB）功能，所以可以通过配置 Windows NLB 功能代替图 7-2 所示的网络负载平衡服务器，以达到容错和网络负载平衡的目的。

在图 7-3 中，Web Farm 内每一台 Web 服务器的外网卡都有固定的 IP 地址，这些服务器对外的流量都是通过静态 IP 地址送出的。新建 NLB 群集后，启用外网卡的 Windows NLB 功能，将 Web 服务器加入 NLB 群集后，它们还会共享同一个群集 IP 地址，并通过这个群集 IP 地址来接收外部的访问请求。NLB 群集接收到这些请求后，会将它们分散交给群集中的 Web 服务器处理，因此可以达到网络负载平衡和容错的目的。

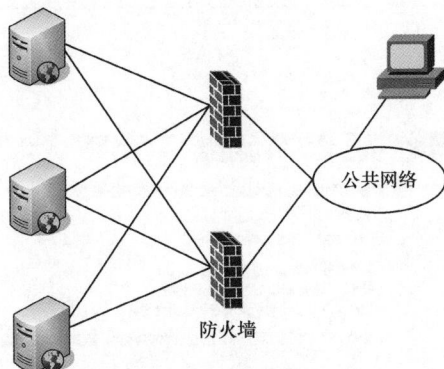

图 7-3　启用 Windows NLB 功能的 Web Farm 架构

7.2　任务 1：安装网络负载平衡功能

7.2.1　任务说明

在本任务中，我们将完成 Web 服务器中网络负载平衡功能安装任务的具体要求。在本案例拓扑结构中，已有 1 台 DNS 服务器，2 台 Web 服务器，由于 Web 服务器的安装与配置以及 DNS 服务器的配置在前文的项目中已有讲述，在此不重复。要注意的是，在此案例中，需要在两台服务器上均安装网络负载平衡功能。

7.2.2　任务实施过程

（1）打开"服务器管理器"，单击"仪表板"，选择"添加角色和功能"，如图 7-4 所示。

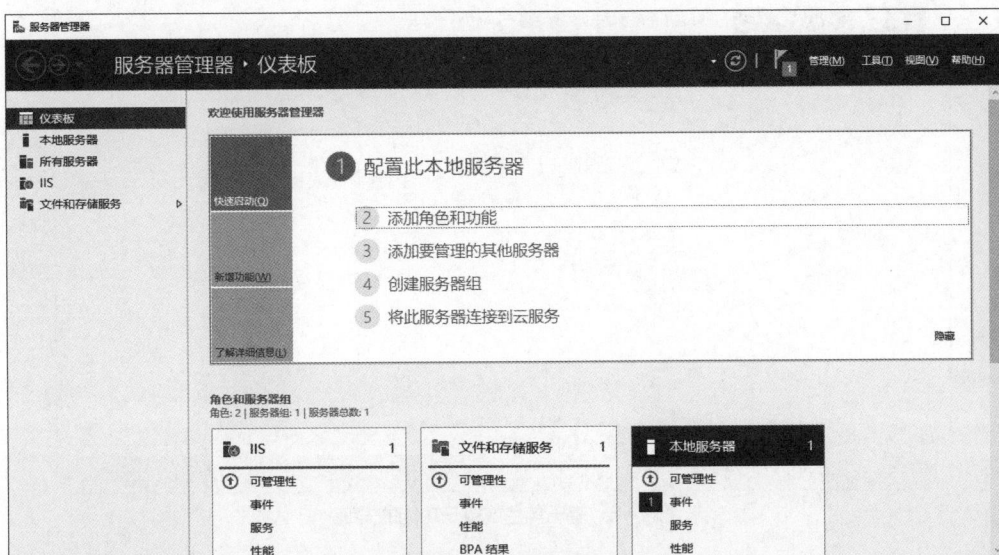

图 7-4　添加角色和功能

（2）在显示的图 7-5 所示的"开始之前"界面中，单击"下一步"按钮。

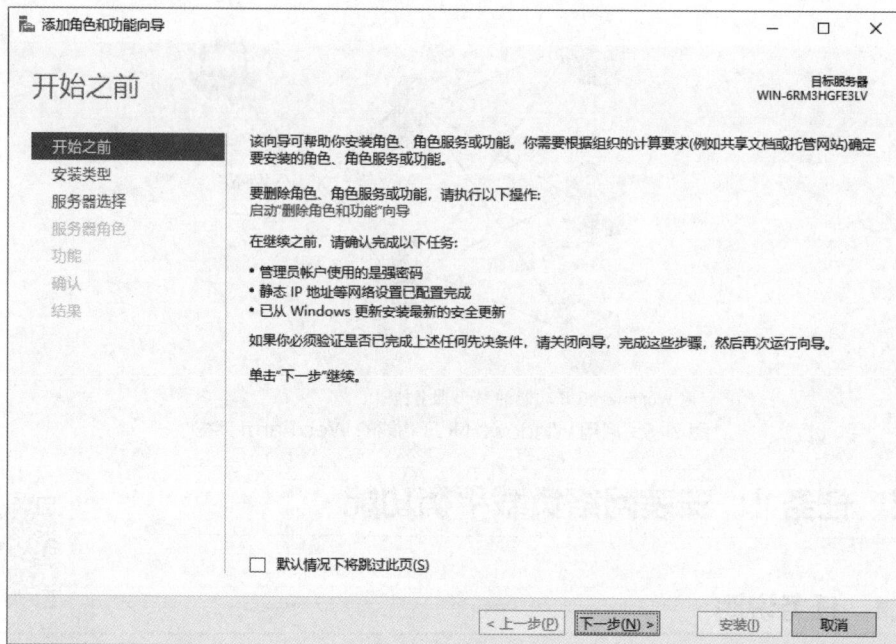

图7-5　开始之前

（3）在出现的"选择安装类型"界面中，选择"基于角色或基于功能的安装"单选项，如图 7-6 所示。单击"下一步"按钮。

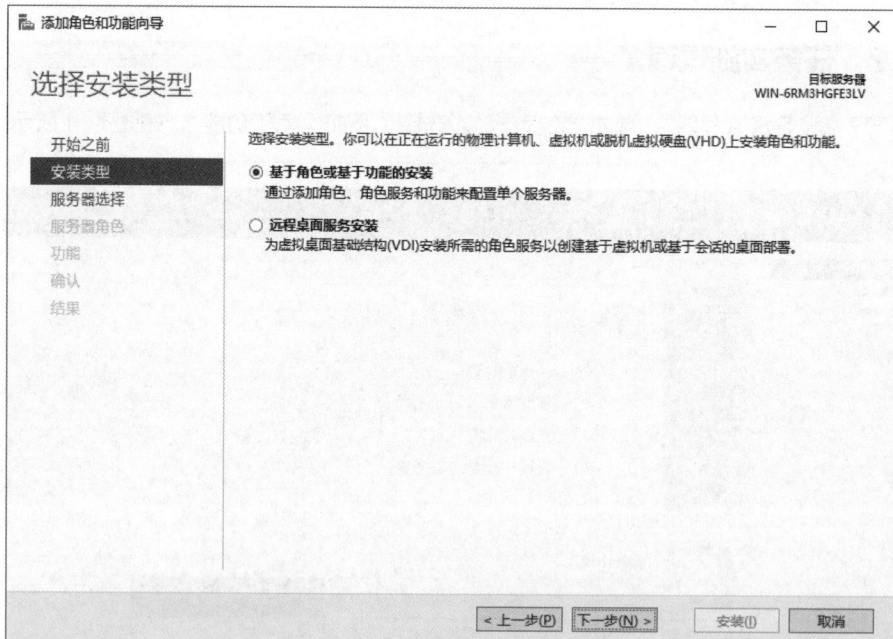

图7-6　基于角色或基于功能的安装

（4）在出现的"选择目标服务器"界面中，选择"从服务器池中选择服务器"单选项，安装程序会自动检测并显示这台计算机采用静态 IP 地址设置的网络连接，如图 7-7 所示。单击"下一步"按钮。

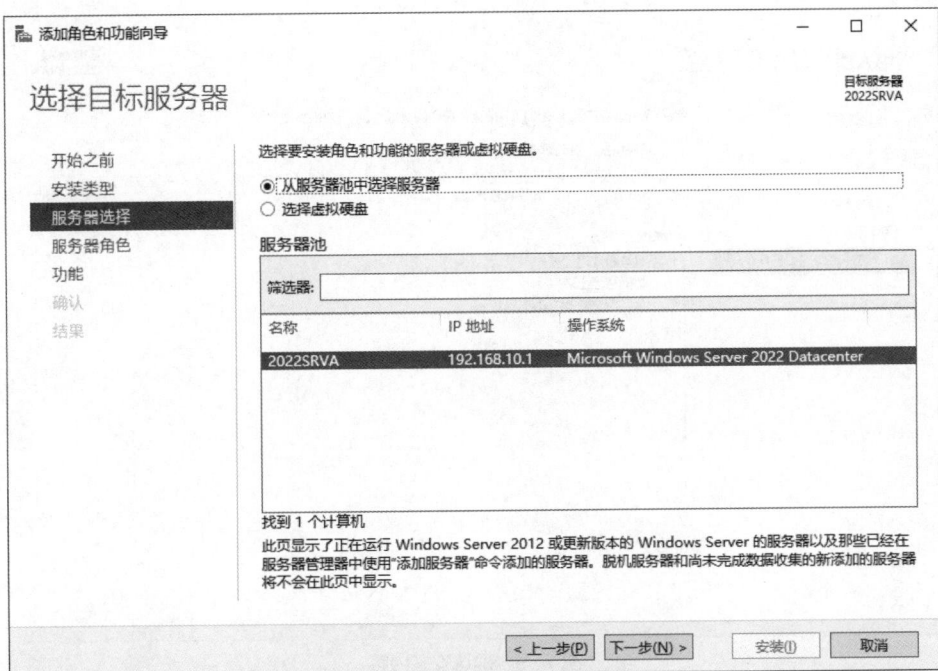

图 7-7　从服务器池中选择服务器

（5）在图 7-8 所示界面中勾选"网络负载平衡"选项，如图 7-8 所示。单击"下一步"按钮。

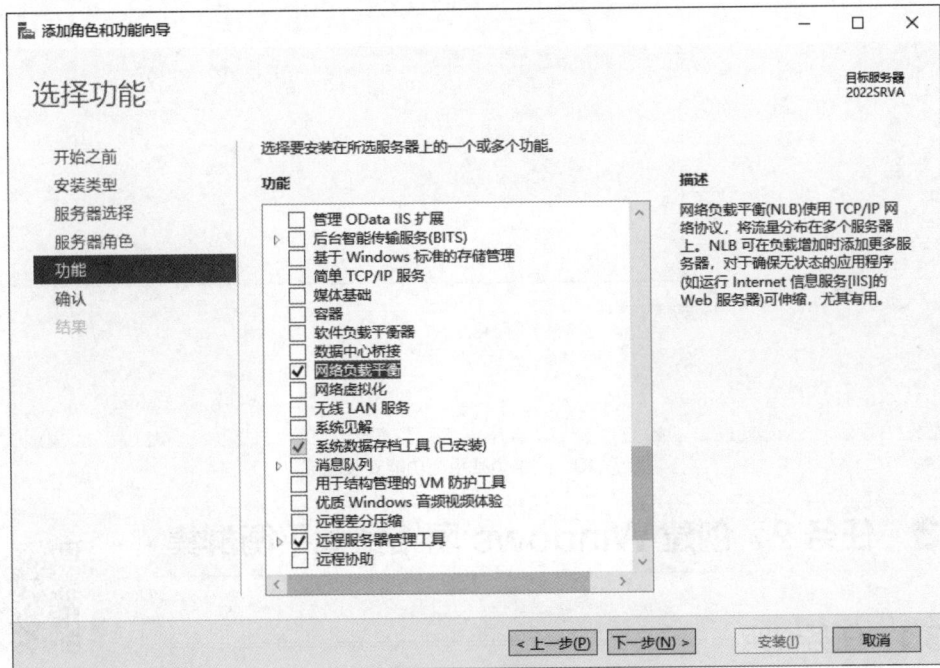

图 7-8　选择功能

（6）在图 7-9 所示的"确认安装所选内容"界面中，单击"安装"按钮。

（7）网络负载平衡功能安装完成后如图 7-10 所示。

149

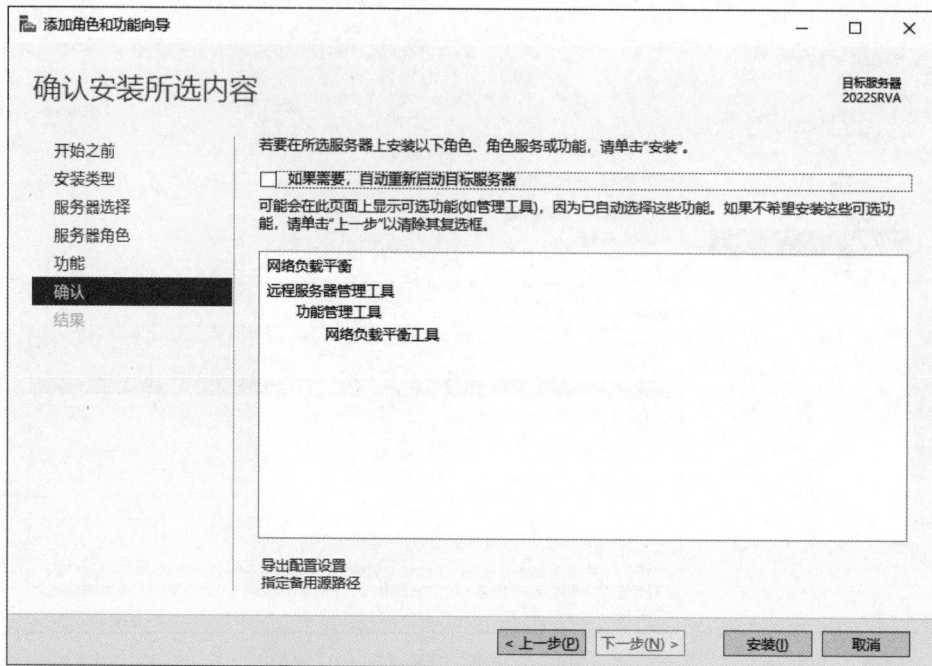

图 7-9　确认安装内容

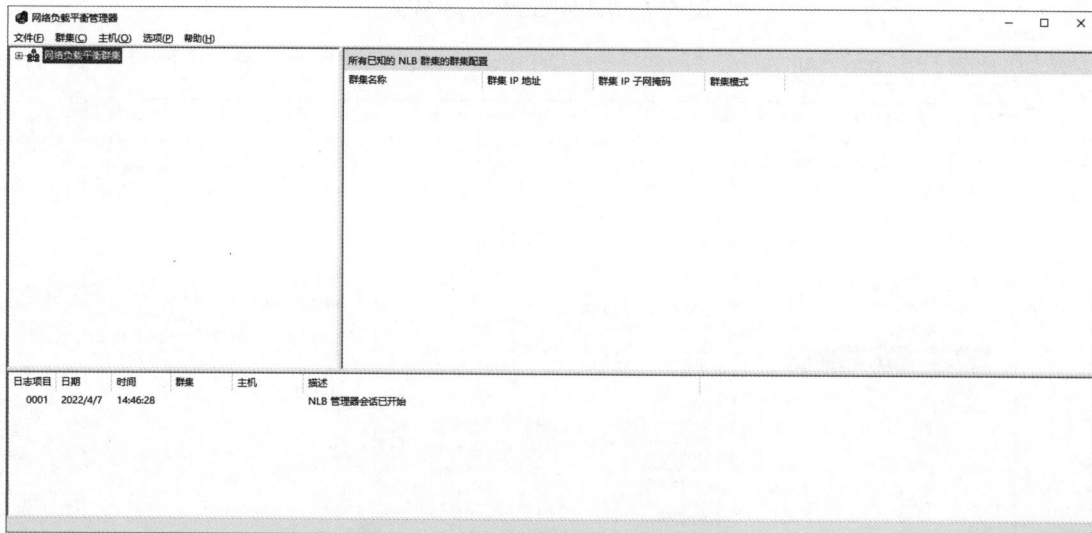

图 7-10　网络负载平衡功能安装完成

7.3 任务 2：创建 Windows 网络负载平衡群集

7.3.1 任务说明

Windows NLB 群集的操作模式分为单播模式与多播模式。

1. 单播模式

在单播模式下，NLB 群集中每一台 Web 服务器的网卡的 MAC 地址都会被

替换成同一个群集的 MAC 地址，它们通过此群集的 MAC 地址来接收外部的 Web Farm 请求。发送到此群集 MAC 地址的请求，会被送到群集中的每一台 Web 服务器。

在单播模式下，如果两台 Web 服务器同时连接到交换机上，而两台服务器的 MAC 地址被改成相同的群集 MAC 地址，那么当这两台服务器通过交换机通信时，由于交换机每一个端口所注册的 MAC 地址必须是唯一的，也就不允许两个端口注册相同的 MAC 地址。Windows NLB 群集利用 MaskSource MAC 功能来解决这个问题。MaskSource MAC 功能是根据每一台服务器的主机 ID 来更改外送数据包中的源 MAC 地址，也就是将群集 MAC 地址中最高的第 2 组字符改为主机 ID，然后用修改后的不同的 MAC 地址在交换机的端口注册。

2. 多播模式

在多播模式下，数据包会同时发送给多台计算机，这些计算机都属于同一个多播组，它们拥有一个共同的多播 MAC 地址。

在多播模式下，NLB 群集中每一台服务器的网卡仍然会保留原来的唯一 MAC 地址，因此群集成员之间可以正常通信，而且交换机中每一个端口所注册的 MAC 地址就是每台服务器的唯一 MAC 地址。

在此案例中，我们通过单播模式配置由两台 Web 服务器构成的 Web Farm。先将 Web1 作为群集中的第 1 台服务器加入群集（任务实施过程中的步骤（1）～（9）），再在创建的新群集中添加 Web2 作为群集中的第 2 台服务器（任务实施过程中的步骤（10）～（14））。

7.3.2 任务实施过程

（1）打开 2022SRVA（Web1 服务器）的"服务器管理器"，单击"工具"菜单，选择"网络负载平衡管理器"，如图 7-11 所示。

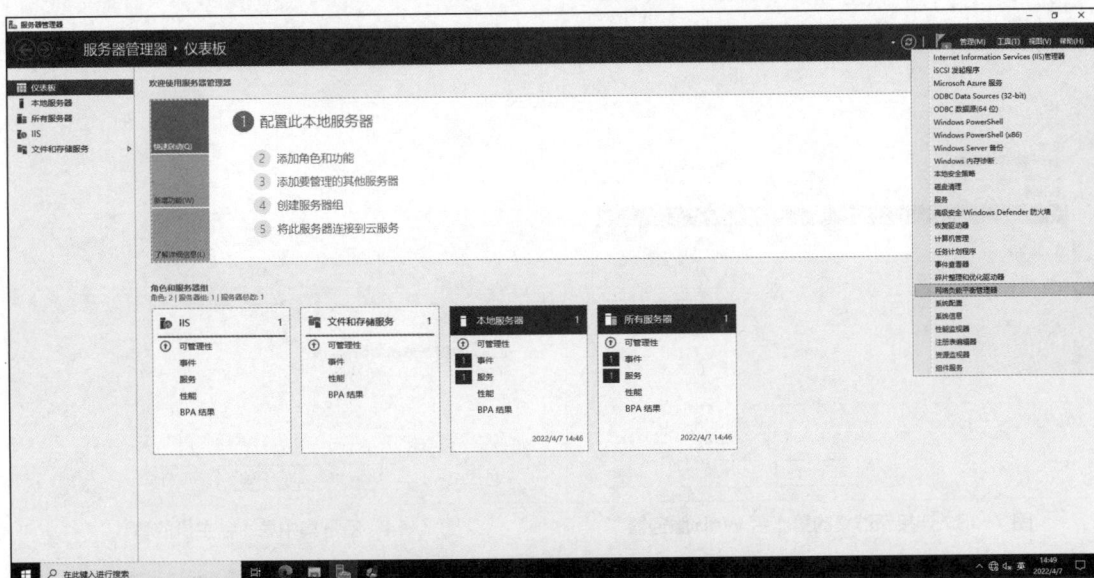

图 7-11 打开网络负载平衡管理器

（2）如图 7-12 所示，用鼠标右键单击"网络负载平衡群集"，选择"新建群集"命令。

（3）添加群集的第 1 个节点。如图 7-13 所示，在"主机"一栏中输入群集中第 1 台服务器的主机名称"2022SRVB"，单击"连接"按钮。

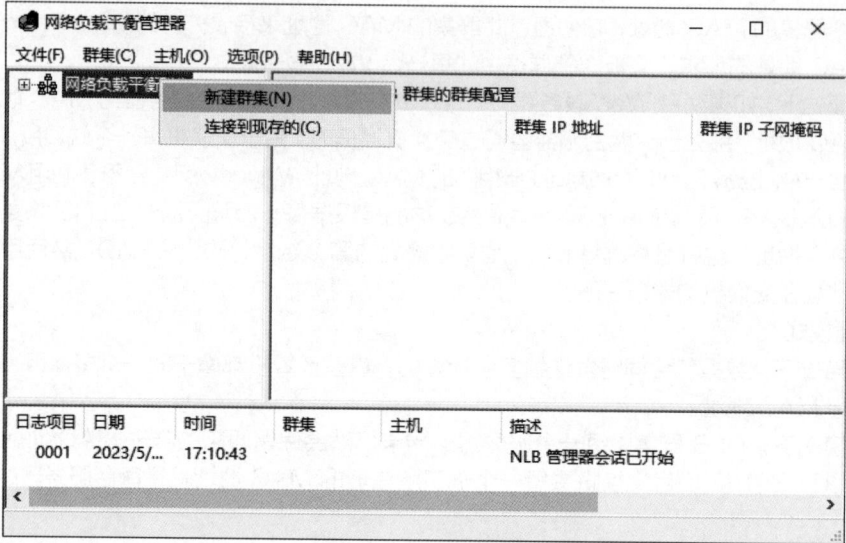

图 7-12　新建群集

（4）在图 7-14 所示对话框中单击"下一步"按钮。图 7-14 中的"优先级（单一主机标识符）"就是 Web1 的 host ID，每台服务器的 host ID 必须是唯一的。如果群集接收到的数据包未定义在端口规则中，就会将相应数据包交给优先级较高（host ID 数字较小）的服务器来处理。

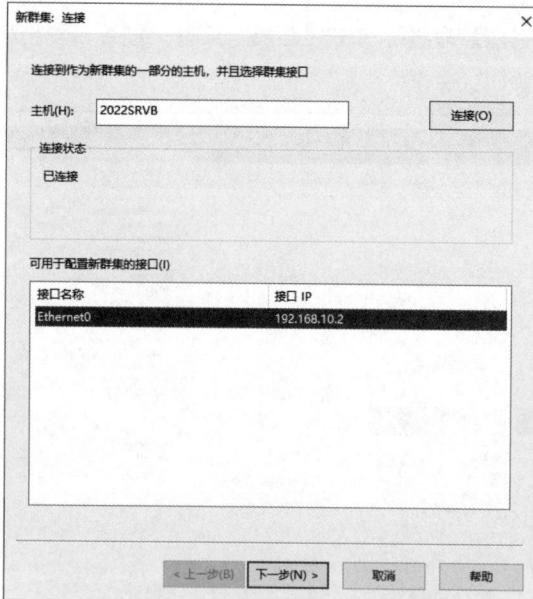

图 7-13　连接新群集的第 1 台 Web 服务器

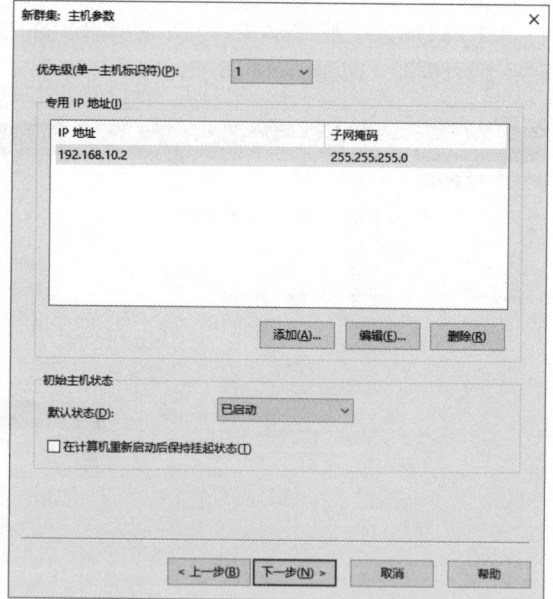

图 7-14　新群集中第 1 台主机的参数

（5）在图 7-15 所示对话框中单击"添加"按钮，在弹出的"添加 IP 地址"对话框中输入群集 IP 地址"192.168.10.10"和子网掩码"255.255.255.0"，单击"确定"按钮。

（6）在图 7-16 所示对话框中单击"下一步"按钮。

（7）在此任务中，群集操作模式选择"单播"模式，如图 7-17 所示。单击"下一步"按钮。

（8）定义的端口规则如图 7-18 所示，单击"完成"按钮。

（9）将 2022SRVB 作为群集中的第 1 台服务器加入群集后，如图 7-19 所示。

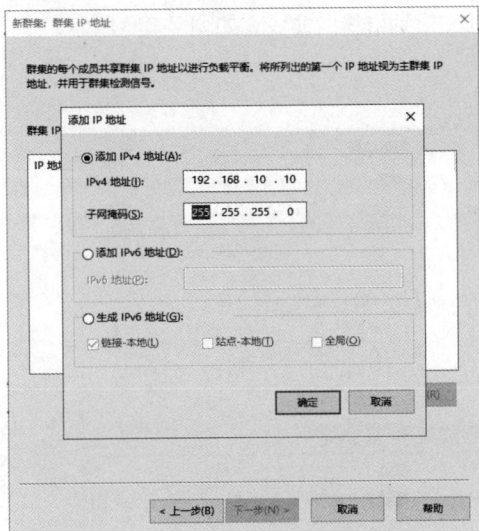

图 7-15　设置群集 IP 地址和子网掩码

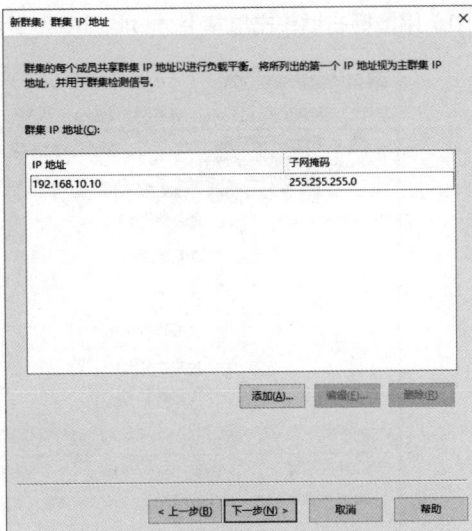

图 7-16　显示新群集 IP 地址

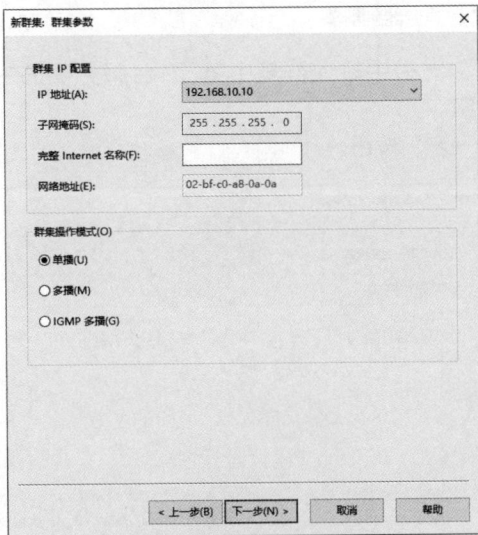

图 7-17　选择"单播"模式

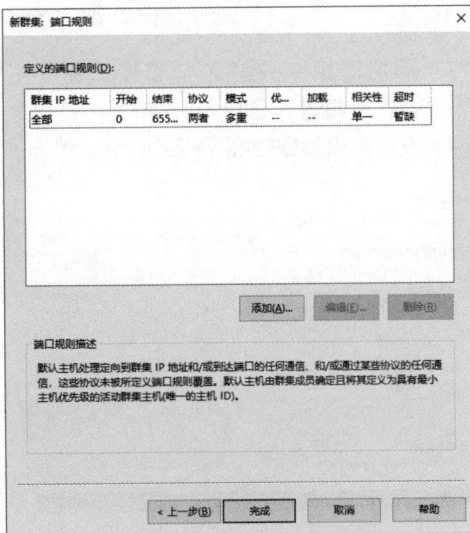

图 7-18　定义的端口规则

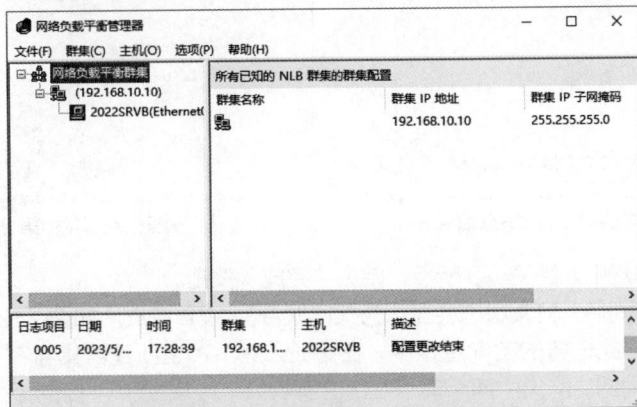

图 7-19　创建群集中第 1 台服务器成功

（10）用鼠标右键单击群集 IP 地址，选择"添加主机到群集"命令，如图 7-20 所示。

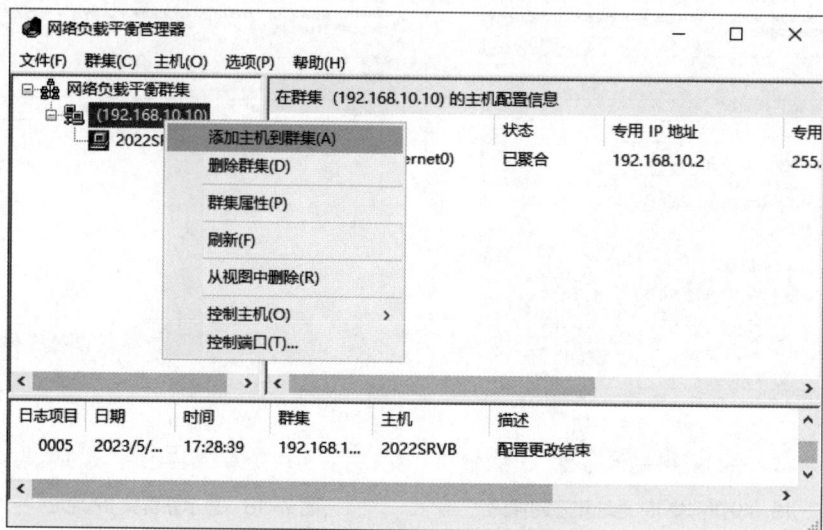

图 7-20　添加第 2 台服务器到群集

（11）添加群集中的第 2 个节点。在"主机"一栏中输入群集中第 2 台服务器的主机名 "2022SRVA"，如图 7-21 所示。单击"连接"按钮。

（12）设置主机参数如图 7-22 所示，单击"下一步"按钮。

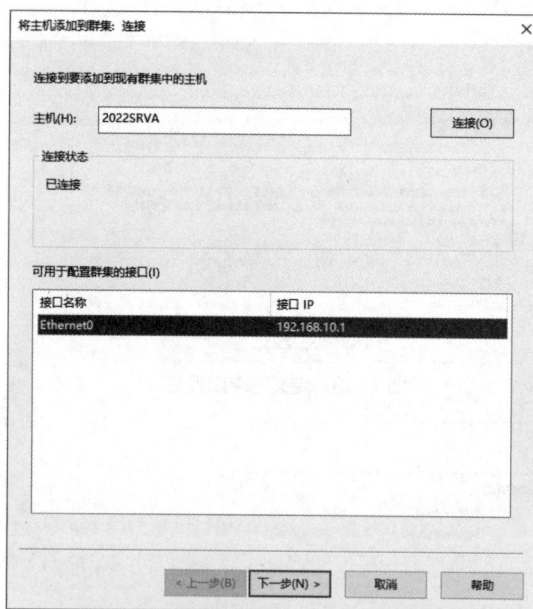

图 7-21　连接群集的第 2 台 Web 服务器

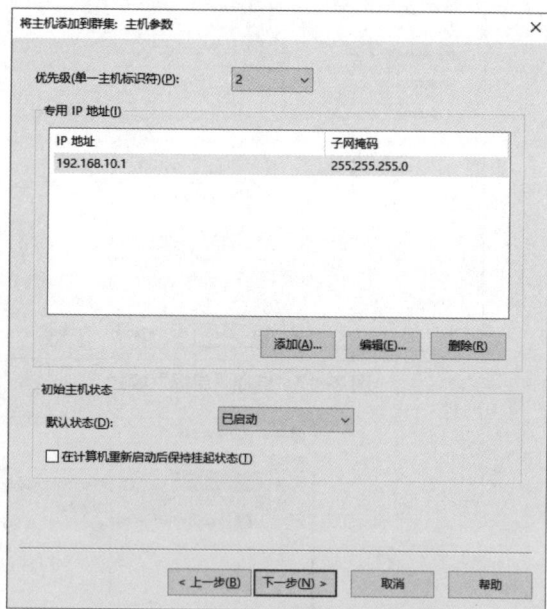

图 7-22　新群集中第 2 台主机的参数

（13）定义的端口规则如图 7-23 所示，单击"完成"按钮。

（14）稍待一段时间后，群集状态会显示为"已聚合"。设置完成后如图 7-24 所示。

　　需要注意的是：在此任务的实施过程中，在 2022SRVA 上新建群集与在 2022SRVB 上新建群集，实验效果是相同的，群集中两个节点 2022SRVA 和 2022SRVB 的添加顺序对群集也没有影响。

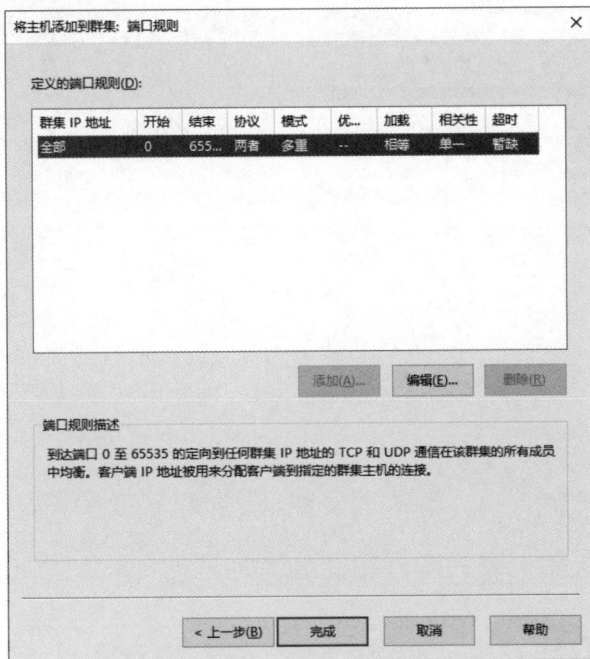

图 7-23　定义的端口规则

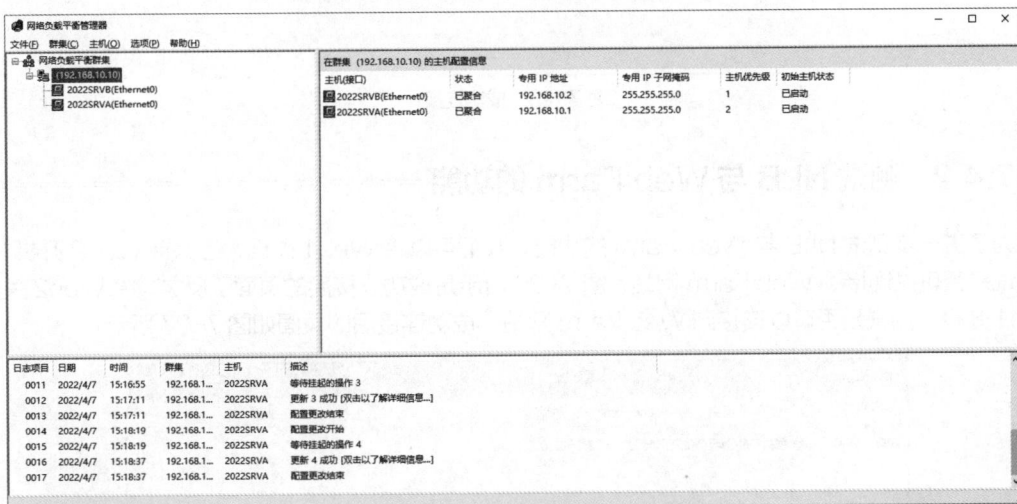

图 7-24　群集设置成功

7.4　任务 3：测试 NLB 与 Web Farm

7.4.1　测试连通性

完成以上设置后，可以在客户端上测试是否可以连接到 Web Farm 网站。打开 IE，输入"www.abc.com"。注意这里要使用到项目四所讲述的知识，将域名 www.abc.com 对应的群集 IP 地址 192.168.10.10 在 DNS 服务器注册。成功连接后的页面如图 7-25 所示。

任务 3　测试 NLB 与
Web Farm

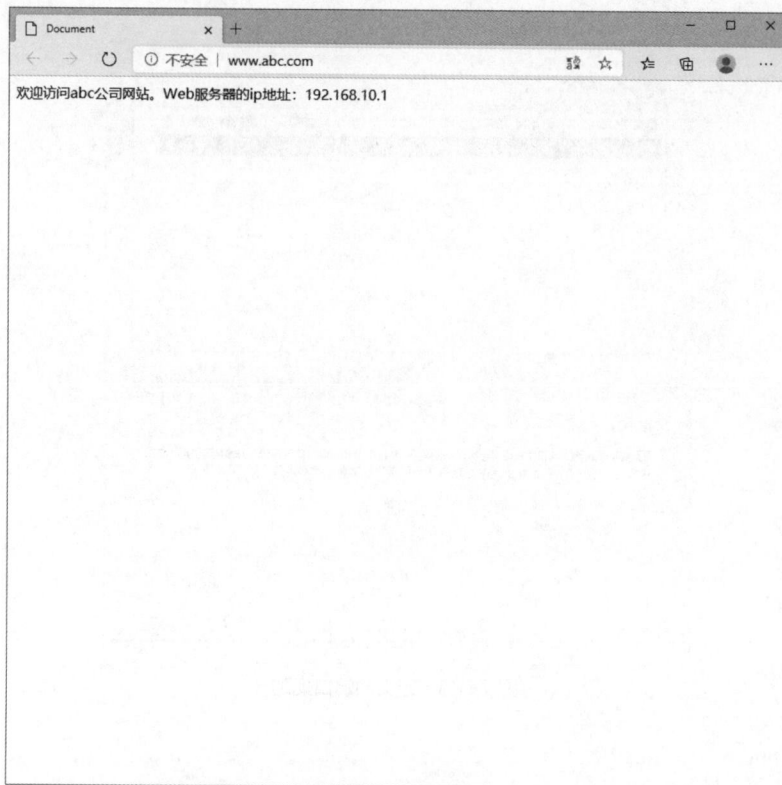

图 7-25　成功连接

7.4.2　测试 NLB 与 Web Farm 的功能

为了进一步测试 NLB 与 Web Farm 的功能，我们可以将 Web1 关机，但保持 Web2 开机，然后测试是否可以连接到 Web Farm 网站，图 7-26 所示是成功连接后的页面。反之，将 Web2 关机，Web1 开机，测试是否可以连接到 Web Farm 网站，成功连接后的页面如图 7-27 所示。

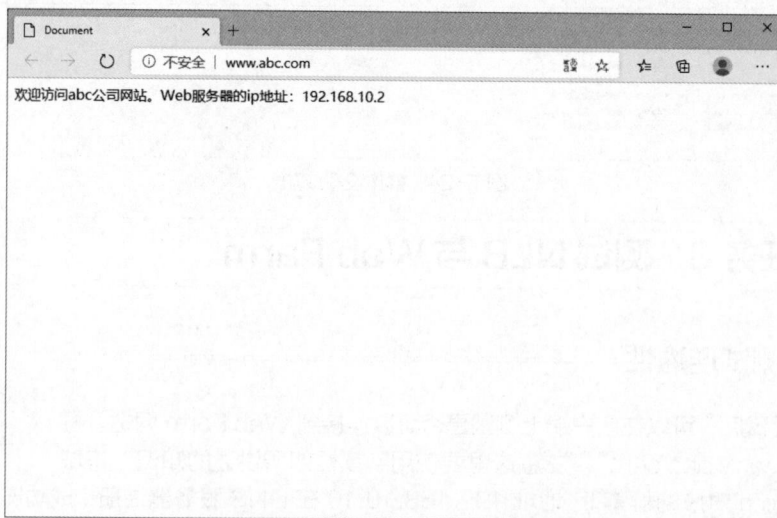

图 7-26　Web1 关机时成功连接 Web2

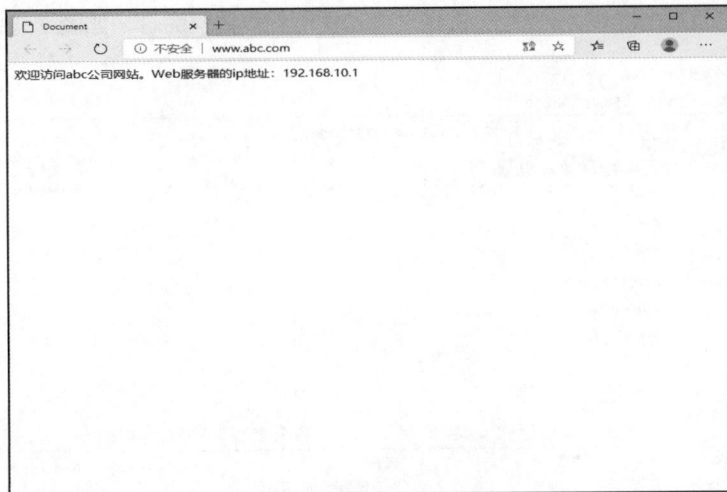

图 7-27　Web2 关机时成功连接 Web1

7.5　知识能力拓展

7.5.1　拓展案例 1：网络负载平衡群集故障排除

拓展案例 1　网络
负载平衡群集故障
排除

Web Farm 由多台 IIS 服务器所组成，这些服务器将同时对使用者提供不中断且可靠的网站服务。当 Web Farm 接收到不同使用者的连接网站请求时，这些请求会被分给 Web Farm 中不同网站服务器来处理，因此可以提高访问效率。此外，若 Web Farm 中网站服务器因故障无法对使用者提供服务，会由其他正常运作的服务器继续给使用者提供服务，因此 Web Farm 具备容错功能。

案例场景：作为 ABC 公司的网络管理员，你发现 ABC 公司的网络负载平衡群集中有一个节点 2022SRVB 出现硬件故障，无法继续给使用者提供服务，你必须将这个节点从群集中删除，并添加一台新主机到群集，请问你要怎么实现？

任务的实施过程如下。

（1）打开网络负载平衡管理器，用鼠标右键单击 2022SRVB，选择"删除主机"命令，如图 7-28 所示。

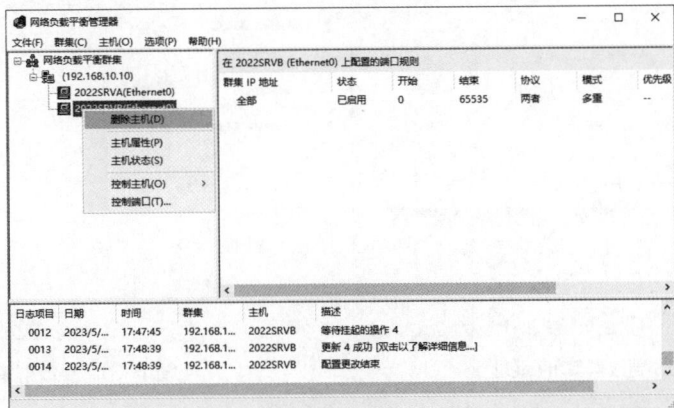

图 7-28　删除主机

（2）用鼠标右键单击群集 IP 地址，选择"添加主机到群集"命令，如图 7-29 所示。

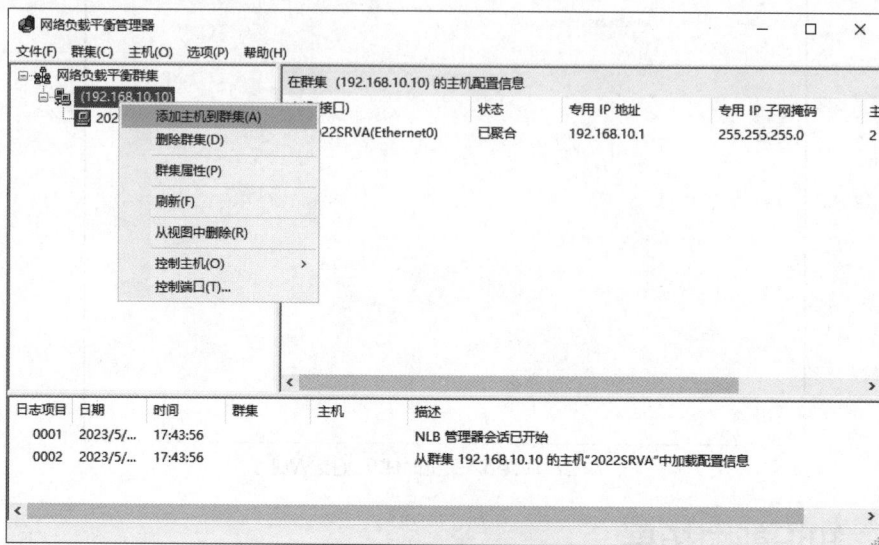

图 7-29　添加主机到群集

7.5.2　拓展案例 2：Windows 群集的高级管理

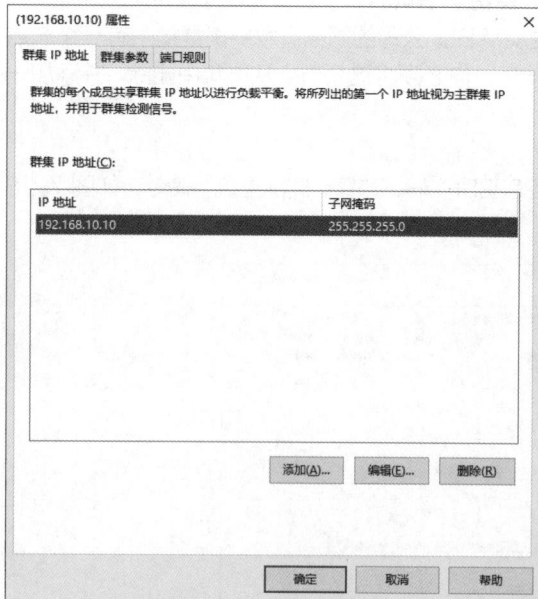

Windows 网络负载平衡服务支持使用群集属性来更改群集 IP 地址、群集参数与端口规则等。具体操作如下。

（1）可以通过图 7-30 所示界面更改群集 IP 地址，通过图 7-31 所示界面更改群集参数。

图 7-30　更改群集 IP 地址

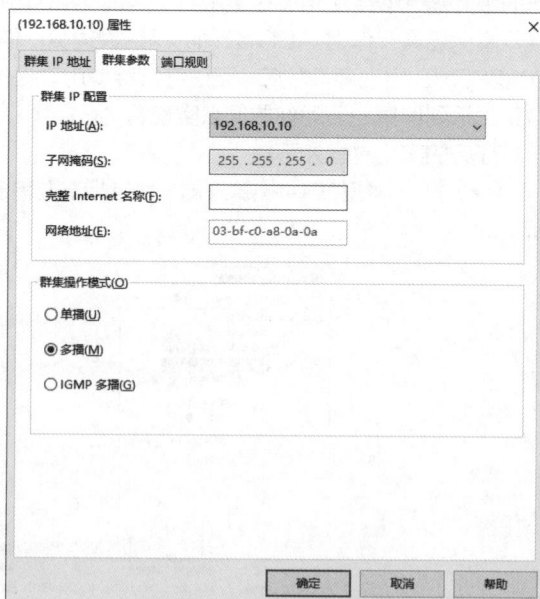

图 7-31　更改群集参数

（2）可以通过图 7-32 和图 7-33 所示界面分别查看定义的端口规则和添加/编辑端口规则。

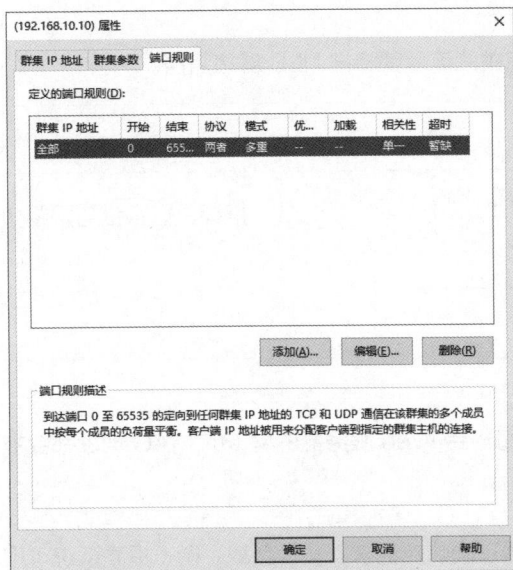

图 7-32　查看定义的端口规则

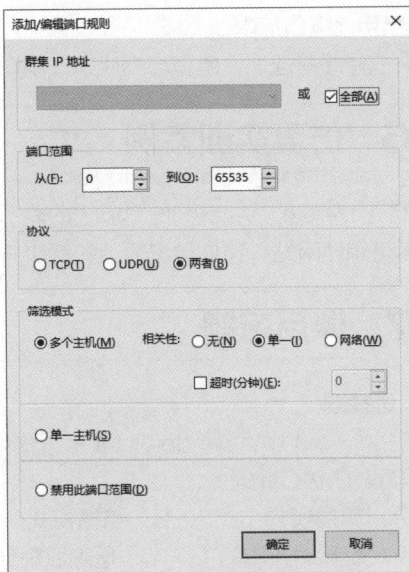

图 7-33　添加/编辑端口规则

下面我们对端口规则做进一步说明。

（1）群集 IP 地址。

用来设置此端口规则的群集 IP 地址，也就是说只有通过此 IP 地址来连接 NLB 群集时，才会应用相应规则。

如果勾选"全部"，所有的群集 IP 地址皆适用相应规则，此时相应规则称为通用端口规则。如果用户自行添加其他端口规则，而其设置与通用端口规则相冲突，用户添加的规则优先。

（2）端口范围。

用来设置相应端口规则所涵盖的端口范围，默认是所有端口。

（3）协议。

用来设置相应端口规则所涵盖的协议，默认是同时包含 TCP 和 UDP。

（4）筛选模式。

① 多个主机。

群集中所有服务器都会处理进入群集的网络流量，也就是共同提供网络负载平衡功能与容错功能，并依据相关性的设置将请求交给群集中的某台服务器来处理。

对相应规则所涵盖的端口来说，群集中的每一台主机的负担比例默认是相同的。若要更改单一主机的负荷量，需针对该主机来设置。在主机上单击鼠标右键，选择"主机属性"→"端口规则"命令，单击"编辑"按钮，在负荷量中输入此主机实际承担的负荷量百分比的数值（见图 7-34 中的"负荷量"）。

② 单一主机。

表示相应规则有关的流量都将交给单一主机来负责处理，这台主机是处理优先级较高的服务器。这个处理优先级默认由 host ID 决定（hostID 数字越小，优先级越高），用户也可以更改服务器的处理优先级的值（见图 7-34 中的"处理优先级"）。

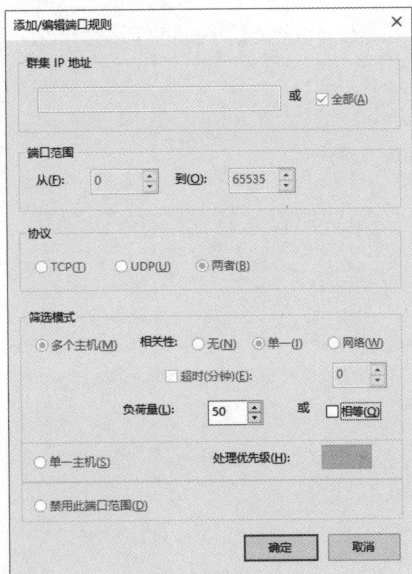

图 7-34　设置单一主机负荷量

③ 禁用此端口范围。

如果选择此单选项，所有与相应端口规则有关的流量都将被 NLB 群集阻挡。

7.6 仿真实训案例

ABC 公司需要以将两台 IIS Web 服务器组成 Web Farm 的方式，搭建具备容错与网络负载平衡功能的高可用性网站，请你给出合适的解决方案。

7.7 课后习题

一、选择题

1. 在（　　）中，Windows NLB 群集中每一台 Web 服务器的网卡的 MAC 地址都会被替换成同一个群集的 MAC 地址。

    A. 单播模式　　　　B. 点播模式　　　　C. 多播模式　　　　D. 广播模式

2. Web Farm 中的（　　）是确保服务器正确响应请求、实现负载平衡、提高系统可用性，以及保障安全性的关键因素。

    A. 单一主机　　　　B. 群集参数　　　　C. 群集地址　　　　D. 端口规则

3.（　　）是指将多台 IIS Web 服务器组合在一起构成的群集，它可以提供具备容错与网络负载平衡功能的高可用性网站，可以为用户提供不间断的、可靠的网站服务。

    A. Web Farm　　　　B. NAT　　　　C. VPN　　　　D. DNS

4. Windows Server 2022 操作系统内置了（　　），可以通过配置代替负载平衡服务器，达到容错和网络负载平衡的目的。

    A. VPN　　　　B. NAT　　　　C. Windows NLB　　D. PKI

5.（多选题）下面（　　）属于端口规则的定义内容。

    A. 端口范围　　　　B. 协议　　　　C. 群集 IP 地址　　　D. 筛选模式

二、简答题

1. 什么是 Web Farm？

2. 网络负载平衡的作用是什么？

项目八
RDS服务器的配置与管理

08

拓展阅读

案例场景

ABC 公司新采购了 100 台计算机，并且都已经加入域 abc.com。为了减少部署的工作量，公司想通过终端服务将桌面和应用程序虚拟化，以提高员工的工作效率、降低企业成本。假如你是网络管理员，该怎么实现呢？

RDS 服务器网络拓扑如图 8-1 所示。

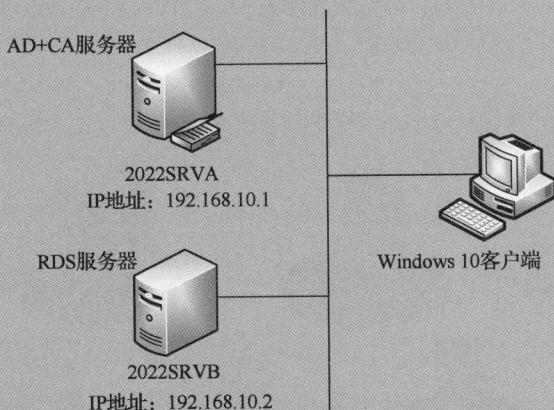

图 8-1 RDS 服务器网络拓扑

在本项目中，通过完成以下任务内容，来学习 RDS 服务器的配置管理。

序号	任务内容	知识储备
任务 1	安装 RDS 服务器	RDS 的组件和各组件的功能，RDS 服务器的安装流程
任务 2	发布应用程序	远程登录权限，发布应用程序的方法
任务 3	在客户端使用 RDWeb 访问 RDS 服务器	访问 RDS 服务器的方法

8.1 知识引入

知识引入

8.1.1 什么是 RDS

在企业中部署大量的计算机，不仅投资大，维护也十分困难。通过在终端服务的基础上将桌面和应用程序虚拟化，可以极大地提高员工的工作效率，降低企业成本。微软公司推出的 RDS（Remote Desktop Service，远程桌面服务）是微软公司的桌面虚拟化解决方案的统称。管理员在 RDS 服务器上集中部署应用程序，以虚拟化的方式为用户提供访问，用户不用再在自己的计算机上安装应用程序。用户在远程桌面调用位于 RDS 服务器上的应用程序，就像在自己的计算机上调用一样，但实际上使用的是服务器的资源，即使用户计算机的配置较低，也不用更换计算机，这样就可节约企业的成本，降低维护成本和复杂度。RDS 服务分为终端和中心服务器，中心服务器为终端提供服务及资源。

RDS 的终端主要包含如下类型。

（1）瘦客户机：一种小型计算机，没有高速的 CPU 和大容量的内存，没有硬盘，使用固化的小型操作系统，通过网络使用服务器的计算和存储资源。

（2）PC：个人计算机，通过安装并运行终端仿真程序，PC 可以连接并使用服务器的计算和存储资源。

（3）手机终端：一种手机无线网络收发端的简称，包含发射器（手机）、接收器（网络服务器）。通过手机使用远程桌面协议（Remote Desktop Protocol，RDP）远程桌面连接家里或企业中的计算机，只要输入相应的登录账号、密码、端口号等信息，连接后就可以控制相应计算机并处理事务了。

8.1.2　RDS 的组件及其功能介绍

RDS 包括 6 个组件：RDCB（Remote Desktop Connection Broker，远程桌面连接代理）、RDG（Remote Desktop Gateway，远程桌面网关）、RDWA（Remote Desktop Web Access，远程桌面 Web 访问）、RDVH（Remote Desktop Virtualization Host，远程桌面虚拟化主机）、RDSH（Remote Desktop Session Host，远程桌面会话主机）及 RDLS（Remote Desktop License Server，远程桌面授权服务器），如图 8-2 所示。

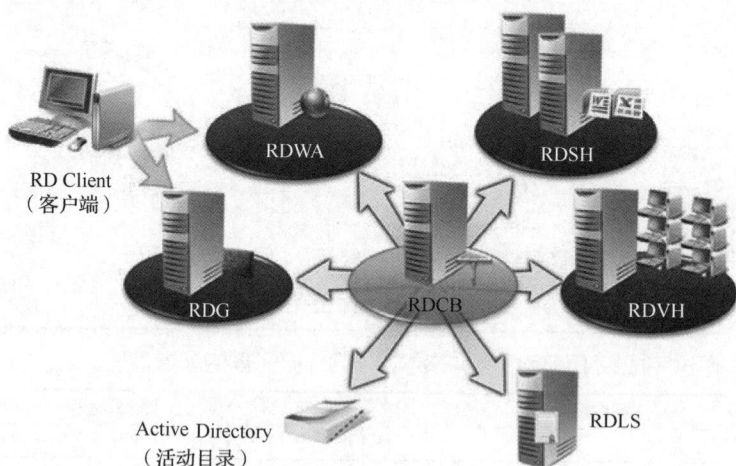

图 8-2　RDS 架构

RDCB 负责管理到 RDSH 集合的传入远程桌面连接，以及控制到 RDVH 集合和远程应用程序（RemoteApp）的连接。

RDWA 为用户提供一个单一的 Web 入口，使得用户可以通过该入口访问 Windows 桌面和发布的应用程序。使用 RDWA，可以将 Windows 桌面和应用程序发布给各种 Windows 和非 Windows 客户端设备，还可以有选择性地发布给特定的用户组。

RDG 使得来自互联网的用户可以安全地访问内部的 Windows 桌面和应用程序。

RDVH 提供个人或池化 Windows 桌面宿主服务，使得用户可以像使用本地计算机一样使用其上的虚拟机，可以提供管理员权限，给用户带来更大的自由度。

RDSH 提供基于会话的远程桌面和应用程序集合，使得众多用户可以同时使用一台服务器，但用户不具备管理权限。

RDLS 提供远程桌面连接授权，授权方式可以是"每设备"或"每用户"。在不激活授权服务器的情况下，提供 120 天试用期。过期后，客户端将不能访问远程桌面。

除了以上 RDS 组件以外，根据不同的部署模型，还会应用到 SQL Server、File Server、网络负载平衡服务等。安装活动目录是 RDS 部署的前提条件，也是充要条件。

8.2 任务 1: 安装 RDS 服务器

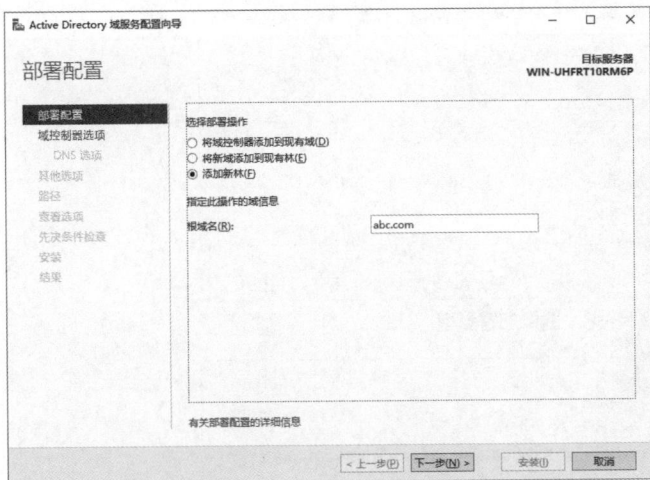

任务 1 安装 RDS
服务器

8.2.1 任务说明

前文已经叙述了 RDS 部署的充要条件是安装活动目录，请大家按照项目二的配置步骤，在 2022SRVA 上安装好活动目录，域名为 abc.com，并将 2022SRVB（RDS 服务器）和 Windows10 的客户端加入活动目录，用于验证 RDS 的服务效果。关键步骤如图 8-3 和图 8-4 所示。

图 8-3 输入公司域名

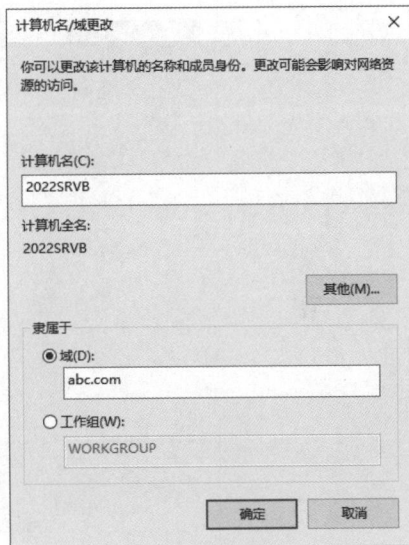

图 8-4 将 RDS 服务器加入域

8.2.2 任务实施过程

（1）打开 2022SRVB 的"服务器管理器"，打开"添加角色和功能向导"，选择"远程桌面服务安装"单选项，如图 8-5 所示。单击"下一步"按钮。

（2）选择"快速启动"单选项。使用快速启动，我们可以在一个服务器上部署远程桌面服务，并创建一个集合和发布 RemoteApp，如图 8-6 所示。单击"下一步"按钮。

（3）使用"基于虚拟机的桌面部署"，用户可以连接到包含发布的 RemoteApp 和虚拟桌面的桌面集合；使用"基于会话的桌面部署"，用户可以连接到包含发布的 RemoteApp 和基于会话的桌面会话集合。此处选择"基于会话的桌面部署"单选项，如图 8-7 所示。单击"下一步"按钮。

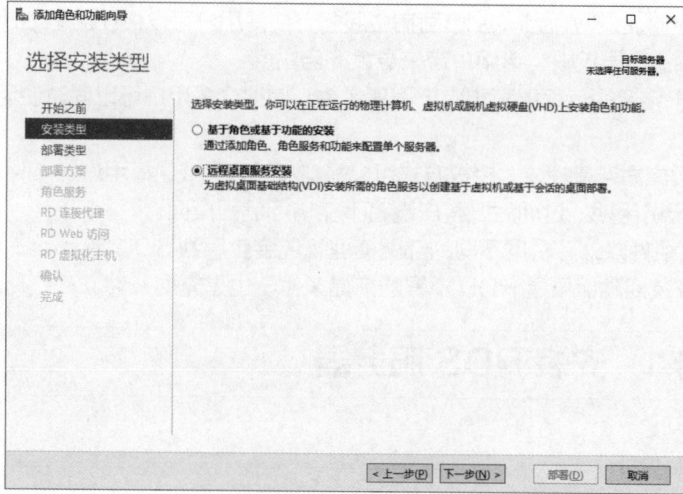

图 8-5　选择安装类型

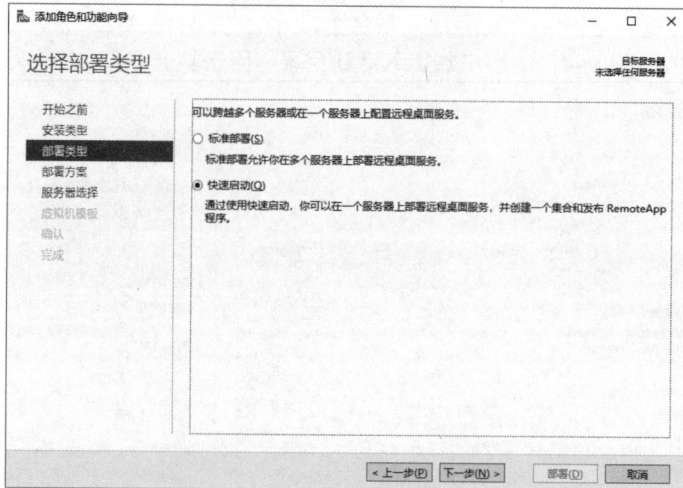

图 8-6　选择部署类型

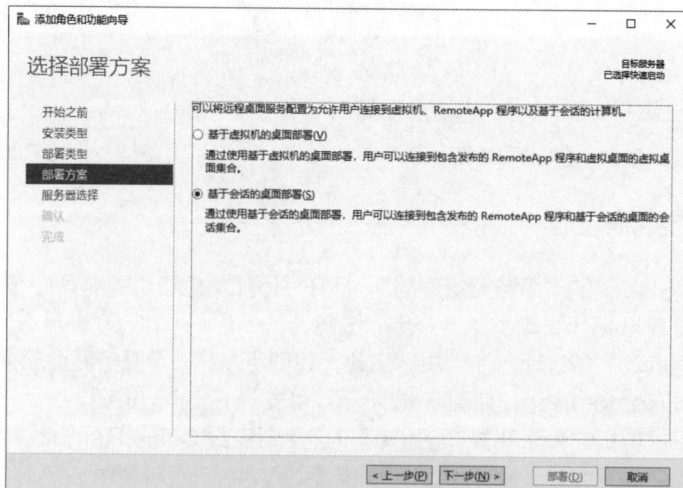

图 8-7　选择部署方案

（4）选择右边方框中的计算机 2022SRVB，如图 8-8 所示。单击"下一步"按钮，在所选择的计算机上安装 RD 连接代理、RD Web 访问、RD 会话主机等组件，出现图 8-9 所示界面时，勾选左下角的"需要时自动重新启动目标服务器"复选框，单击"部署"按钮。

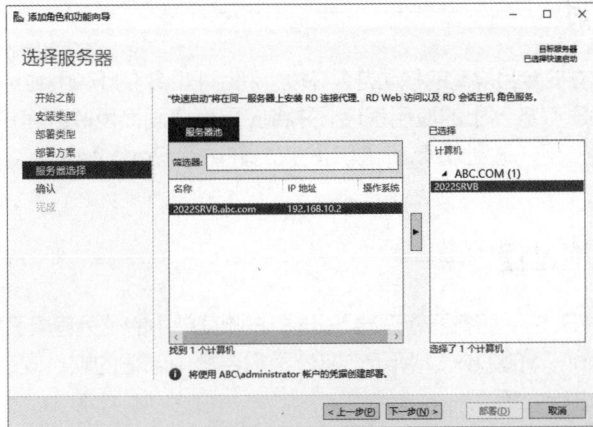

图 8-8　选择服务器

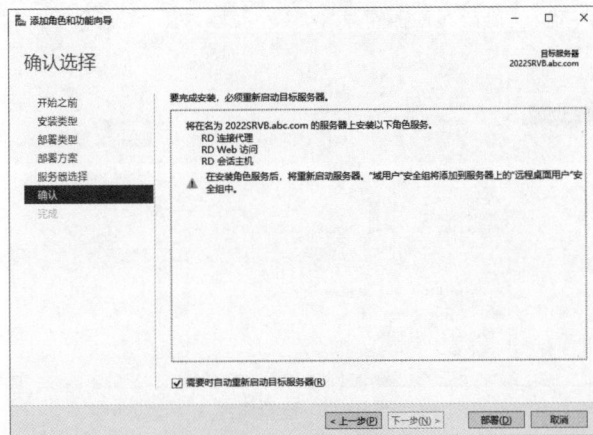

图 8-9　确认选择

（5）等待部署完成。部署过程中会重新启动服务器，如图 8-10 所示，RDS 服务器安装完毕。

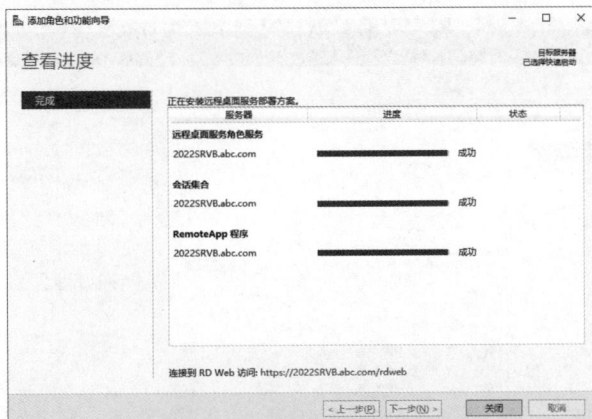

图 8-10　RDS 服务器安装完毕

8.3 任务2：发布应用程序

8.3.1 任务说明

利用远程网络可以建立安全且隔离的移动办公环境。利用 RDS 的 RemoteApp 功能，可以执行远程 RDS 服务器上的应用程序，并将应用程序画面反映到客户端显示屏上。远程登录权限按用户级别分离，一般用户仅允许访问 RemoteApp，高级用户允许访问 RDS 服务器的桌面。

8.3.2 任务实施过程

（1）打开 2022SRVB 的"服务器管理器"，选择右侧菜单中的"远程桌面服务"，选择"集合"→"QuickSessionCollection"，如图 8-11 所示，把公司需要集中部署的软件安装在 2022SRVB。这里以 Chrome 浏览器为例进行介绍。

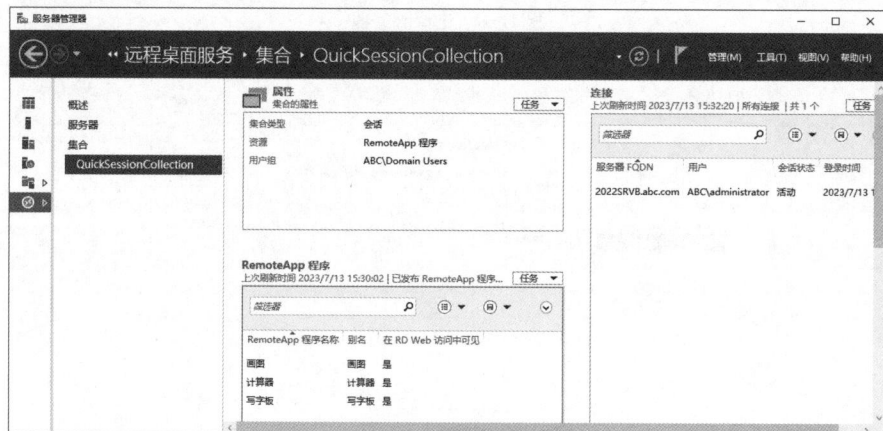

图 8-11　查看集合

（2）在"RemoteApp 程序"中单击"任务"，在弹出的菜单中选择"发布 RemoteApp 程序"命令，如图 8-12 所示。

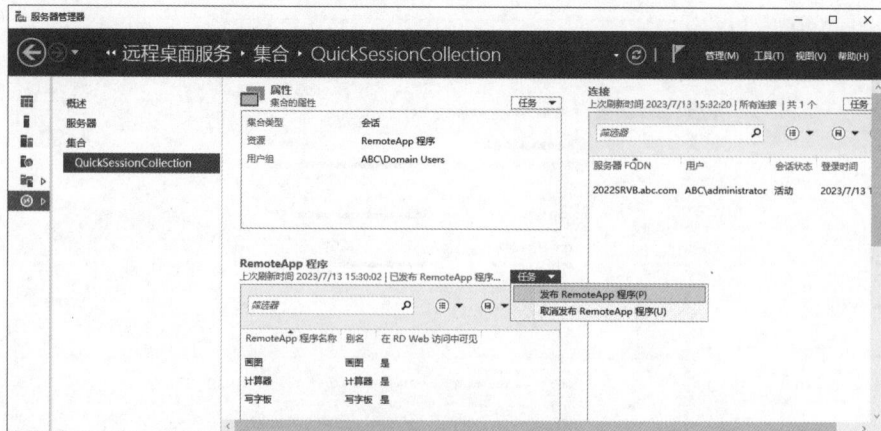

图 8-12　发布 RemoteApp

（3）勾选要发布的程序，如果要向列表中添加新的应用程序，单击"添加"按钮，如图 8-13 所示。

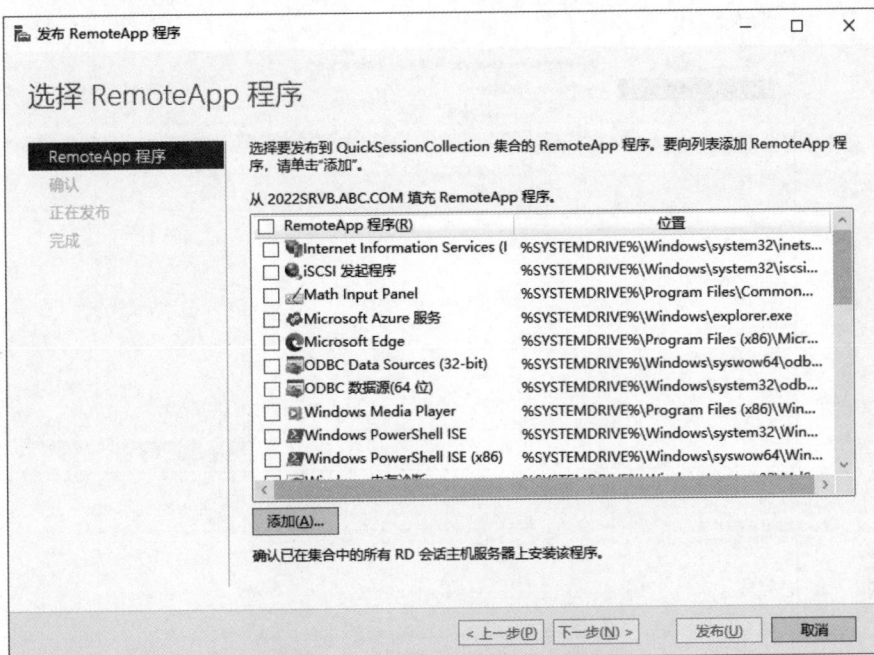

图 8-13　选择 RemoteApp 程序

（4）此处选择要发布的应用程序"Google Chrome"（可以提前在虚拟机中安装 Google Chrome 程序），单击"下一步"按钮，如图 8-14 所示。

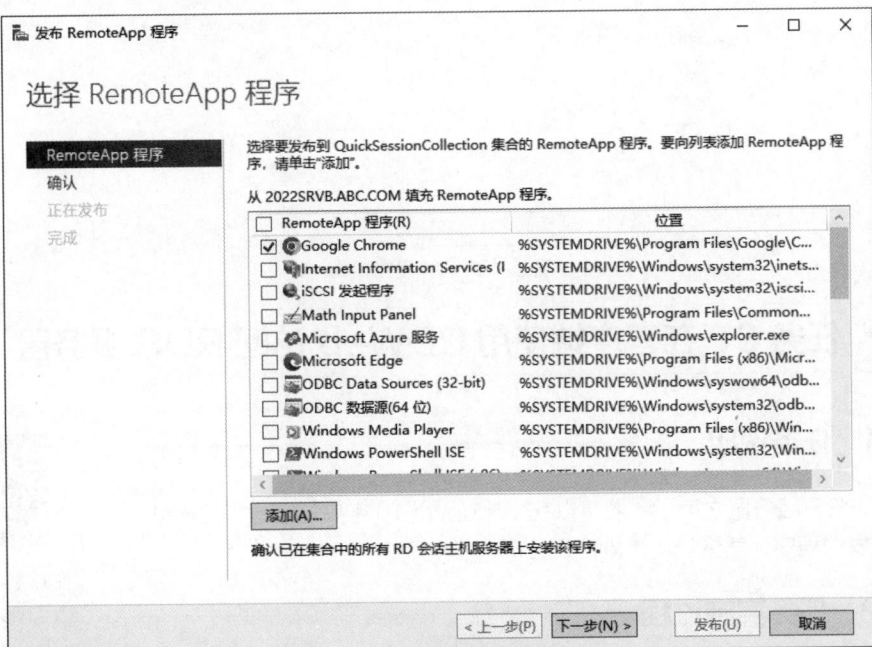

图 8-14　选择要发布的应用程序

（5）选择"Google Chrome"，单击"发布"按钮，之后单击"关闭"按钮，如图 8-15 和图 8-16 所示。至此，一个应用程序发布完成。

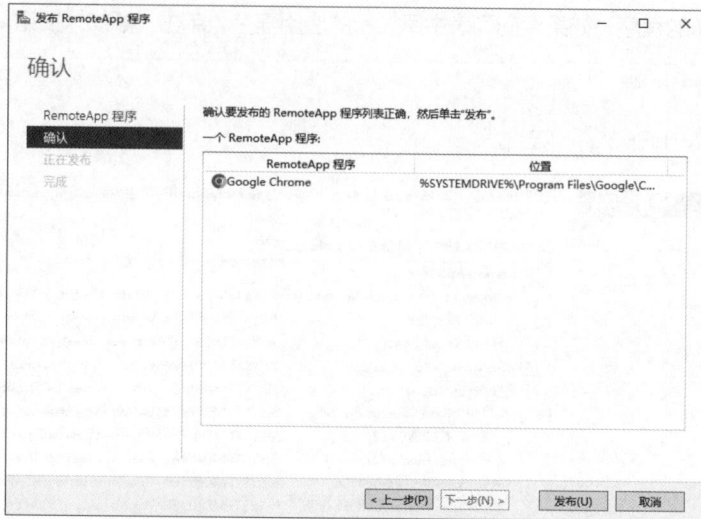

图 8-15　确认要发布的程序

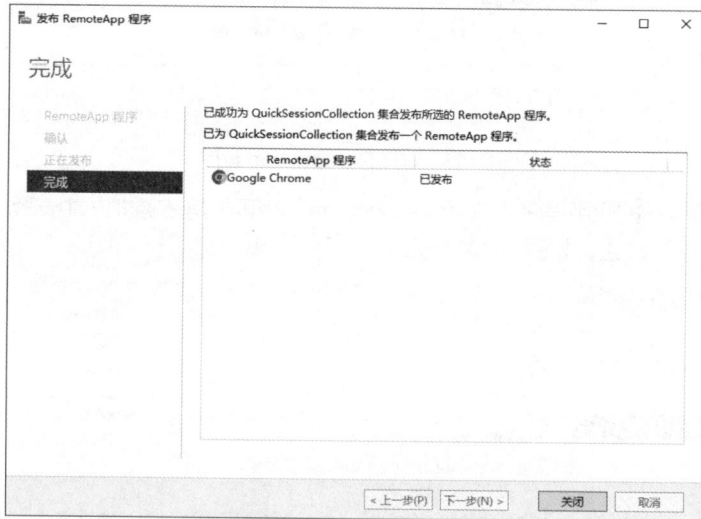

图 8-16　程序发布完成

8.4　任务 3：在客户端使用 RDWeb 访问 RDS 服务器

8.4.1　任务说明

配置好 RDS 服务器之后，我们可以在 Windows 10 客户端通过 RDWeb 访问服务器分发的程序，就像访问本地应用程序一样。

8.4.2　任务实施过程

（1）打开客户端浏览器，在地址栏输入"192.168.10.2/rdweb"，192.168.10.2 是 RDS 服务器（2022SRVB）的 IP 地址。在此处会弹出"此站点不安全"的提示，选择"转到此网页（不推荐）"，连接 RDS 服务器，如图 8-17 所示。

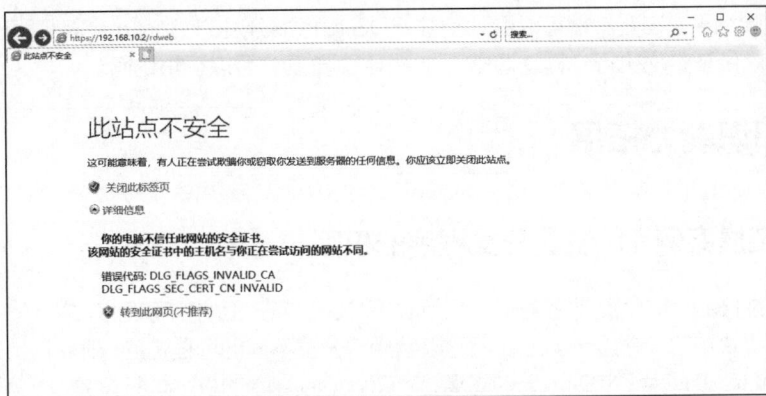

图 8-17　访问 RDS 服务器

（2）在弹出的图 8-18 所示的对话框中输入域管理员的用户名和密码，单击"登录"按钮。

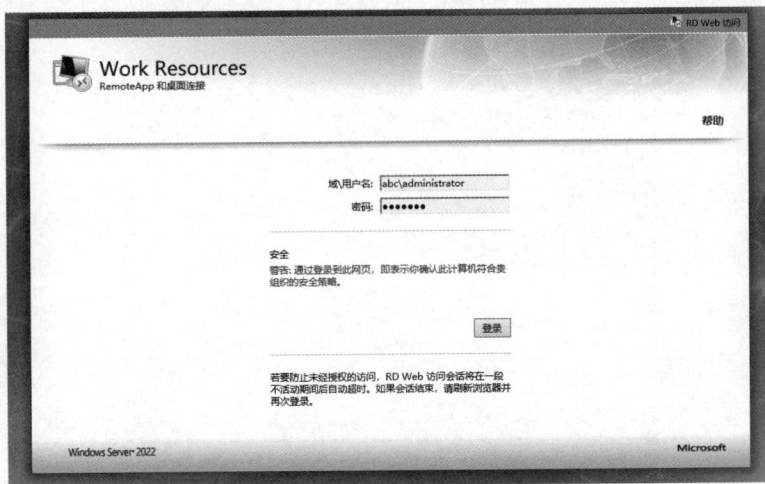

图 8-18　RDWeb 登录

（3）由于该 CA 的证书不是由受信任的证书颁发机构颁发的，因此一直会有警告提示，如图 8-19 所示。单击"连接"按钮，在弹出的登录框中输入域的管理员的密码，效果如图 8-20 所示。

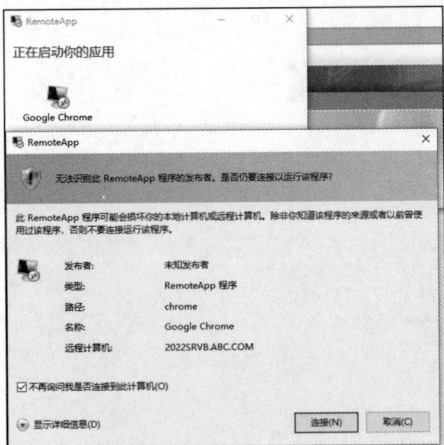

图 8-19　连接 RDWeb

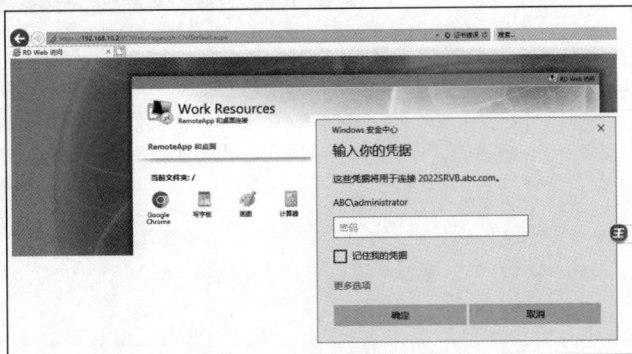

图 8-20　启动 RemoteApp

（4）验证实验结果。在客户端可以看到刚才 RDS 服务器分发的 Chrome 浏览器程序，即可远程运行应用程序，就像在本地执行一样，双击 Chrome 浏览器，可以正常访问。

8.5 知识能力拓展

8.5.1 拓展案例 1：设置分发程序的权限

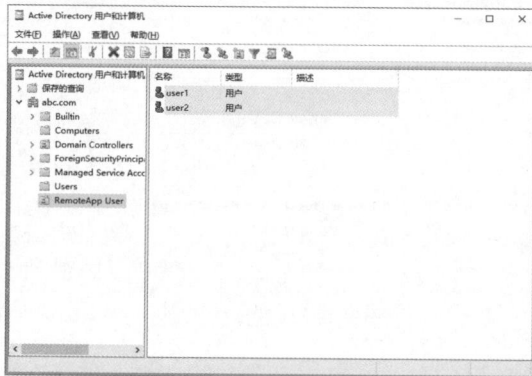

利用 RDS 的 RemoteApp 功能可以执行远程 RDS 服务器上的应用程序，并将应用程序画面反映到客户端显示屏上，还可以给用户分配不同的远程访问权限。

案例场景：ABC 公司为了实现信息的隔离，对 RemoteApp 的权限进行设置，要求某些用户只能访问指定分发的文件，请问要怎么实现呢？

实施过程如下所示。

（1）在此案例中，我们需要在 AD（Active Directory）上创建两个用户——user1 和 user2，如图 8-21 所示。

拓展案例 1　设置
分发程序的权限

图 8-21　在 AD（Active Directory）上创建用户

（2）打开服务器管理器，单击远程桌面服务，选择"集合"→"QuickSessionCollection"。

（3）分别为 Chrome 浏览器和计算器程序设置权限，让 user1 对 Chrome 浏览器有访问权限，user2 对默认分发的计算器程序有访问权限。编辑应用程序属性，添加具有访问权限的用户，如图 8-22 至图 8-25 所示。

图 8-22　编辑应用程序属性（1）

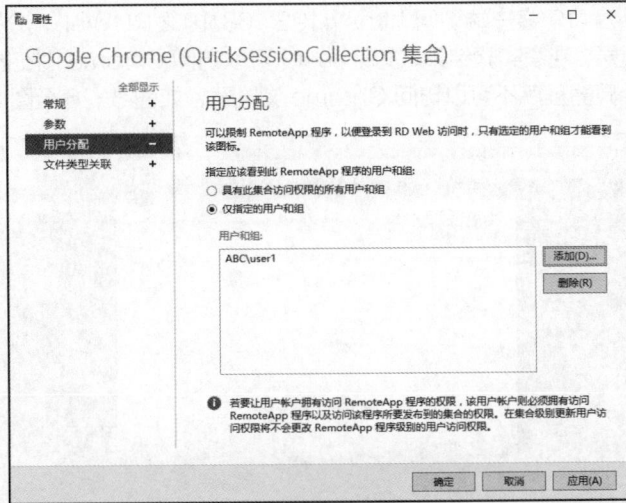

图 8-23　设置用户权限（1）

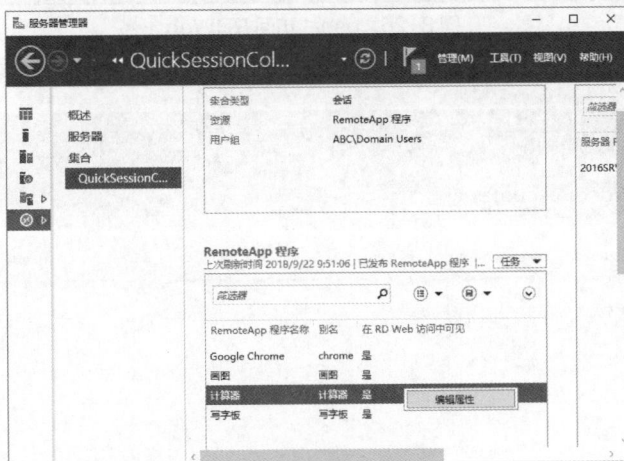

图 8-24　编辑应用程序属性（2）

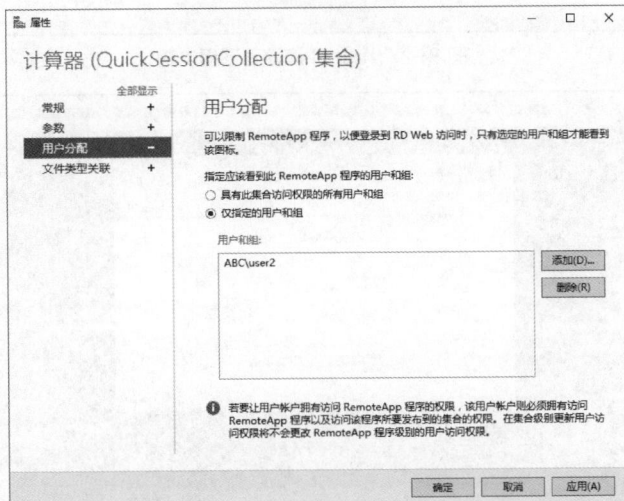

图 8-25　设置用户权限（2）

171

（4）通过 Windows 10 客户端访问 https://192.168.10.2/RDWeb，分别用 user1 和 user2 两个不同的用户进行登录，观察实验结果，发现 user1 可以访问 Chrome 浏览器不可以访问计算器程序，user2 可以访问计算器程序不可以访问 Chrome 浏览器，如图 8-26 至图 8-29 所示。

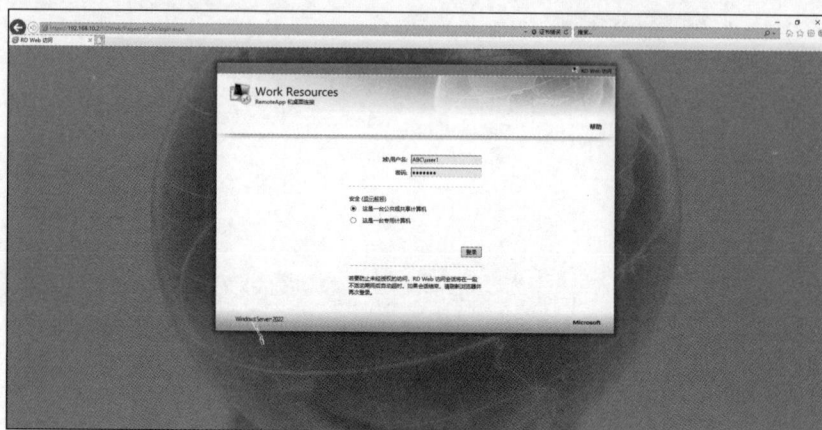

图 8-26　user1 访问 RDWeb

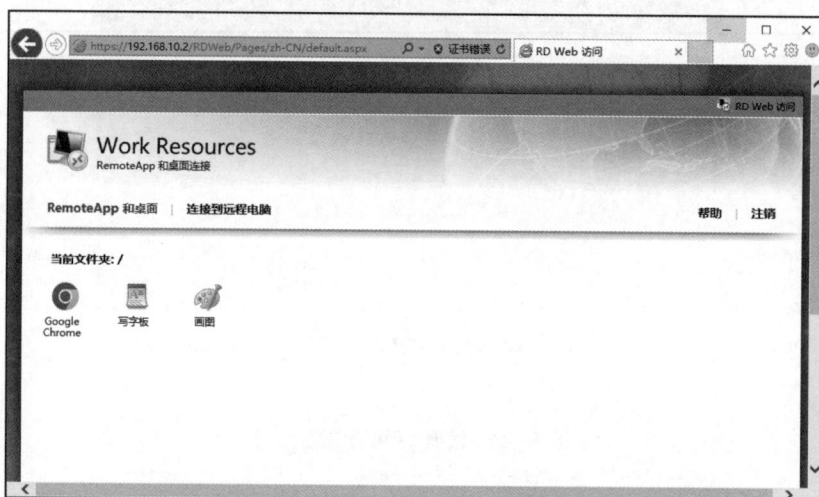

图 8-27　user1 连接到远程电脑

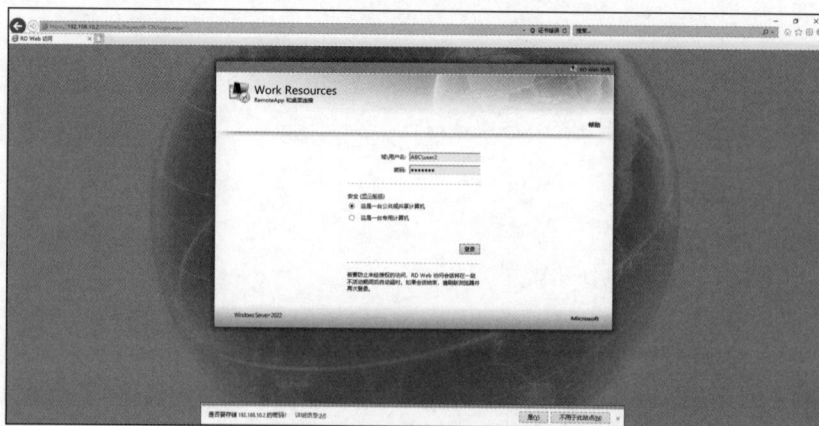

图 8-28　user2 访问 RDWeb

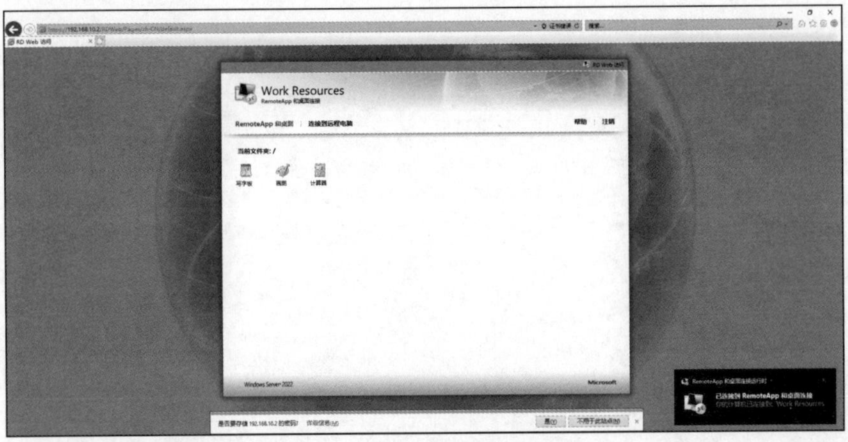

图 8-29　user2 连接到远程电脑

8.5.2　拓展案例 2：更改 RDWeb 服务器证书

拓展案例 2　更改
RDWeb 服务器证书

到目前为止，我们搭建了 RemoteApp 的 Web 访问，但是其中有一个问题，即客户端访问 Web 的时候提示了证书错误，为什么会出现这个证书错误呢？因为我们安装完"远程桌面 Web 访问"后默认使用了一张自签名的证书，而这张证书不被任何客户端信任。要解决这个问题，我们还是要向企业 CA 申请一张证书，然后跟 RDWeb 的网站进行绑定。

要实现该案例，我们需要按照项目六的操作搭建公司内部的证书服务器，此案例假设 2022SRVA 上证书服务已经配置完成。

（1）打开 IIS 管理器，单击"创建域证书"，如图 8-30 所示。

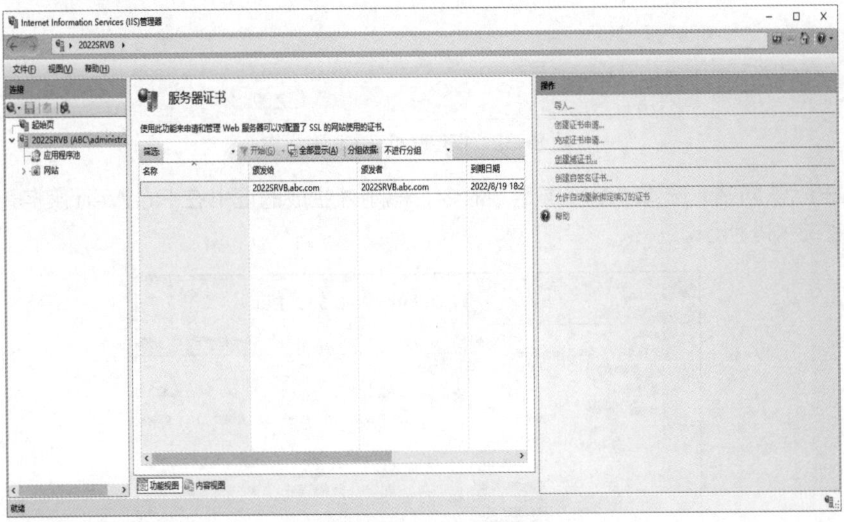

图 8-30　创建域证书

（2）"通用名称"是重点，其他不过是标识而已。这里我们输入服务器的 IP 地址，也可以是服务器的域名，如图 8-31 所示。

（3）指定联机证书颁发机构，这里为 2022SRVA；"好记名称"可以随意填写，我们这里输入"RDWeb"；单击"完成"按钮，如图 8-32 所示。

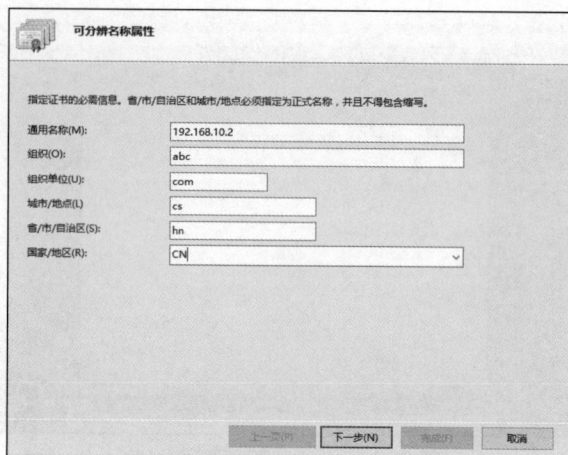

图 8-31　输入域证书属性值

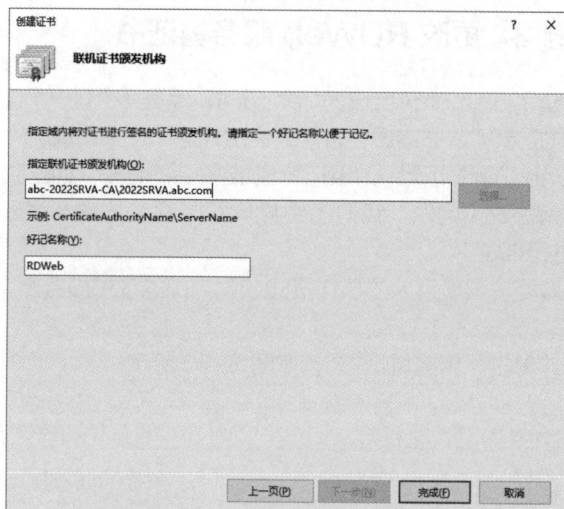

图 8-32　指定联机证书颁发机构

（4）右击默认网站，选择"编辑绑定"命令，把刚才生成的证书在 RDWeb 服务器上绑定，如图 8-33 和图 8-34 所示。

图 8-33　绑定证书

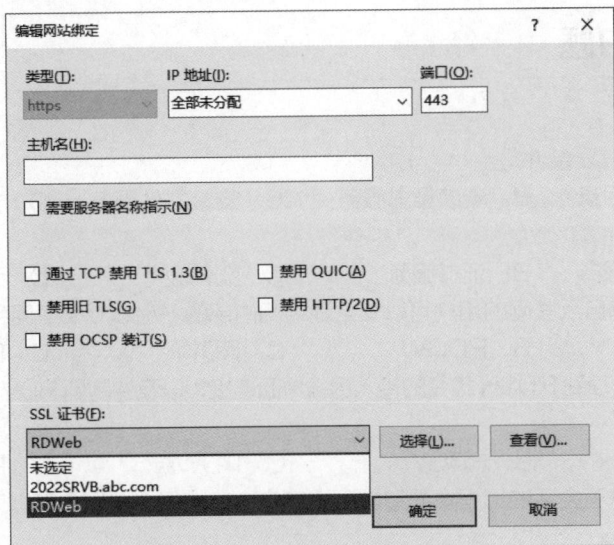

图 8-34 为 Web 站点选择 SSL 证书

（5）在 Windows 10 客户端上访问 http://192.168.10.2/RDWeb，由于 RDWeb 服务器绑定的证书是企业根 CA 颁发的证书，属于受信任的根证书颁发机构颁发的证书，因此不会提示该网站的证书有问题等信息，如图 8-35 所示。

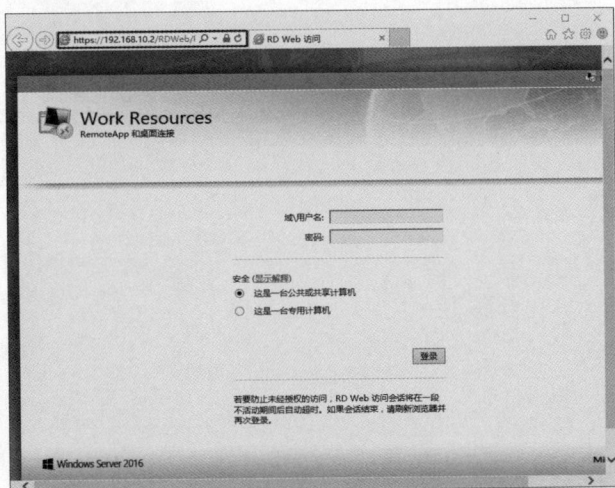

图 8-35 客户端访问测试

8.6 仿真实训案例

ABC 公司为实现桌面程序虚拟化，需要创建 RDS 服务器，并分发应用程序。

案例要求如下。

（1）使用 https://www.abc.com/RDWeb 访问服务器。

（2）发布一个 Office Word 应用程序，只有公司网络工程部的用户 NetworkEngineer01 才可以访问。

（3）发布一个 Office Excel 应用程序，只有销售部的 sales01 才可以访问。

（4）从公司任何域计算机访问 RDWeb 时，会出现无证书警告或者安全提示。

8.7 课后习题

一、选择题

1. 部署 RDS 的充要条件是（　　　）。

　　A. 安装活动目录　　　B. 安装证书服务　　　C. 安装文件服务　　　D. 安装 DNS 服务

2. RDS 是（　　　）。

　　A. 远程桌面服务　　　B. 证书服务　　　　　C. 文件服务　　　　　D. 地址转换服务

3. （　　　）使得来自互联网的用户可以安全地访问内部的 Windows 桌面和应用程序。

　　A. RDVH　　　　　　　B. RDGW　　　　　　　C. RDWA　　　　　　　D. RDCB

4. （　　　）负责管理到 RDSH 集合的传入远程桌面连接，以及控制到 RDVH 集合和 RemoteApp 的连接。

　　A. RDVH　　　　　　　B. RDGW　　　　　　　C. RDWA　　　　　　　D. RDCB

5. （　　　）提供基于会话的远程桌面和应用程序集合，使得众多用户可以同时使用一台服务器，但用户不具备管理权限。

　　A. RDSH　　　　　　　B. RDGW　　　　　　　C. RDWA　　　　　　　D. RDCB

二、简答题

RDS 服务有哪几个重要组件，分别有什么作用？

项目九
VPN服务器的配置与管理

拓展阅读

案例场景

ABC 公司经常要派员工到外地出差，为了满足公司业务需求，出差在外的员工经常要访问公司内部服务器的数据。为了保证员工出差期间能够和公司内部服务器实现安全的数据传输，请你给出一个合适的解决方案。

VPN 服务器网络拓扑如图 9-1 所示。

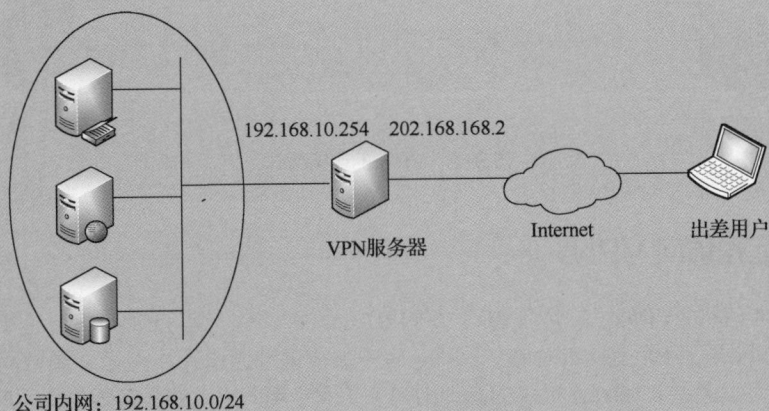

图 9-1   VPN 服务器网络拓扑

在本项目中，将通过完成以下任务内容来学习 VPN 服务器的配置与管理。

序号	任务内容	知识储备
任务 1	VPN 服务器的安装	VPN 服务器的工作原理、工作类型、工作协议等
任务 2	创建具有远程访问权限的用户	用户访问权限设置
任务 3	在 VPN 客户端建立 VPN 连接	在 VPN 客户端建立 VPN 连接的方法和流程

9.1   知识引入

9.1.1   虚拟专用网络 VPN

虚拟专用网络（Virtual Private Network，VPN）可以跨专用网络或外网（如

知识引入

Internet）创建安全的点到点连接，让远程用户通过外网安全访问公司内部网络资源，也可以让分布在不同地点的局域网安全地通信。

在 VPN 通信过程中，位于两地的客户端与服务器、服务器与服务器之间使用远程访问协议相互通信。Windows Server 2022 操作系统所支持的远程访问协议是点到点协议（Point-to-Point Protocol，PPP），为了建立点到点链路，数据要被 PPP 封装，并且带有一个提供路由信息的数据头，这个数据头可以穿越外网到达目的地。PPP 是目前应用最广泛的远程访问协议。

在 VPN 的连接过程中，为了建立一个私有的链路，数据发送之前需要采用 VPN 协议加密，如果没有解密密钥，在外网中传输的数据是不能被读取的，因此可以确保文件发送的安全性。Windows Server 2022 操作系统支持 PPTP、L2TP/IPSec 与 SSTP（SSL）这 3 种 VPN 协议。

VPN 允许用户或公司通过外网安全地连接到远程服务器、分支办公室或其他分公司，它的优点还包括以下几点。

（1）成本优势：VPN 不使用电话线路，所需硬件较少。

（2）增强的安全性：敏感的数据对未授权的用户隐藏起来，但是可以被授权的用户正常访问。

（3）网络协议支持：可以远程运行任何基于常用网络协议（如 TCP/IP）的应用程序。

（4）IP 地址安全：由于通过 VPN 传输的数据被加密，用户的地址信息也被保护起来，因此通过外网传输的数据中只有外部的 IP 地址是可见的。

VPN 的连接组成如图 9-2 所示。

图 9-2　VPN 的连接组成

9.1.2　远程访问 VPN

VPN 有两种不同的连接类型：远程访问 VPN 和站点间 VPN。远程访问 VPN 连接架构如图 9-3 所示。公司内部网络已经连上 Internet，VPN 客户端在远地通过无线网络、局域网等方式也连上 Internet 后，就可以通过 Internet 提供的基础结构来访问专用网络上的服务器。从用户的角度来看，VPN 是计算机（VPN 客户端）与 VPN 服务器之间的点到点连接，与共享网络或外网确切的基础结构是不相关的，因为 VPN 是以逻辑形式出现的，仿佛数据是通过专用链路发送的一样，VPN 用户感觉就像在公司内部网络的计算机上工作。

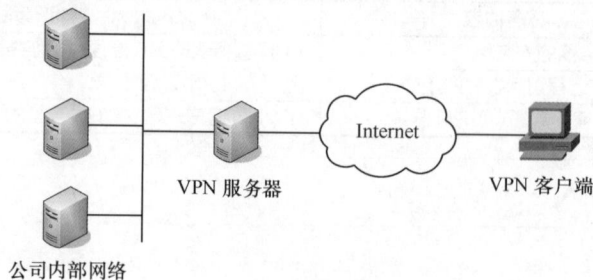

图 9-3　远程访问 VPN 连接架构

9.2 任务 1：安装 VPN 服务器

任务 1　安装 VPN
服务器

9.2.1 任务说明

在此任务中，按照项目需求，我们使用远程访问 VPN 连接架构。首先，管理员需要在公司内网的某台 Windows Server 2022 服务器上安装双网卡，并部署 VPN 服务。然后，必须在 Windows Server 2022 服务器上安装"远程访问"服务器角色（参考项目三中的拓展案例 1）。下面我们将选择一台空闲的 Windows Server 2022 服务器来进行 VPN 服务器的安装。

9.2.2 任务实施过程

（1）打开路由和远程访问控制台，用鼠标右键单击服务器名称，选择"配置并启用路由和远程访问"命令，如图 9-4 所示。

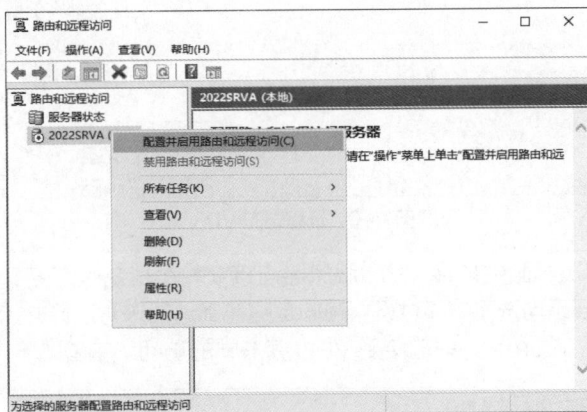

图 9-4　配置并启用路由和远程访问

（2）如图 9-5 所示，选择"远程访问(拨号或 VPN)"单选项。单击"下一步"按钮。

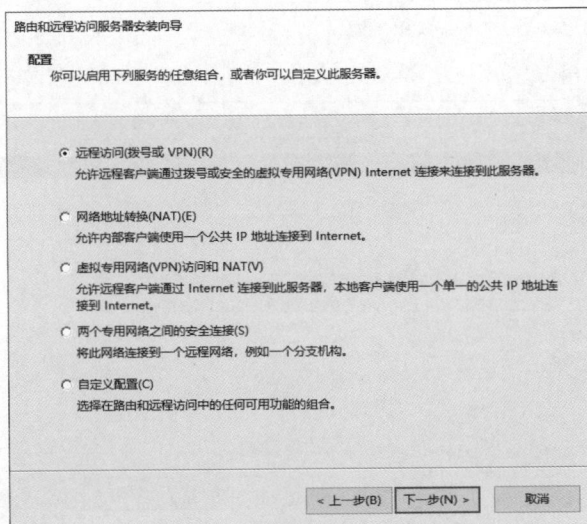

图 9-5　远程访问(拨号或 VPN)

（3）在"远程访问"界面中勾选"VPN"选项，如图9-6所示。单击"下一步"按钮。

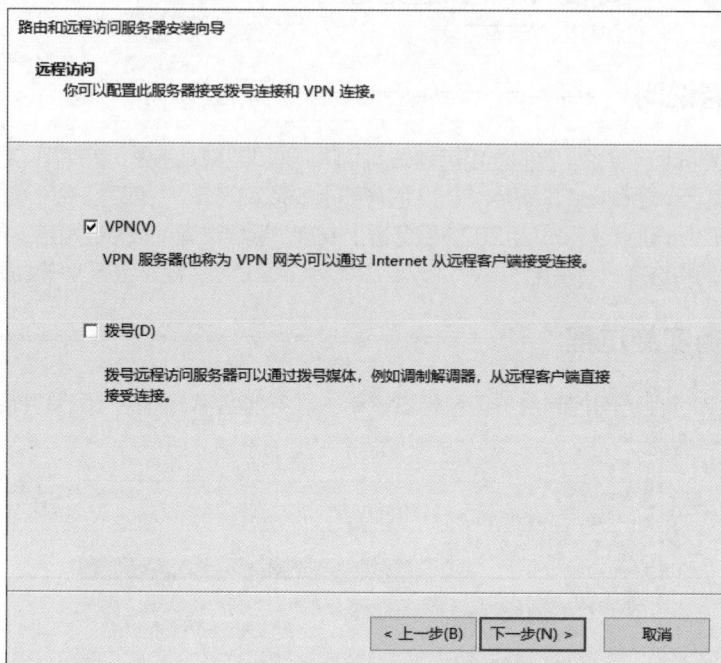

图9-6 远程访问VPN

（4）在"VPN连接"界面中选择VPN服务器连接Internet的网络接口，本例是"外网"，如图9-7所示。在界面中要是勾选了"通过设置静态数据包筛选器来对选择的接口进行保护"选项，那么这台计算机将不能访问Internet，只能接受VPN客户端的访问。单击"下一步"按钮。

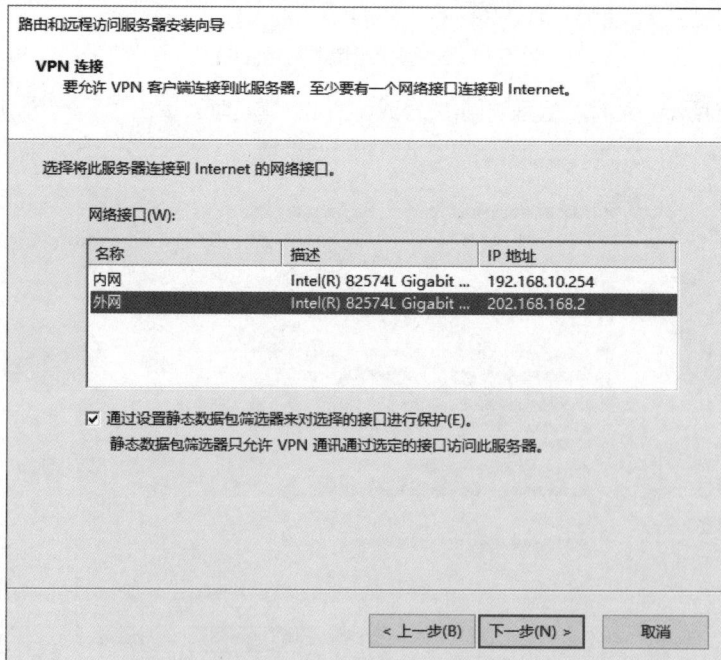

图9-7 选择VPN服务器连接Internet的网络接口

（5）在"IP 地址分配"界面中，可以选择对远程客户端分配 IP 地址的方法，如果公司的网络中有 DHCP 服务器自动分配 IP 地址，或者你希望 VPN 服务器自动给 VPN 客户端分配 IP 地址，就可以选择"自动"单选项。本例中我们选择"来自一个指定的地址范围"单选项，如图 9-8 所示。单击"下一步"按钮。

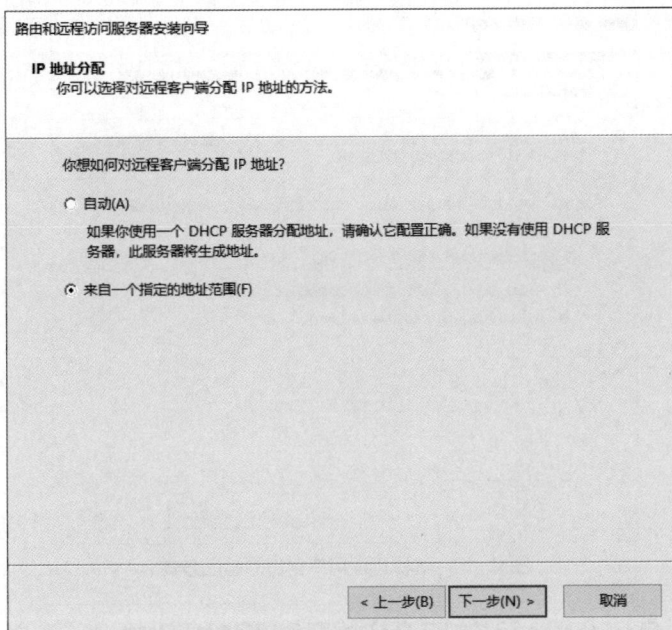

图 9-8　IP 地址分配

（6）如图 9-9 所示，在"地址范围分配"界面中单击"新建"按钮，输入远程客户端分配的 IP 地址范围 10.10.0.1～10.10.0.100，单击"确定"按钮。

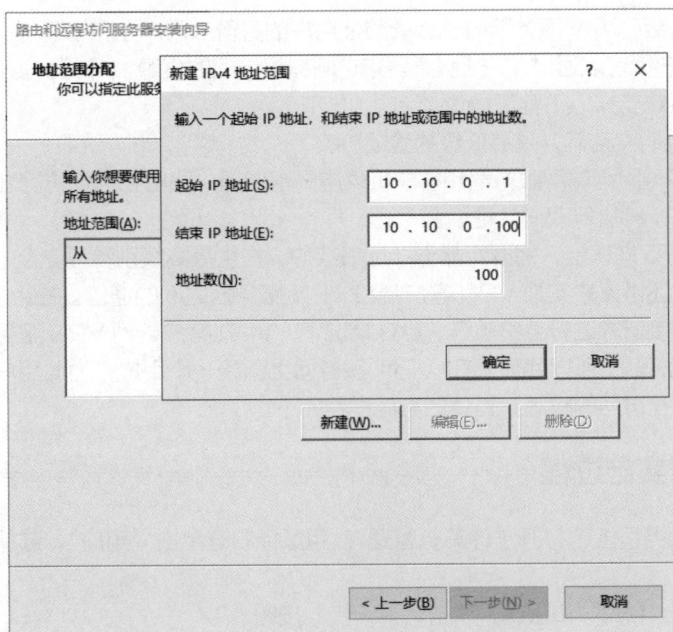

图 9-9　输入远程客户端分配的 IP 地址范围

（7）在“管理多个远程访问服务器”界面中选择由谁来验证远程用户身份。如果由本地服务器验证，就选择“否，使用路由和远程访问来对连接请求进行身份验证”单选项；如果由 RADIUS 服务器专门验证，就选择“是，设置此服务器与 RADIUS 服务器一起工作”单选项。在本例中，我们选择“否，使用路由和远程访问来对连接请求进行身份验证”，如图 9-10 所示。单击“下一步”按钮完成设置。

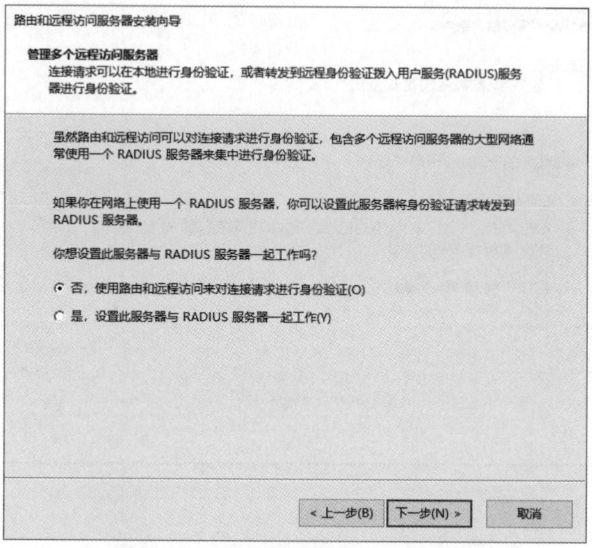

图 9-10　选择远程用户身份的验证方式

9.3　任务 2：创建具有远程访问权限的用户

任务 2　创建具有远程访问权限的用户

9.3.1　任务说明

VPN 客户端连接到 VPN 服务器时，必须验证用户的身份（用户名和密码）。身份验证成功后，用户就可以通过 VPN 服务器来访问有权访问的资源。Windows Server 2022 操作系统支持以下验证协议。

（1）PAP：使用明文密码，是最低级的验证协议。

（2）CHAP：多种网络访问服务器和客户机供应商都使用，路由和远程访问服务支持 CHAP。

（3）MS-CHAP2：执行双向认证。

（4）EAP：执行双向认证，需要智能卡、证书结构，提供最高级别验证安全。

我们可以使用上述协议来实现 VPN 客户端和 VPN 服务器之间的通信。在此任务中，我们使用路由和远程访问来对连接请求进行身份验证，默认情况下，VPN 客户端到 VPN 服务器的连接使用的是“需要有安全措施的密码”，所以我们要在 VPN 服务器上创建一个用户，为此用户设置一个安全的密码，并赋予此用户远程访问的权限，具体的实施过程如下。

9.3.2　任务实施过程

（1）在 VPN 服务器上，打开“计算机管理”，用鼠标右键单击“用户”，选择“新用户”命令，如图 9-11 所示。

（2）输入用户名“test”和密码，单击“下一步”按钮。

（3）用鼠标右键单击“test”，选择“属性”，如图 9-12 所示。

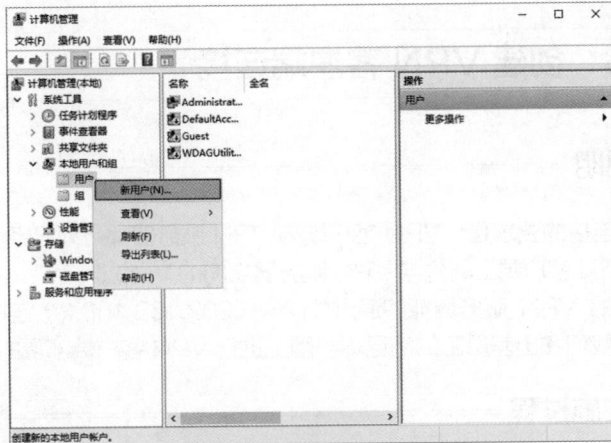

图 9-11　创建远程访问用户

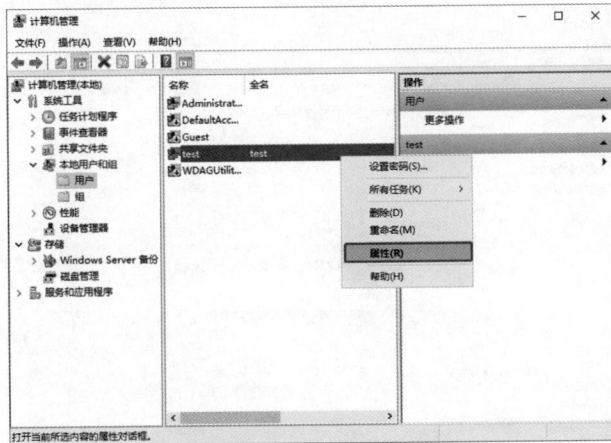

图 9-12　为远程访问用户设置属性

（4）在"test 属性"对话框中，选择"拨入"选项卡，选择"允许访问"单选项，如图 9-13 所示。

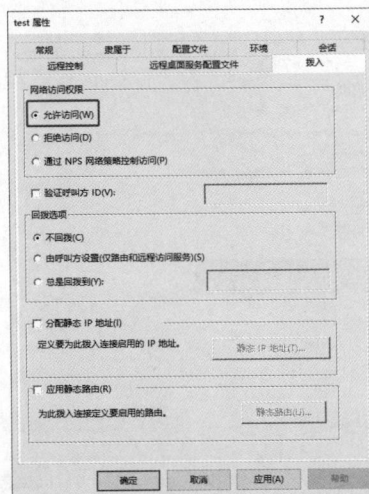

图 9-13　为远程访问用户设置网络访问权限

9.4 任务 3：创建 VPN 客户端连接

9.4.1 任务说明

创建 VPN 客户端连接的要求是：VPN 客户端与 VPN 服务器都必须已经连上 Internet，然后在 VPN 客户端上新建与 VPN 服务器之间的 VPN 连接。

在此任务中，公司的 VPN 服务器能够通过外网卡（202.168.168.2）连接互联网，客户端也已经连上互联网。以下是我们在出差员工的笔记本电脑上进行 VPN 客户端部署的实施过程。

9.4.2 任务实施过程

（1）在 VPN 客户端（假设操作系统是 Windows 10）打开"网络和共享中心"，如图 9-14 所示，单击"设置新的连接或网络"。

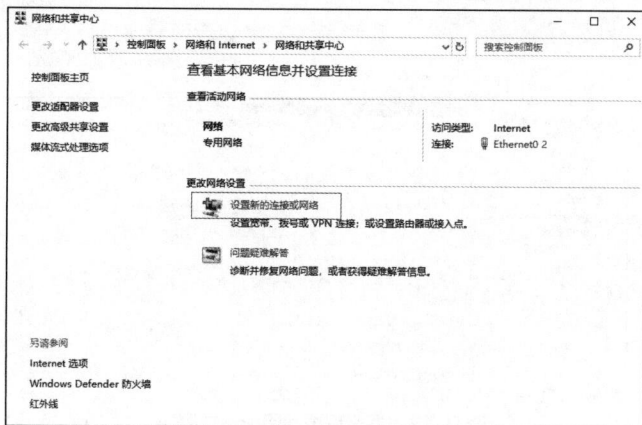

图 9-14　设置新的连接或网络

（2）在"设置连接或网络"窗口中，单击"连接到工作区"，如图 9-15 所示。单击"下一步"按钮。

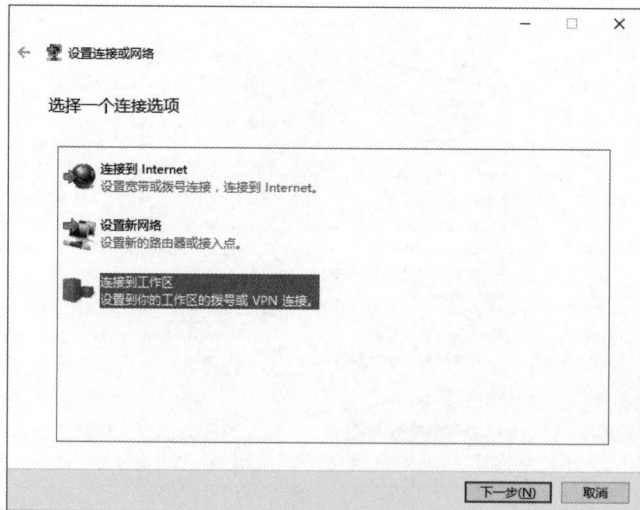

图 9-15　连接到工作区

（3）选择"使用我的 Internet 连接(VPN)"，如图 9-16 所示。

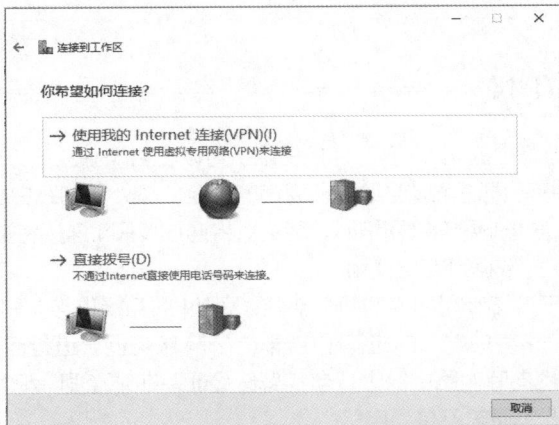

图 9-16　选择"使用我的 Internet 连接(VPN)"

（4）如图 9-17 所示，在出现的界面中输入 Internet 地址，该地址是 VPN 服务器外网卡的地址 202.168.168.2，单击"创建"按钮。

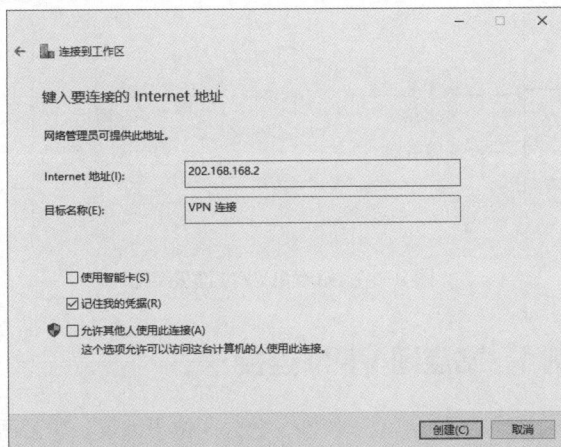

图 9-17　设置要连接的 Internet 地址

（5）输入具有远程访问权限的用户名和密码（任务 2 中创建的），如图 9-18 所示，单击"确定"按钮，即可通过 VPN 连接实现和公司服务器的安全连接。

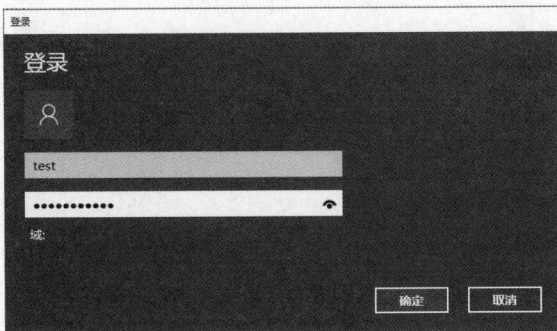

图 9-18　VPN 网络身份验证

9.5 知识能力拓展

9.5.1 站点间 VPN

站点间 VPN（也称为路由器间 VPN）连接使组织可以在各个独立的办公室之间或与其他组织之间通过外网建立路由的连接，同时可以帮助保证通信的安全。跨外网的路由器 VPN 连接在逻辑上作为专用 WAN 链路使用。通过外网连接网络时，路由器将通过 VPN 连接将数据包转发到其他路由器。对于路由器，VPN 连接作为数据链路层使用。

站点间 VPN 连接用于连接专用网络的两个部分，VPN 服务提供与 VPN 服务器连接到网络的路由连接；呼叫路由器（VPN 客户端）向应答路由器（VPN 服务器）进行自我身份验证，为了进行相互身份验证，应答路由器也向呼叫路由器进行自我身份验证。在站点间 VPN 连接中，从任意一个路由器 VPN 连接发送的数据包通常不是源自路由器。

如图 9-19 所示，两个局域网的 VPN 服务器都连接到 Internet，并且通过 Internet 新建 VPN 连接，它让两个网络中的计算机之间可以通过 VPN 安全地通信。两地的用户感觉就像位于同一个地点。

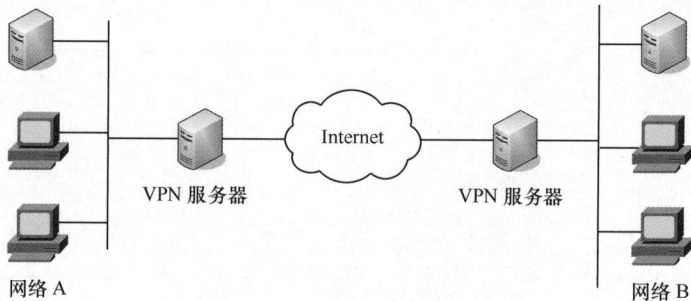

图 9-19　站点间 VPN 连接架构

9.5.2 拓展案例 1：站点间 VPN 连接

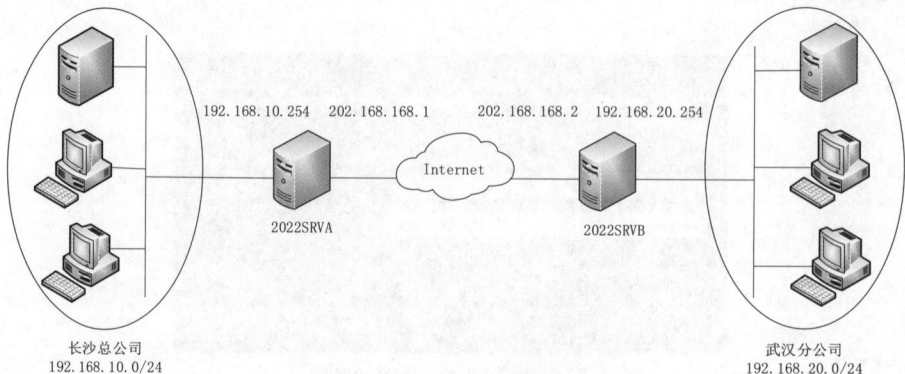

ABC 公司位于两个城市，公司总部位于长沙，分公司位于武汉。总公司和分公司两个网络都能访问 Internet。现在要求通过 Internet 将长沙总公司网络和武汉分公司网络连接起来，请你给出一个合适的解决方案。

网络拓扑如图 9-20 所示。

拓展案例 1　站点间
VPN 连接

图 9-20　拓展案例 1 网络拓扑

在本案例中，我们要使用站点间 VPN 连接将长沙总公司和武汉分公司两个网络连接起来，具体的实施分为长沙总公司 VPN 服务器配置、武汉分公司 VPN 服务器配置以及拨号连接。

1. 长沙总公司 VPN 服务器配置

（1）打开长沙总公司 VPN 服务器的"路由和远程访问"控制台，用鼠标右键单击"网络接口"，选择"新建请求拨号接口"命令，如图 9-21 所示。

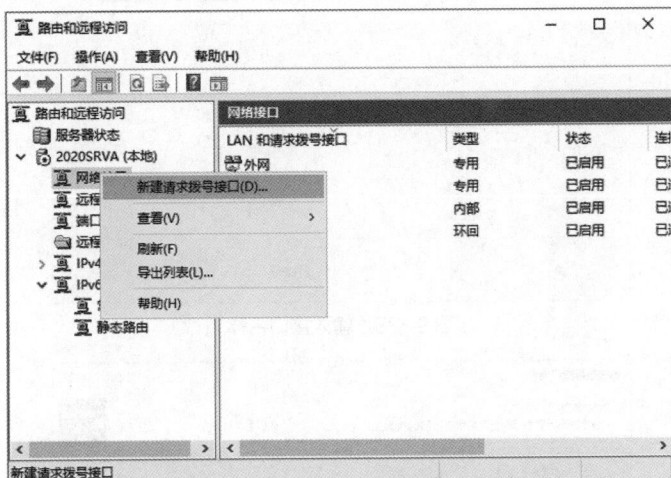

图 9-21　长沙总公司 VPN 服务器新建请求拨号接口

（2）在图 9-22 所示的"请求拨号接口向导"对话框中单击"下一步"按钮。

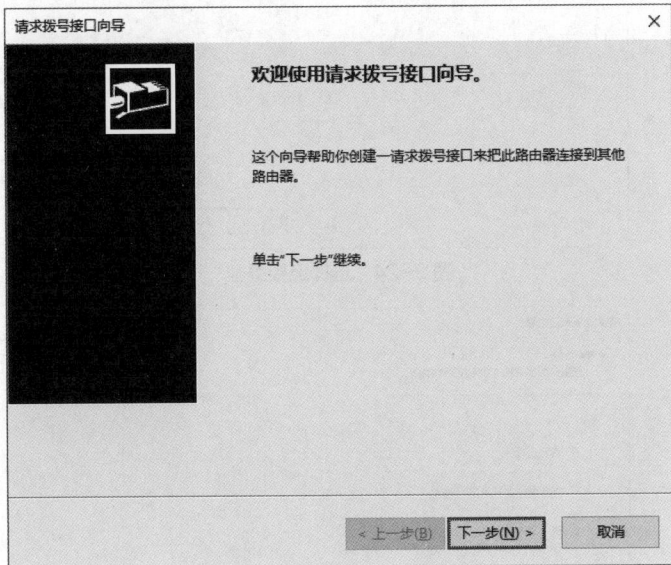

图 9-22　请求拨号接口向导

（3）在图 9-23 所示的"接口名称"界面中输入接口名称"CS001"，单击"下一步"按钮。

（4）在图 9-24 所示的"连接类型"界面中选择"使用虚拟专用网络连接(VPN)"单选项，单击"下一步"按钮。

（5）如图 9-25 所示，根据 VPN 协议的不同，VPN 有多种类型，在此案例中我们选择"自动选择"单选项或"点对点隧道协议(PPTP)"单选项均可。

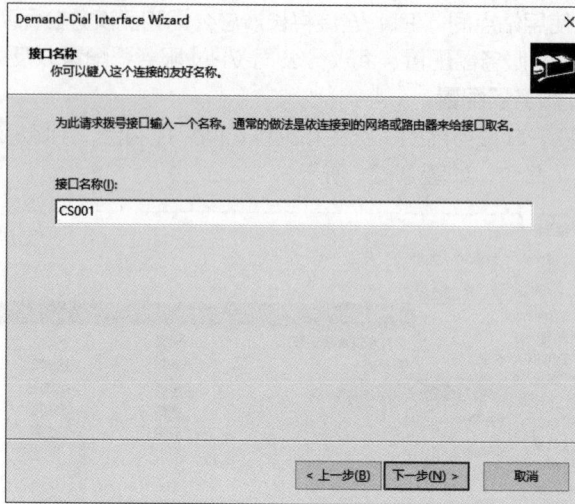

图 9-23　输入接口名称

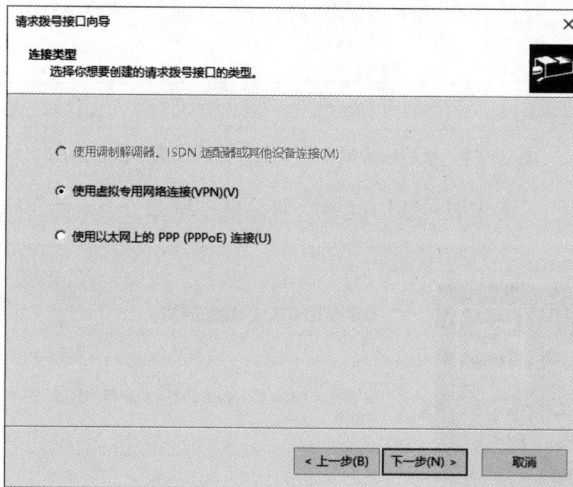

图 9-24　选择连接类型

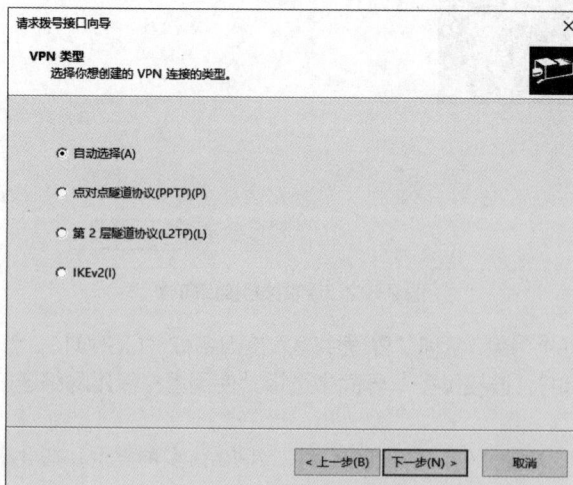

图 9-25　选择 VPN 类型

（6）在图 9-26 所示的"主机名称或 IP 地址"文本框中输入武汉分公司 VPN 服务器外网卡的 IP
地址"202.168.168.2"，单击"下一步"按钮。

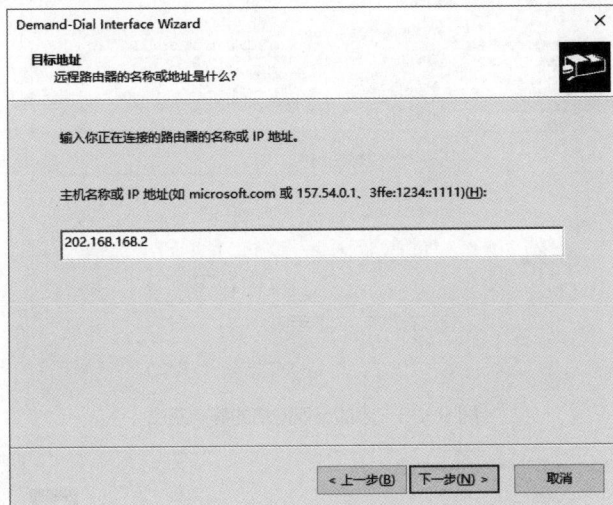

图 9-26　设置远程 VPN 服务器 IP 地址

（7）在图 9-27 所示的"协议及安全"界面中勾选"在此接口上路由选择 IP 数据包"选项和"添
加一个用户账户使远程路由器可以拨入"选项，单击"下一步"按钮。

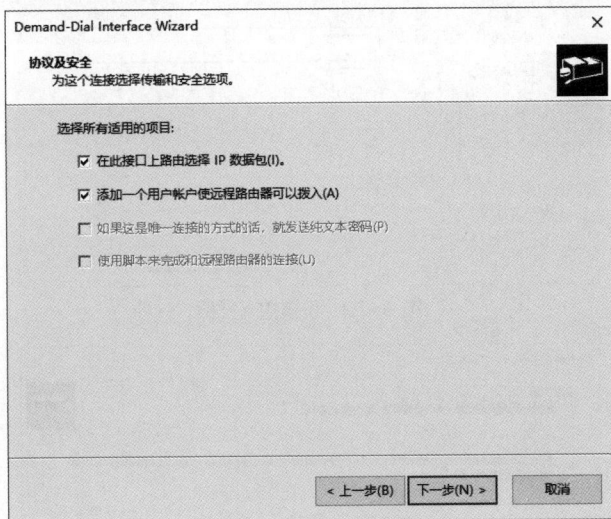

图 9-27　协议及安全

（8）在"远程网络的静态路由"界面中单击"添加"按钮，输入远程网络的 IP 地址等。此处输入
武汉分公司网络的 IP 地址等，如图 9-28 所示。单击"确定"按钮。

（9）在"拨入凭据"界面中设置远程路由器拨入此 VPN 服务器的用户名和密码，如图 9-29 所
示。在此案例中，此用户名和密码是指武汉分公司 VPN 服务器拨入长沙总公司 VPN 服务器的拨入凭
据。设置完成后单击"下一步"按钮。

（10）在"拨出凭据"界面中输入此 VPN 服务器拨入远程 VPN 服务器的用户名和密码，如
图 9-30 所示。在此案例中，此用户名和密码是长沙总公司 VPN 服务器拨入武汉分公司 VPN 服务器
的凭据。设置完成后单击"下一步"按钮。

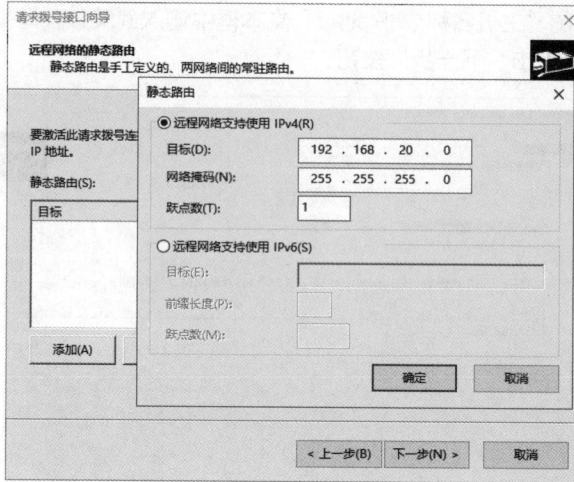

图 9-28　添加远程网络的静态路由

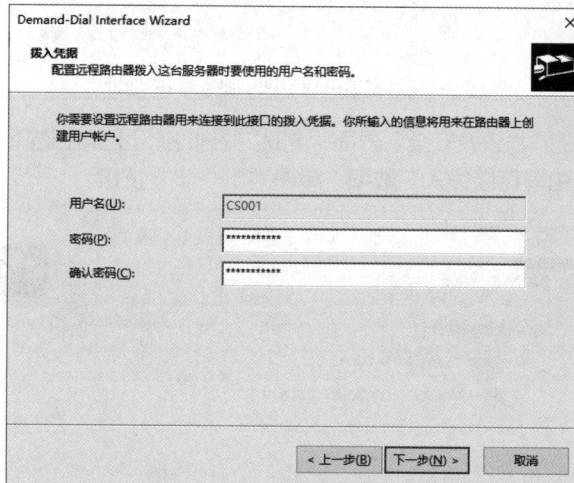

图 9-29　设置拨入凭据

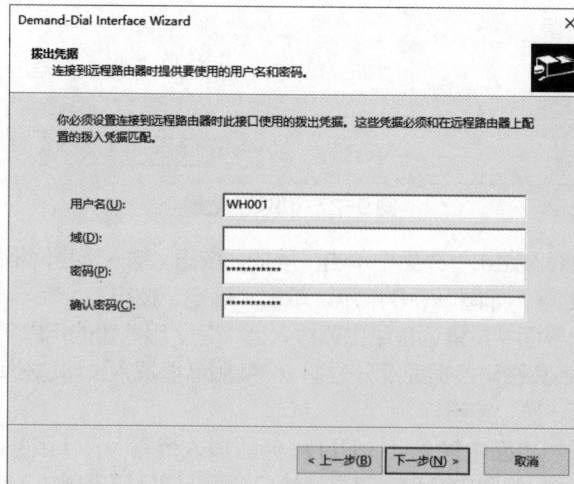

图 9-30　设置拨出凭据

（11）在"完成请求拨号接口向导"界面中单击"完成"按钮。

2. 武汉分公司 VPN 服务器配置

（1）打开武汉分公司 VPN 服务器的"路由和远程访问"控制台，用鼠标右键单击"网络接口"，选择"新建请求拨号接口"命令，如图 9-31 所示。

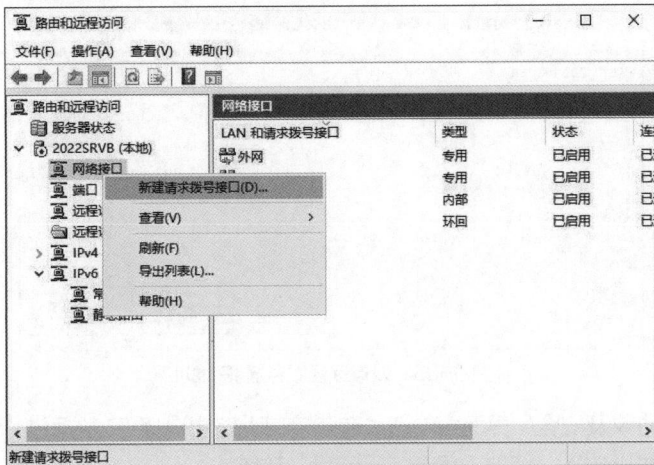

图 9-31　新建请求拨号接口

（2）在出现的"欢迎使用请求拨号接口向导"界面中单击"下一步"按钮。

（3）在图 9-32 所示的"接口名称"界面中输入接口名称"WH001"，单击"下一步"按钮。

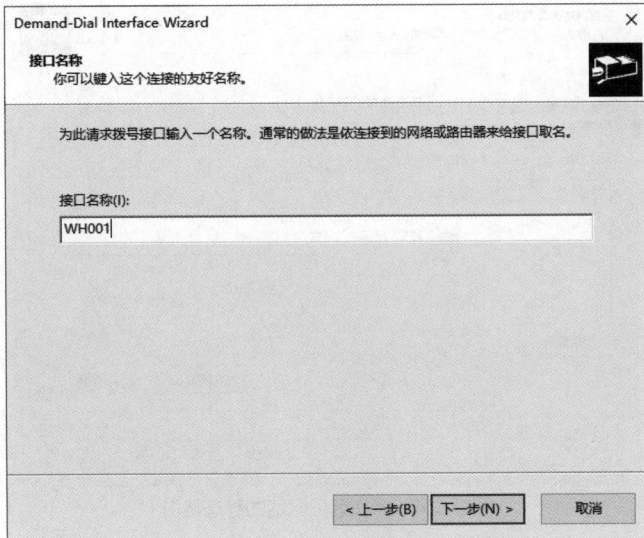

图 9-32　输入接口名称

（4）在出现的"连接类型"界面中选择"使用虚拟专用网络连接(VPN)"单选项，单击"下一步"按钮。

（5）在出现的"VPN 类型"界面中，选择"自动选择"单选项或"点对点隧道协议(PPTP)"单选项均可，单击"下一步"按钮。

（6）在图 9-33 所示的"主机名称或 IP 地址"文本框中输入长沙总公司 VPN 服务器外网卡的 IP 地址"202.168.168.1"，单击"下一步"按钮。

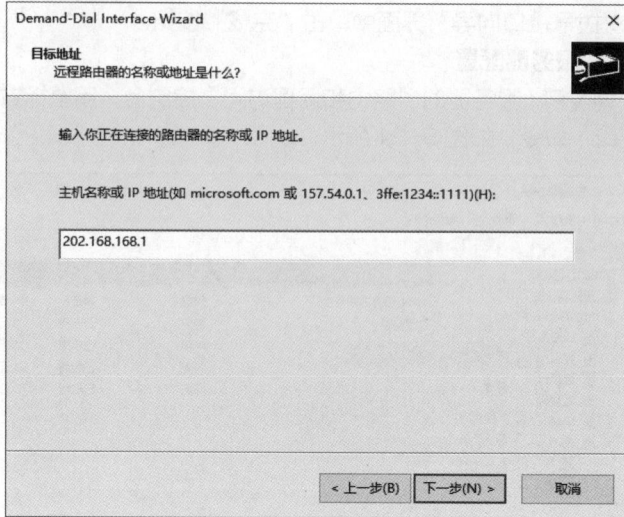

图 9-33　设置远程服务器 IP 地址

（7）在出现的"协议及安全"界面中勾选"在此接口上路由选择 IP 数据包"选项和"添加一个用户账户使远程路由器可以拨入"选项，单击"下一步"按钮。

（8）在"远程网络的静态路由"界面中单击"添加"按钮，输入远程网络的 IP 地址等。此处输入长沙总公司网络的 IP 地址等，如图 9-34 所示。单击"确定"按钮。

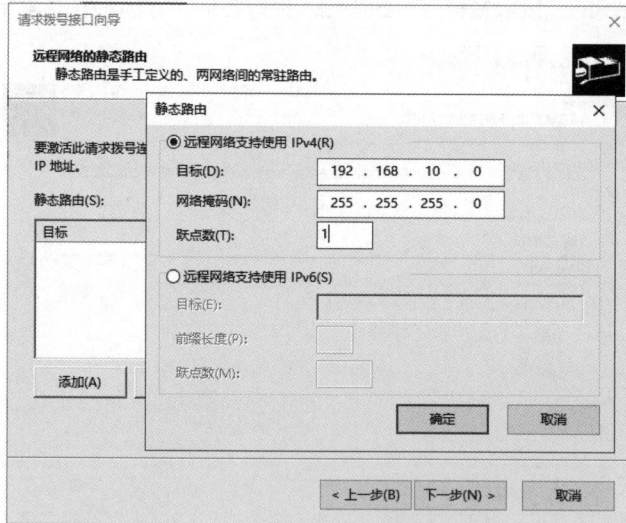

图 9-34　添加远程网络的静态路由

（9）在"拨入凭据"界面中设置远程路由器拨入此 VPN 服务器的用户名和密码，如图 9-35 所示。在此案例中，此用户名和密码是指长沙总公司 VPN 服务器拨入武汉分公司 VPN 服务器的拨入凭据。单击"下一步"按钮。

（10）在"拨出凭据"界面中设置此 VPN 服务器拨入远程 VPN 服务器的用户名和密码，如图 9-36 所示。在此案例中，此用户名和密码是武汉分公司 VPN 服务器拨入长沙总公司 VPN 服务器的凭据。单击"下一步"按钮。

（11）在图 9-37 所示的对话框中单击"完成"按钮。

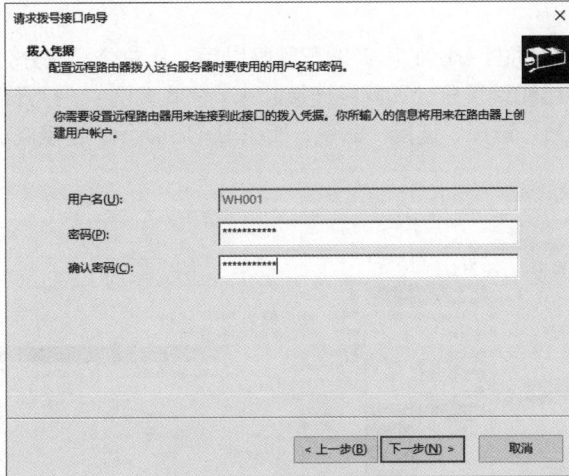

图 9-35 设置拨入凭据

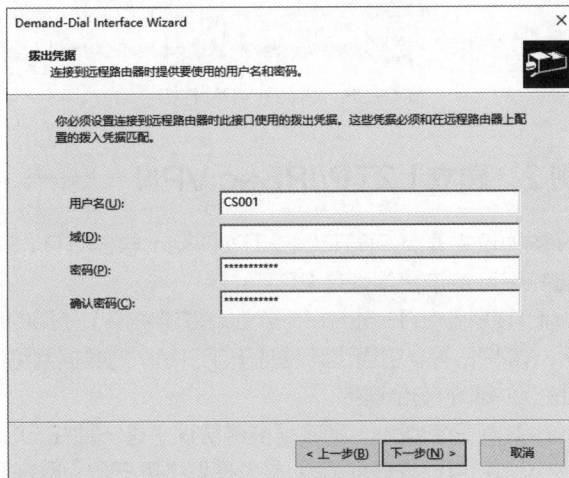

图 9-36 设置拨出凭据

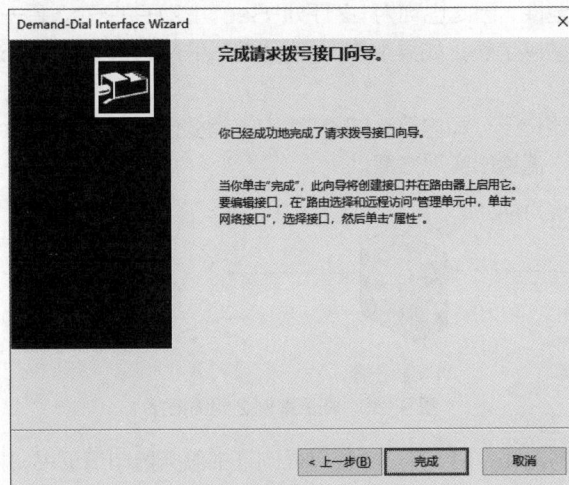

图 9-37 完成请求拨号接口向导

3. 拨号连接

长沙总公司和武汉分公司的 VPN 服务器配置好以后，从总公司或分公司拨号都可以实现通过 Internet 将长沙总公司网络和武汉分公司网络连接起来。在此案例中，打开武汉分公司的 VPN 服务器，右击接口名称 WH001，选择"连接"命令，如图 9-38 所示。连接成功以后可以通过 ipconfig 命令查看 PPP 连接。

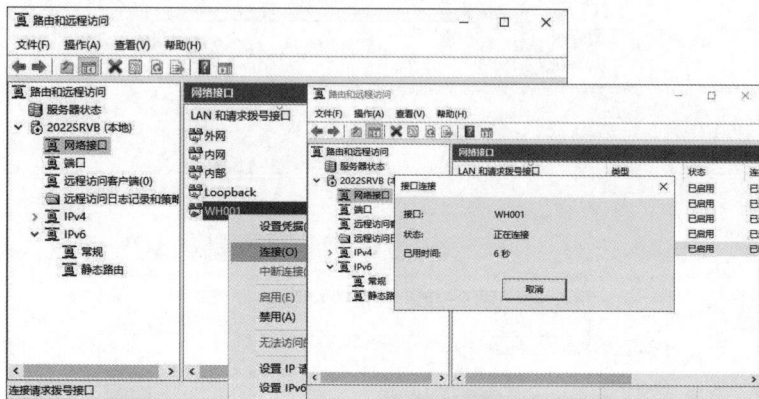

图 9-38　站点间 VPN 连接

9.5.3　拓展案例 2：建立 L2TP/IPSec VPN

拓展案例 2　建立 L2TPIPsec VPN

前文我们介绍了 VPN 的协议主要有 PPTP、L2TP/IPSec 与 SSTP（SSL）这 3 种，之前给大家介绍的 VPN 的连接类型是 PPTP。

PPTP（Point to Point Tunneling Protocol，点到点隧道协议）使用的加密算法主要有 PAP、CHAP、MPPE 等。它通过跨越基于 TCP/IP 的数据网络创建 VPN，实现远程客户端到企业内部的安全连接。

L2TP（Layer 2 Tunneling Protocol，第二层隧道协议）是一种在 OSI 参考模型第二层（数据链路层）实现的隧道封装协议，它可以在任何 OSI 参考模型中第三层（网络层）实现的网络上使用，可以针对不同的服务质量创建不同的隧道。L2TP 使用 IPSec（Internet Protocol Security，互联网安全协议）来提供数据安全性，因此也称为 L2TP/IPSec。L2TP/IPSec 是一种比 PPTP 更安全的网络协议，它可以用于传输敏感信息。如果 VPN 服务器和 VPN 客户端之间的通信使用 L2TP/IPSec，则需要证书服务器的支持。

案例场景：证书服务器位于公司内网，VPN 客户端需要使用 L2TP/IPSec 连接到 VPN 服务器，网络拓扑如图 9-39 所示，请给出实现方案。

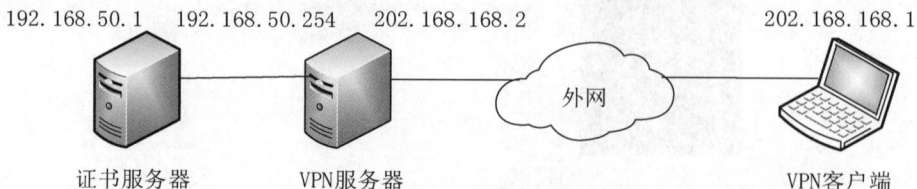

图 9-39　拓展案例 2 网络拓扑

在此案例中，VPN 服务器和 VPN 客户端都需要向证书服务器申请证书，并且 VPN 服务器和 VPN 客户端都需要信任证书服务器（下载根证书，将根证书导入受信任的根证书颁发机构，参照项目七的内容操作）。

1. VPN 服务器申请服务器证书

（1）通过证书服务器的 Web 注册页面申请服务器身份验证证书，如图 9-40 和图 9-41 所示。

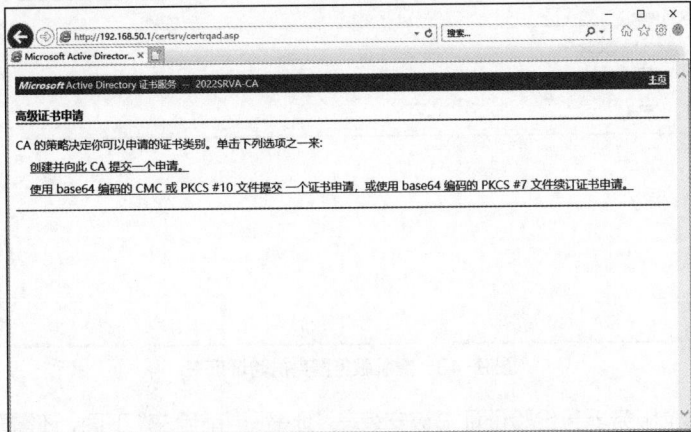

图 9-40　创建并向 CA 提交一个申请

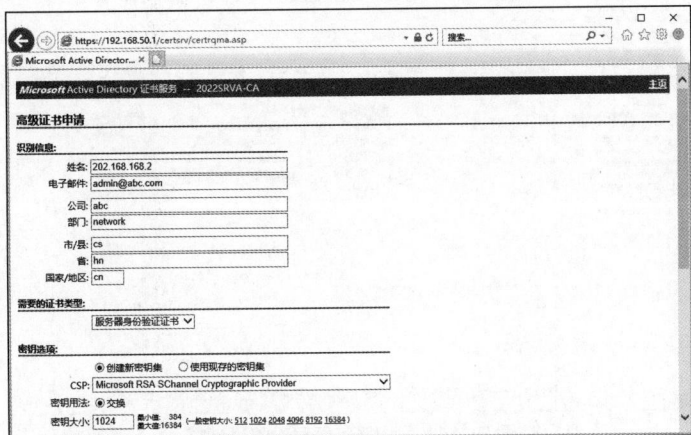

图 9-41　输入证书信息

（2）等待证书服务器管理员颁发证书。

（3）通过证书服务器的 Web 注册页面下载并安装服务器身份验证证书，如图 9-42 和图 9-43 所示。

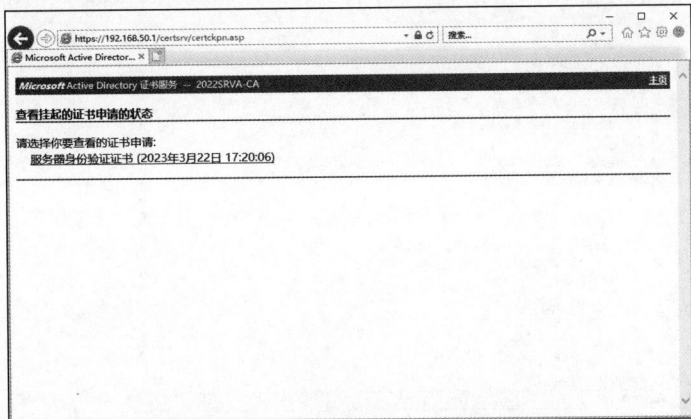

图 9-42　下载服务器身份验证证书

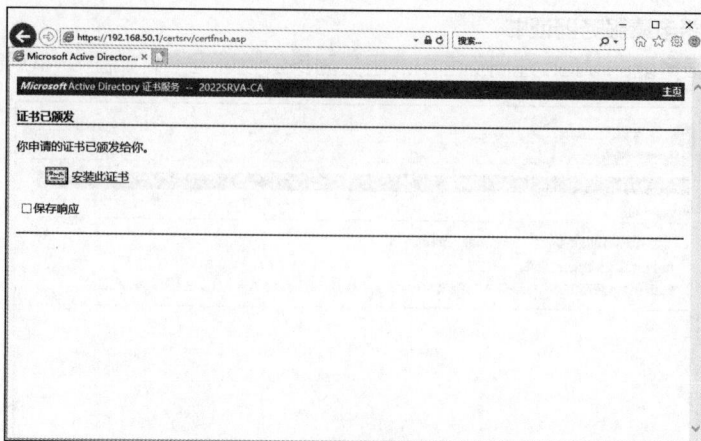

图 9-43　安装服务器身份验证证书

默认情况下，这个服务器身份验证证书被安装在"证书-当前用户"下面，还需要把这个证书导出，然后导入，如图 9-44 和图 9-45 所示（具体过程可以参考项目七的内容）。

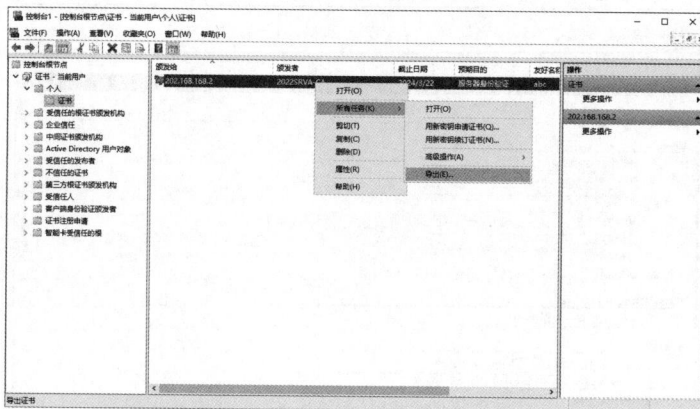

图 9-44　导出服务器身份验证证书

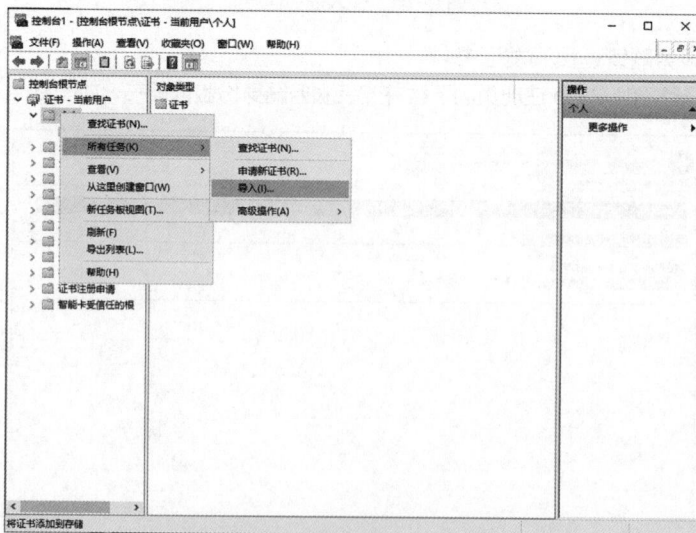

图 9-45　导入服务器身份验证证书

2. VPN 客户端申请客户端身份验证证书

（1）VPN 客户端申请证书的方法和 VPN 服务器的基本一样，需要注意的是，要考虑 VPN 客户端如何和 CA 连接的问题。客户端一般位于公司外网，CA 一般位于公司内网，通常 VPN 客户端在 VPN 连接建立之前无法访问 CA。

解决这个问题的方法有两种。

① 如果是公司的笔记本电脑，就可以事先申请并安装，出差时可以直接使用证书。

② 未事先安装的可以在出差时先用 PPTP VPN 的方式连接内网，然后再访问内网 CA，申请客户端身份验证证书。

（2）申请证书方法如图 9-46 所示。

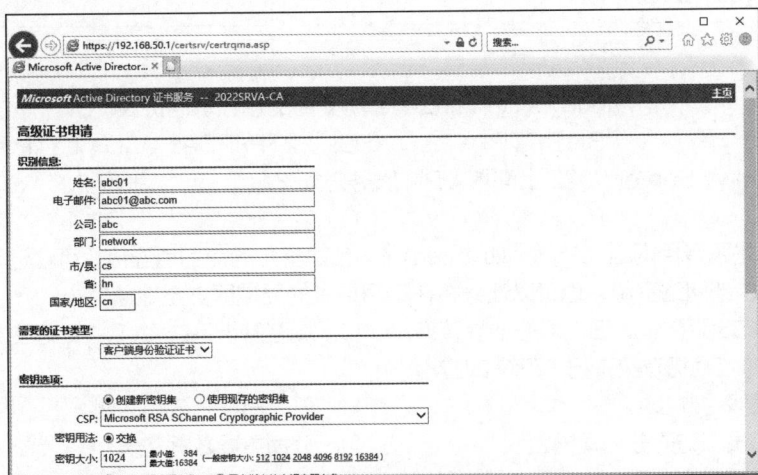

图 9-46　申请客户端身份验证证书

3. 配置 VPN 客户端使用 L2TP /IPSec 连接

（1）在 VPN 客户端右击"VPN 连接"，选择"属性"命令，如图 9-47 所示。

（2）在弹出的对话框中选择"安全"选项卡，如图 9-48 所示，VPN 类型选择"使用 IPSec 的第 2 层隧道协议（L2TP/IPSec）"，单击"确定"按钮。然后右击"VPN 连接"，选择连接命令，连接成功后使用的即 L2TP/IPSec 连接。

图 9-47　VPN 连接属性设置

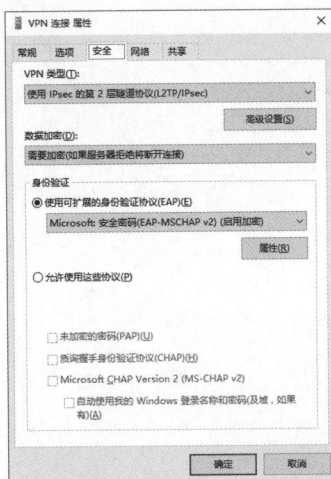

图 9-48　配置 VPN 客户端使用 L2TP /IPSec 连接

9.6　仿真实训案例

　　某工程公司在全国各地都有分公司，随着公司规模的快速扩展，公司总部应用上了各类应用系统。作为工程公司，该公司为设备、材料、计划、财务、工程、质量等业务分别建立了计算机设计和管理系统，分别设置有工程部、设计室、财务部、质检部、物资部、总经办等部门进行归口管理，实现了信息系统的集中化处理。现公司希望将总公司和各个分公司通过网络连接起来，使得数据操作人员可以随时连接和操作公司数据库，实现各种应用系统数据的传递和整合。请你给出一个合适的实现方案。

9.7　课后习题

一、选择题

1. 下面（　　）不是 Windows Server 2022 所支持的远程访问协议。
   A. ARP　　　　　　　B. PPTP　　　　　　C. L2TP/IPSec　　D. L2TP/IPSec
2. 在 Windows Server 2022 上配置 VPN 服务必须安装（　　）张网卡。
   A. 4　　　　　　　　B. 3　　　　　　　　C. 2　　　　　　　D. 1
3. （　　）是跨专用网络或外网（如 Internet）创建安全的点到点连接，可让远程用户通过外网安全地访问公司内部网络资源，也可以让分布在不同地点的局域网安全地通信。
   A. 虚拟专用网络　　B. 网络地址转换　　C. 域名解析系统　　D. 动态主机配置协议
4. （多选题）下面哪些不属于 VPN 的应用？（　　）
   A. 远程移动办公　　　　　　　　　　　B. 总公司与分公司联网
   C. 出差员工访问分公司网络　　　　　　D. 公司重要数据备份
5. VPN 相比拨号访问，最重要的优势是（　　）。
   A. 加密传输，安全性高　　　　　　　　B. 成本低
   C. 可以远程移动办公　　　　　　　　　D. 可以远程访问

二、简答题

1. 什么是 VPN？
2. VPN 服务有哪两种类型，各有什么特点？

项目十
NAT服务器的配置与管理

拓展阅读

案例场景

ABC公司内部网络有多台计算机，该公司只向当地ISP申请了一个IP地址202.168.168.2，现公司希望通过一个IP地址使公司内部网络的计算机可以同时连接Internet、浏览网页与收发电子邮件，请你给出一个合适的解决方案。NAT服务器网络拓扑如图10-1所示。

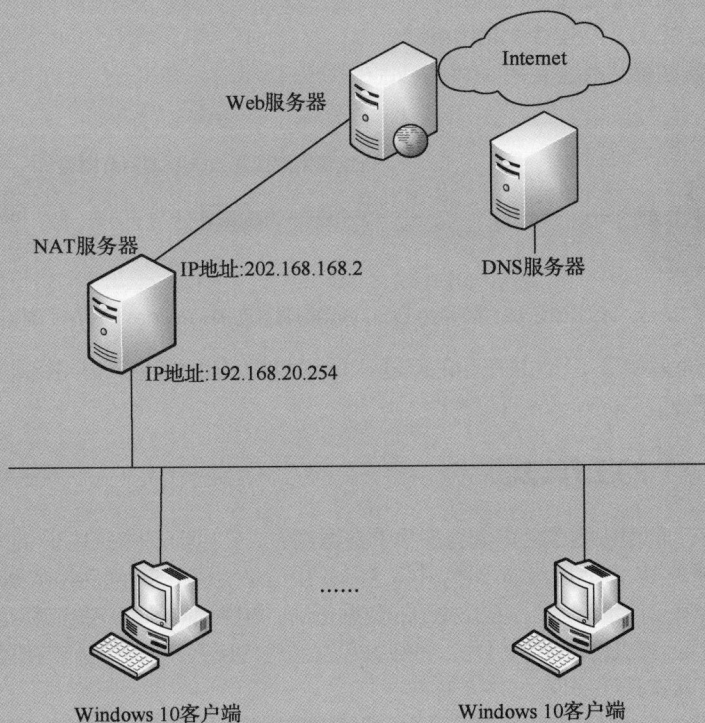

图10-1　NAT服务器网络拓扑

在本项目中，将通过完成以下任务内容来学习NAT服务器的配置与管理。

序号	任务内容	知识储备
任务1	NAT服务器的安装	NAT的工作原理，服务器的安装流程
任务2	配置DNS中继代理	DNS的工作端口，DNS中继代理配置

10.1 知识引入

知识引入

10.1.1 NAT 的概念

　　Windows Server 2022 操作系统的 NAT 可以使位于内部网络的所有计算机都共享一个外网 IP 地址，以使这些计算机可以同时连接 Internet、浏览网页与收发电子邮件。

　　NAT 属于接入 WAN 技术，是一种将内网 IP 地址转化为外网 IP 地址的转化技术，被广泛应用于各种类型 Internet 接入方式和各种类型的网络中。常见的 NAT 架构有如下几种。

　　（1）通过路由器连接 Internet，如图 10-2 所示。

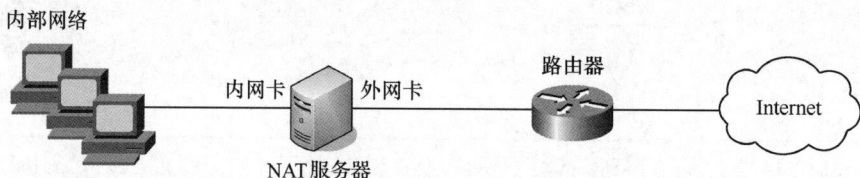

图 10-2　通过路由器连接 Internet 的 NAT 架构

　　（2）通过固定式 xDSL 连接 Internet。

　　（3）通过非固定式 xDSL 连接 Internet。

　　（4）通过电缆调制解调器连接 Internet，如图 10-3 所示。

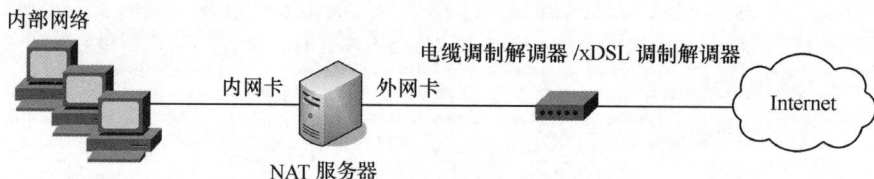

图 10-3　通过电缆调制解调器/xDSL 调制解调器连接 Internet 的 NAT 架构

　　NAT 不仅完美地解决了 IP 地址不足的问题，而且能够有效地避免来自网络外部的攻击，隐藏并保护网络内部的计算机。

10.1.2 NAT 的工作过程

　　当一台运行 NAT 的路由器收到内部客户机的数据包时，它用自己的公共 IP 地址和端口号代替数据包中的源计算机的私有 IP 地址和端口号，并将这种替换信息缓存下来，然后将数据包发送到 Internet 上的目标主机；它接收到 Internet 上主机发回的数据包后，再使用内部客户机的私有 IP 地址和端口号代替数据包中的目标计算机地址和端口号，将数据包发送给内部客户机。这样内部客户机与 Internet 主机就通过 NAT 间接实现了通信。

　　如图 10-4 所示，IP 地址是 192.168.20.4 的客户端想访问 IP 地址是 202.168.168.78 的 Web 服务器，NAT 的工作过程如下。

　　（1）客户端把数据包发送给运行 NAT 的路由器，数据包的信息表明这个数据包的源 IP 地址为 192.168.20.4、源端口为 4096，目标 IP 地址为 202.168.168.78、目标端口是 80。

　　（2）运行 NAT 的路由器把数据包头信息中的源地址更改为 202.168.168.2、端口更改为 1563，同时保留目标 IP 地址和目标端口不变，然后路由器把数据包通过 Internet 发送给 Web 服务器。

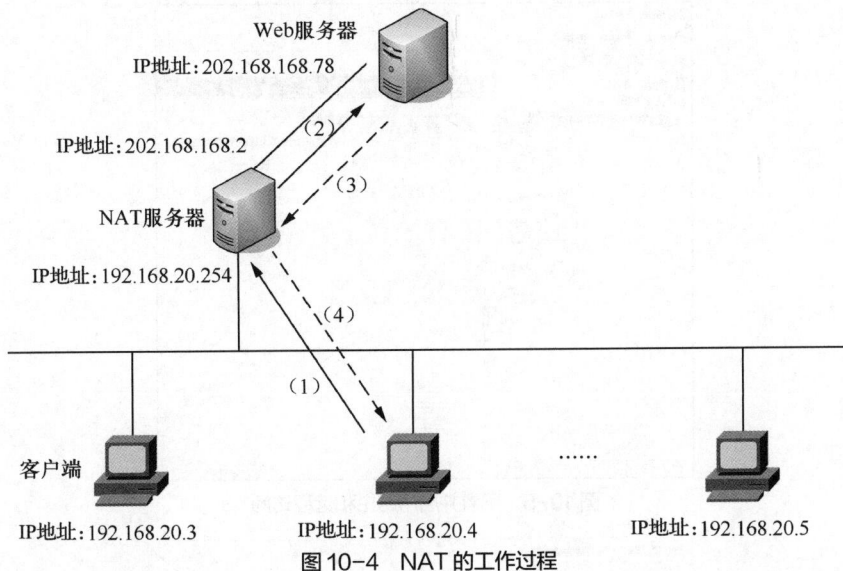

Web服务器
IP地址：202.168.168.78

IP地址：202.168.168.2
(2)

NAT服务器
(3)

IP地址：192.168.20.254
(4)

(1)

客户端

IP地址：192.168.20.3   IP地址：192.168.20.4   ……   IP地址：192.168.20.5

图 10-4   NAT 的工作过程

（3）外部的 Web 服务器收到数据包后发回一个应答信息。数据包头部信息中的源地址为 202.168.168.78、源端口为 80，目标地址为 202.168.168.2、目标端口为 1563。

（4）运行 NAT 的路由器在收到数据包后会检查自己的映射信息，以确定目标计算机地址；然后将路由器数据包头信息中的目标 IP 地址更改为 192.168.20.4、目标端口更改为 4096，并把数据包发送给客户端，在这个过程中数据包的源 IP 地址和源端口保持不变。

10.2 任务 1：安装 NAT 服务器

10.2.1 任务说明

在此任务中，公司只申请了一个 IP 地址，配置 NAT 服务器可以把公司局域网接入 Internet。扮演 NAT 角色的 Windows Server 2022 计算机至少需要有两个网络接口，一个用来连接 Internet，一个用来连接内部 LAN，还必须先在 Windows Server 2022 服务器上安装"远程访问"服务器角色（参考项目三的拓展案例 1）。下面我们将选择一台空闲的 Windows Server 2022 服务器来进行 NAT 安装部署。

任务 1   安装 NAT 服务器

10.2.2 任务实施过程

（1）打开"路由和远程访问"控制台，在图 10-5 所示的本地计算机上单击鼠标右键，选择"配置并启用路由和远程访问"命令。

（2）在"欢迎使用路由和远程访问服务安装向导"界面中单击"下一步"按钮。

（3）如图 10-6 所示，选择"网络地址转换(NAT)"单选项，单击"下一步"按钮。

（4）选择用来连接外网的网络接口，在本任务中是"Ethernet1"，如图 10-7 所示。单击"下一步"按钮。

（5）如果系统检测不到网络中有 DHCP 服务器和 DNS 服务器，就会出现图 10-8 所示的界面。在此任务中我们选择"启用基本的名称和地址服务"单选项，让这台 NAT 服务器来提供 DHCP 和 DNS 服务，这样内部网络的客户端只需要设置自动获取 IP 地址即可。

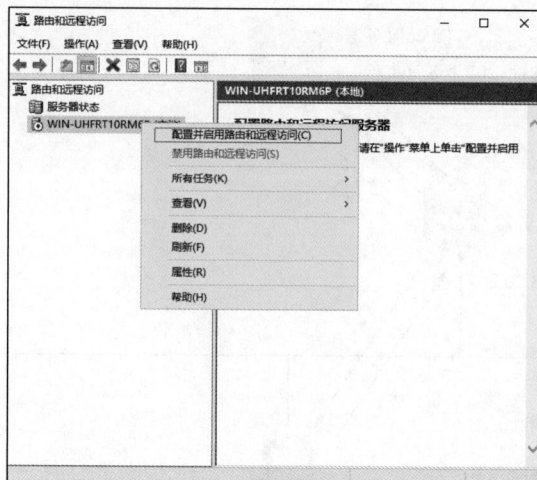

图 10-5　配置并启用路由和远程访问

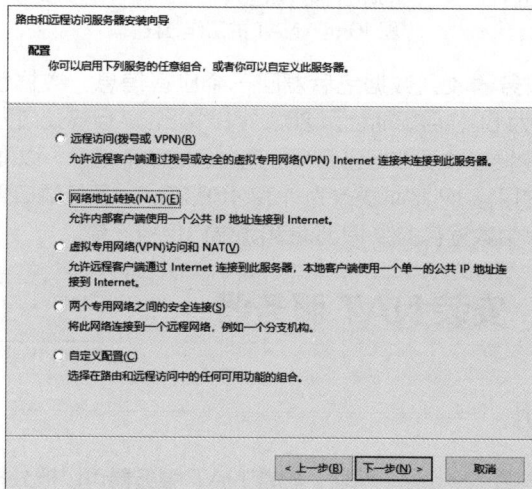

图 10-6　选择"网络地址转换(NAT)"单选项

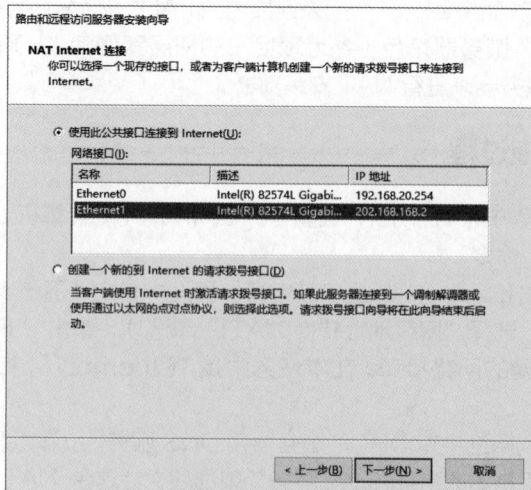

图 10-7　选择公共接口连接到 Internet

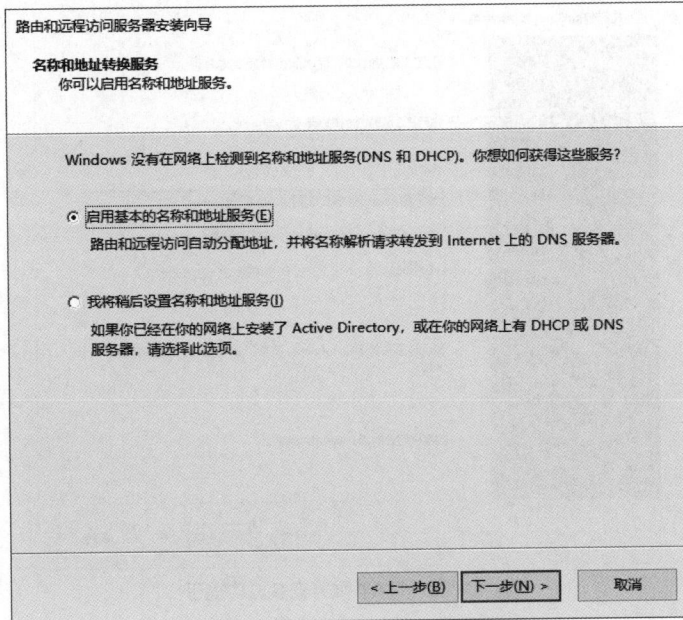

图 10-8　启用基本的名称和地址服务

（6）如图 10-9 所示，NAT 服务器可以为内部网络客户端自动分配 192.168.20.0 网段的 IP 地址。

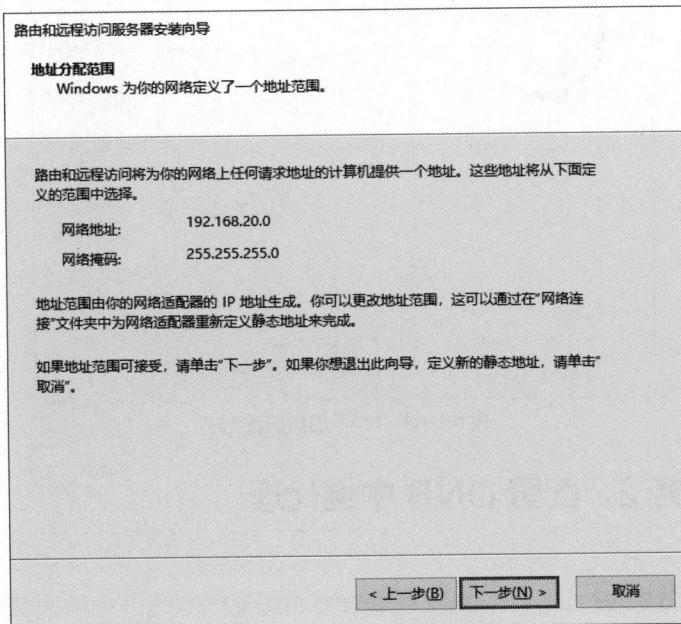

图 10-9　NAT 地址分配范围

（7）在弹出的图 10-10 所示的"正在完成路由和远程访问服务器安装向导"界面中单击"完成"按钮。

（8）NAT 服务配置完成后的"路由和远程访问"控制台如图 10-11 所示。

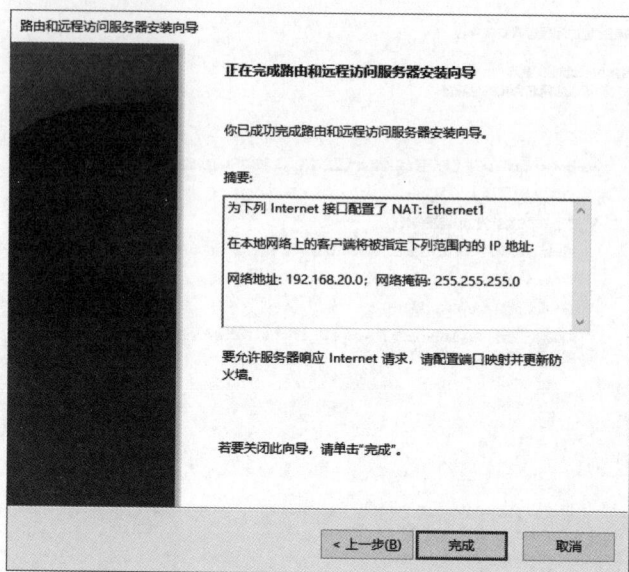

图 10-10　NAT 服务安装成功提示

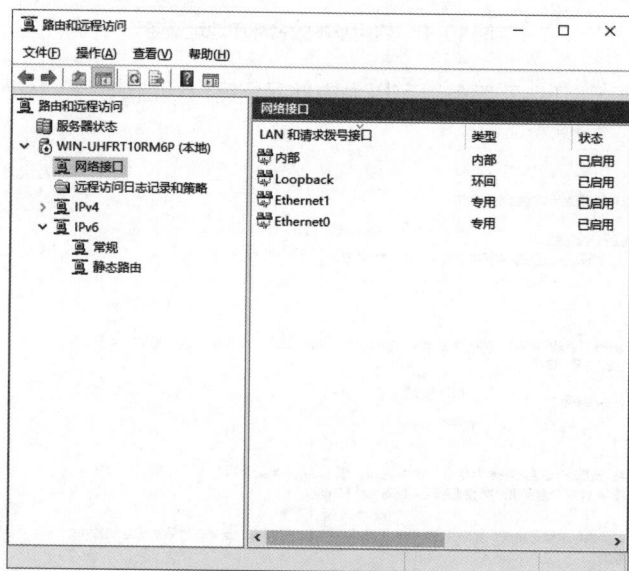

图 10-11　NAT 服务配置完成

10.3　任务 2：配置 DNS 中继代理

10.3.1　任务说明

　　一台运行 NAT 功能的服务器，具备 DNS 中继代理的功能，能够行使 DNS 服务器功能为客户机进行域名解析，不过需要开放 NAT 服务器的 Windows 防火墙的 DNS 流量。DNS 流量使用的端口为 UDP 的 53。在此任务中，公司内部的客户端要使用 Internet 的 DNS 服务器（210.53.31.2）实现 Internet 的域名解析，必须开放 NAT 服务器 UDP 的 53 号端口。具体的实施过程如下。

任务 2　配置 DNS 中继代理

10.3.2　任务实施过程

打开"网络和共享中心"，单击"Windows Defender 防火墙"，开放 DNS 服务端口，如图 10-12
和图 10-13 所示。

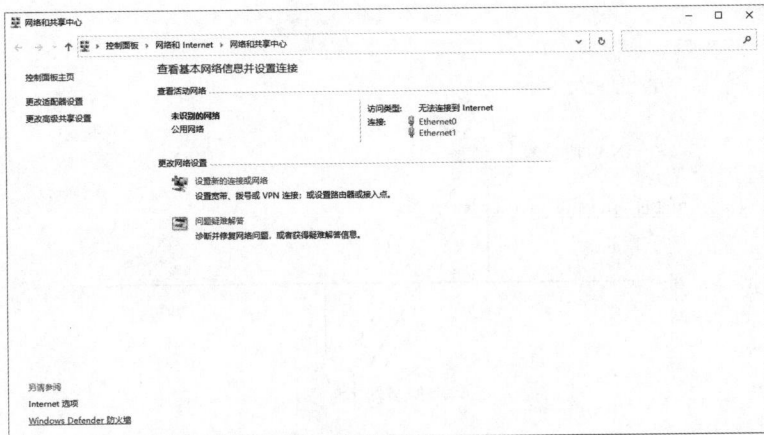

图 10-12　单击"Windows Defender 防火墙"

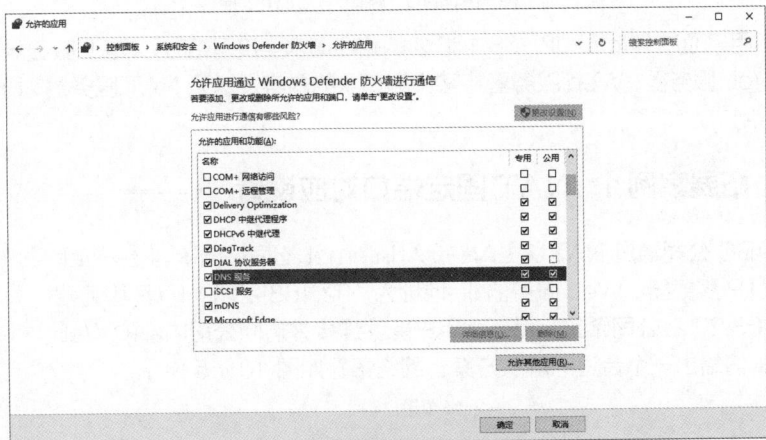

图 10-13　开放 DNS 服务端口

10.4　知识能力拓展

10.4.1　端口对应

NAT 服务器可以让内部用户连接 Internet，不过内部计算机所使用的是私有 IP 地址，而私有 IP 地址
不可以出现在 Internet 上，公司内部私有 IP 地址所发送的数据包在经过 NAT 服务器的时候源地址被修改
成 NAT 外网卡的 IP 地址，所以外部用户只能接触到 NAT 服务器的外网卡公共 IP 地址，因此如果想要外
网用户可以连接公司内部的网络服务器（如 Web 或 FTP 服务器），就需要 NAT 服务进行转发。

通过 TCP/UDP 端口对应功能，可以让 Internet 用户连接使用私有 IP 地址的内部服务器。

如图 10-14 所示，公司通过 NAT 服务器将公司局域网接入 Internet，公司内部 Web 服务器的
IP 地址为 192.168.20.1，端口为默认的 80。如果要让外部用户可以访问公司内部的 Web 服务器，

就需要对外宣称公司内部 Web 服务器的 IP 地址是 NAT 服务器外网卡的 IP 地址；如果外网用户通过域名访问公司内部的 Web 服务器，就需要将 NAT 服务器外网卡的 IP 地址（202.168.168.2）注册到互联网的 DNS 服务器中。

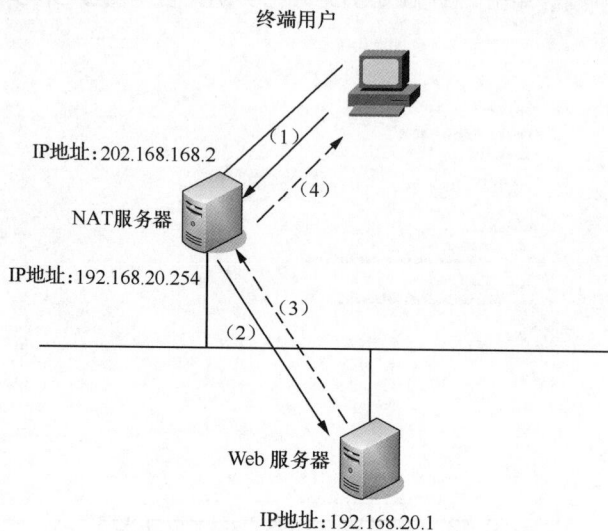

图10-14　NAT 端口对应工作过程

当 Internet 用户通过 http://202.168.168.2 的路径请求连接网站时，NAT 服务器会将此请求转发到公司内部的 Web 服务器，Web 服务器将客户端请求的内容发送到 NAT 服务器，再由 NAT 服务器返回给 Internet 用户。

10.4.2　拓展案例 1：NAT 固定端口对应设置

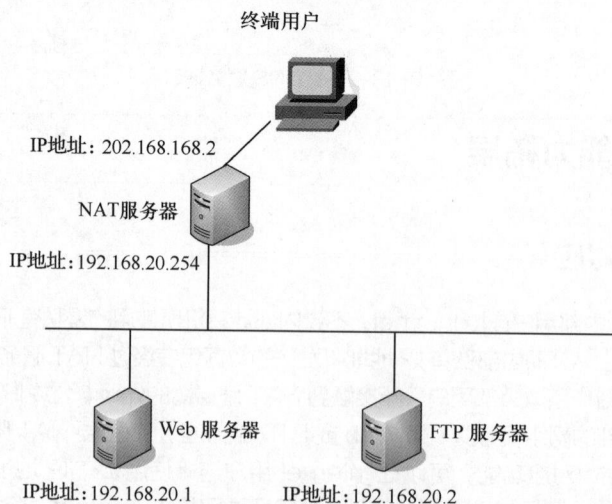

案例场景：ABC 公司通过 NAT 将 LAN 接入 Internet，公司内部有 1 台 Web 服务器和 1 台 FTP 服务器，Web 服务器 IP 地址为 192.168.20.1，FTP 服务器 IP 地址为 192.168.20.2，公司希望 Internet 用户能够连接并访问公司内部的 Web 和 FTP 服务器，请给出一个合适的解决方案。网络拓扑如图 10-15 所示。

图10-15　拓展案例 1 网络拓扑

案例实施过程如下。

（1）打开"路由和远程访问"控制台，展开"IPv4"，单击"NAT"，在"Ethernet1"上单击鼠标右键，选择"属性"命令，如图 10-16 所示。

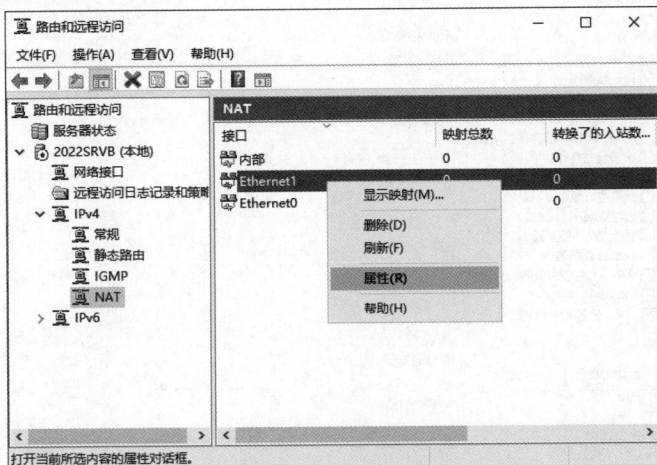

图 10-16　设置 NAT 服务器外网卡属性

（2）如图 10-17 所示，进入"服务和端口"选项卡，勾选"Web 服务器(HTTP)"。在弹出的对话框中"专用地址"栏输入公司内部 Web 服务器的 IP 地址"192.168.20.1"，单击"确定"按钮。

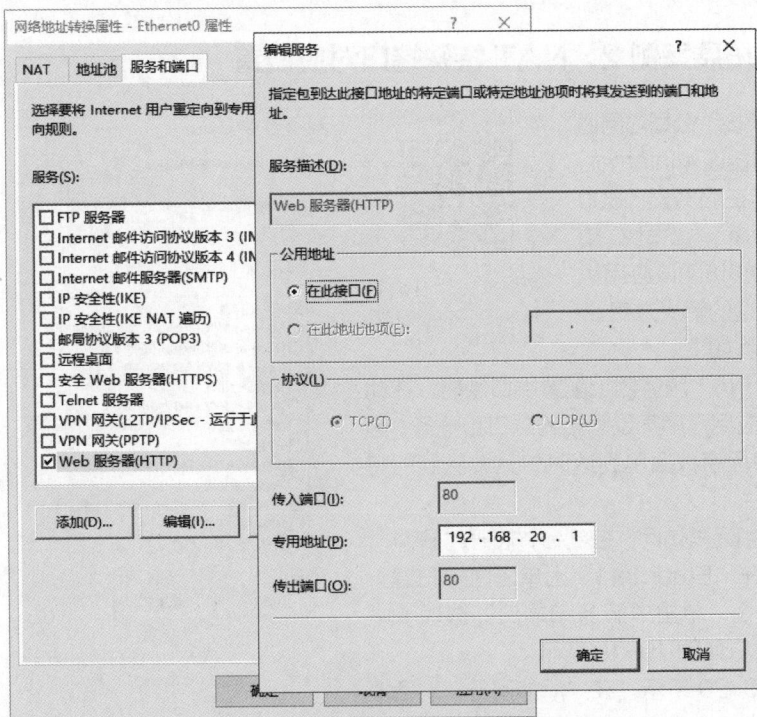

图 10-17　设置 Web 服务器端口对应

（3）如图 10-18 所示，进入"服务和端口"选项卡，勾选"FTP 服务器"。在弹出的对话框中"专用地址"栏输入公司内部 Web 服务器的 IP 地址"192.168.20.2"，单击"确定"按钮。

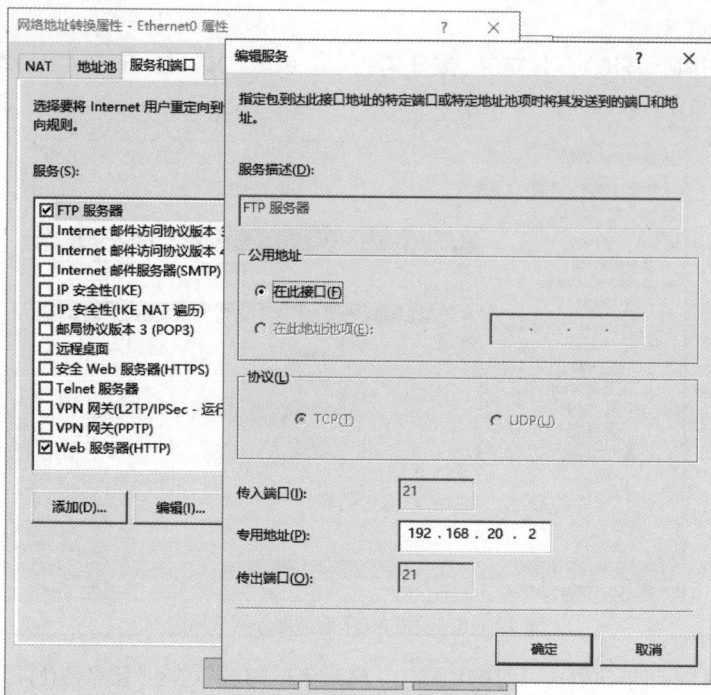

图 10-18　设置 FTP 服务器端口对应

10.4.3　拓展案例 2：NAT 特殊端口对应设置

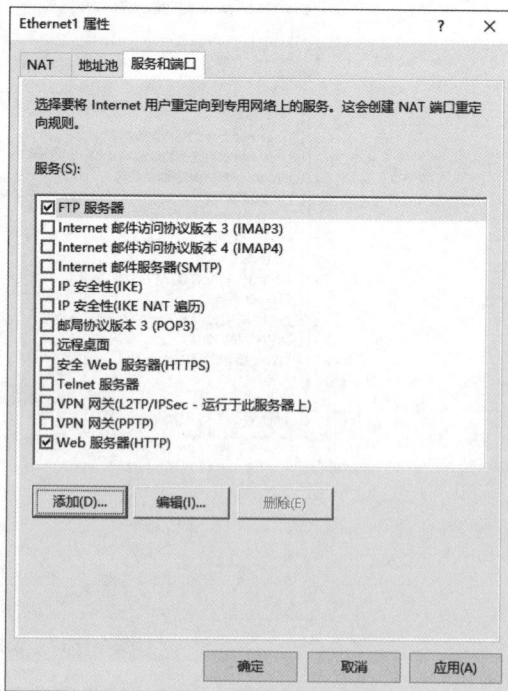

案例场景：ABC 公司内网通过一台NAT服务器连入Internet，内网有一个工作在服务器 5800 端口的应用程序，公司希望 Internet 用户能够访问该应用程序，请你给出合适的解决方案。

拓展案例 2　NAT 特殊端口对应设置

案例实施过程如下。

（1）在公司 NAT 服务器上配置端口映射。在此案例中，由于此应用程序不是固定的端口和服务，因此要指定此应用程序数据包到达时将其发送到的特定端口和地址。

打开"路由和远程访问"控制台，展开"IPv4"，单击"NAT"，在"Ethernet1"上单击鼠标右键，选择"属性"命令，单击"服务和端口"选项卡中的"添加"按钮，如图 10-19 所示。

（2）如图 10-20 所示，在"添加服务"对话框中输入服务描述、传入端口、传出端口和专用地址等信息，单击"确定"按钮。

（3）配置完成后的效果如图 10-21 所示。

图 10-19　添加服务和端口

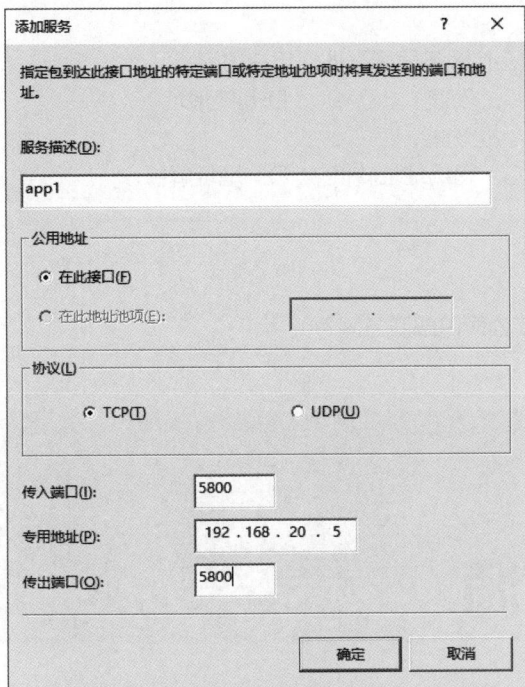

图 10-20　输入自行创建的服务和端口的相关信息

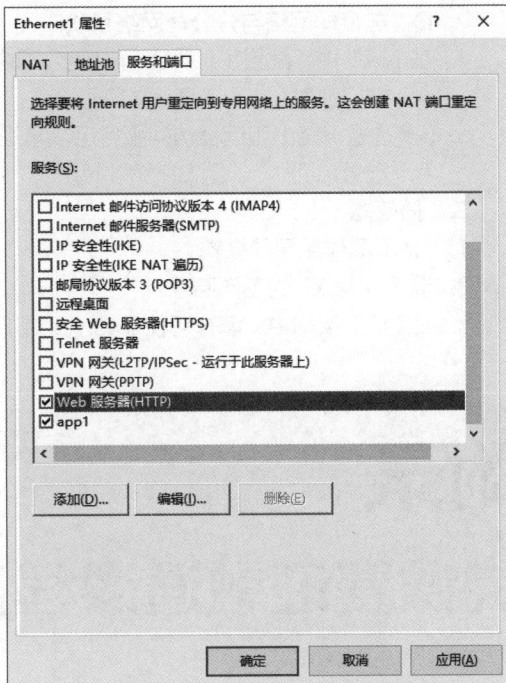

图 10-21　配置完成后的效果

10.5　仿真实训案例

　　ABC 公司是一家新成立的公司，公司购买了 10 台计算机，3 台服务器（NAT、Web、FTP）均安装了 Windows Server 2022 操作系统，公司向当地的 ISP 申请了 1 个 IP 地址（131.107.31.8）。假设你是公司新聘请的网络管理员，现要组建和配置公司网络，具体要求是将 ABC 公司的局域网正确地接入 Internet，使得公司内部的计算机能够访问 Internet 资源，并要求 Internet 用户能够访问公司内部的 Web 和 FTP 服务器。

　　公司内网有一个工作在服务器 8088 端口的应用程序，公司希望 Internet 用户能够访问该应用程序，请给出合适的解决方案。

10.6　课后习题

一、选择题

1.（　　）可以让位于内部网络的多台计算机只使用一个外网 IP 地址就可以同时连接 Internet、浏览网页与收发邮件。

　　A．虚拟专用网络　　B．网络地址转换　　C．域名解析系统　　D．地址解析协议

2．一台安装 Windows Server 2022 的服务器运行 NAT 服务至少需要（　　）个网卡。

　　A．1　　　　　　　　B．2　　　　　　　　C．3　　　　　　　　D．4

3．下面（　　）不属于 NAT 服务器的应用。

　　A．使用一个 IP 地址代理公司内部的计算机连入互联网

　　B．发布公司内部 Web 服务器供外网用户访问

　　C．发布公司内部 FTP 服务器供外网用户访问

    D. 总公司网络与分公司网络互联

4. 在 NAT 中，配置（　　　）可以使公司内部 Web 服务器能供外网用户访问。

    A. 端口映射　　　　　　B. 端口号　　　　　　C. 代理　　　　　　D. IP 地址

5.（多选题）路由和远程访问服务可以承担（　　　）功能。

    A. 拨号访问　　　　　　B. VPN 访问　　　　　C. 网络地址转换　　　D. 地址解析

二、简答题

1. NAT 的作用是什么？

2. 请阐述 NAT 的工作原理。

3. 在 NAT 架构中，怎样可使 Internet 用户连接公司内部服务器？

附录
岗课赛证融通课程资源

网络系统管理技能大赛模拟试题一

网络系统管理技能大赛模拟试题二

网络系统管理技能大赛模拟试题三

网络系统管理技能大赛模拟试题四

XXX 集团 AD 域项目配置案例